U0175867

海岛植物物种多样性保护及生态优化技术研究与应用

黄秀清　邓传远　陈　慧　主编

海洋出版社

2022 年·北京

图书在版编目（CIP）数据

海岛植物物种多样性保护及生态优化技术研究与应用/
黄秀清，邓传远，陈慧主编 . —北京：海洋出版社，2022.8
ISBN 978-7-5210-0969-9

Ⅰ . ①海…　Ⅱ . ①黄… ②邓… ③陈…　Ⅲ . ①岛-植
物-物种-生物多样性-保护-研究-中国　Ⅳ . ①Q948.52

中国版本图书馆 CIP 数据核字(2022)第 111873 号

责任编辑：赵　娟
责任印制：安　淼

海洋出版社　出版发行

http://www.oceanpress.com.cn

北京市海淀区大慧寺路 8 号　邮编：100081
鸿博昊天科技有限公司印刷　新华书店北京发行所经销
2022 年 8 月第 1 版　2022 年 11 月第 1 次印刷
开本：787mm×1092mm　1/16　印张：21.5
字数：410 千字　定价：178.00 元
发行部：010-62100090　邮购部：010-62100072　总编室：010-62100034
海洋版图书印、装错误可随时退换

《海岛植物物种多样性保护及生态优化技术研究与应用》
编委会

前　言

为贯彻落实习近平新时代中国特色社会主义思想，落实党的十九大和十九届二中、三中、四中、五中全会精神，深化山水林田湖草沙生命共同体意识，全面加强海岛生态系统保护、海岛植被资源调查、受损海岛生态修复，深入推进生态文明建设，依据植物分类学原理、植物生态学原理、中国植被区划、海岛调查技术规程等，国家海洋局东海海洋环境调查勘察中心、国家海洋局东海预报中心、自然资源部海岛研究中心、自然资源部第三海洋研究所、福建农林大学共同编著了本书。

海岛是指四面环海并在高潮时高于水面的自然形成的陆地区域，包括有居民海岛和无居民海岛。我国海岛分布不均，呈现南方多、北方少，近岸多、远岸少的特点。随着人口增加、经济发展、岛屿旅游和海岛开发的兴起，由于海岛保护意识淡薄、海岛管理水平低、海岛本底生态环境信息不清楚，海岛在开发利用过程中受到人类和自然的破坏越来越严重，产生了一系列生态环境问题，已严重影响到海岛的可持续发展。面对受损的海岛，通常沿用的是陆地系统生态修复技术手段，缺乏专门针对海岛生态系统的生态修复方法。为保护海岛及其周边海域生态系统、合理开发利用海岛自然资源、维护国家海洋权益、促进经济社会可持续发展，依据《中华人民共和国海岛保护法》的规定"建立海岛管理信息系统，开展海岛自然资源的调查评估，对海岛的保护与利用等状况实施监视、监测"。

植被是海岛生态系统的主体，是海岛岛陆生态系统的构造基础，在维持生态系统结构稳定和防止水土流失等方面发挥着重要作用。我国海岛分布范围广，土壤、地质、气候类型多样，海岛植被类型多样。目前，我国在海岛植物物种调查和登记方面缺乏技术标准，且对海岛植物物种登记及生态监视监测与评价动态管理的系统业务化程度不高，严重制约了海岛及其周边海域生态系统保护及海岛自然资源的合理开发利用。本项目基于海岛面积、地理位置、隔离度、干扰状况、岛屿纬度分布五项原则选取典型海岛，通过前期海岛遥感影像、地图资料等分析，对不同位置、不同面积的海岛设置具体的样线和样方，进行海岛植物资源与植被类型调查，形成海岛植被调查技术方法。通过海岛植被现状评价、海岛生态系统健康评价和海岛生态系统风险评价，形成海岛生态综合评价方法。其中，海岛植被现状评价，从海岛形态结构、可持续性和干扰性 3 个方面构建的 15 项指标进行评价；海岛生态系统健康评价，从环境质量、生物生态和景观生态 3 个方面构建了完整的指标体系，包含 19 项二级指标和若干个三级指标；海岛生态风险评价，通过海岛生态系统单元分区类型划分，筛选了 18 类风险源和 9 类风险受体，构建了海岛生态风险识别矩阵，基于风险值计算和风险分级标准得出海岛生态系统风险等级。基于岛植物资源与植被类型调查结果，从耐盐性、观赏性和适应性 3 个指标进行综合评价，筛选出海岛适生植物，集成适生植物筛选培育及栽培技术，形成海岛适生植物物种筛选及栽培技术方法。基于海岛植物资源调查、环境要素监测、海岛生态系统监测，海岛植被现状、海岛生态系统健康、海岛生态系统风险评价，搭建海岛植物生态监视监测与评价动态管理信息系统。本项目将为海岛植物物种多样性保护、海岛生态系统保护、受损海岛生态修复及生态优化、海岛空间开发等提供数据和技术支撑。

本项目对筛选出的近几十个典型海岛开展了调查，共计执行了 48 个月，获取了大量植被信息资料和海岛生态环境数据，建立了海岛植被调查技术、海岛生态环境调查技术、海岛生态综合评价技术、海岛适生植物物种筛选及栽培技术方法和受损海岛植被生态修复与优化技术，搭建了海岛植物生态监视监测与评价动态管理信息系统。目前，海岛植物物种登记和动态管理信息系统已实现了海岛适生物种和环境调查数据的集中录入及管理、海岛生态综合评价功能，填补了我国在海岛生态监测、登记与综合评价方面的空白，为国家开展海岛物种登记、依法保护海岛物种，为我国常态化海岛监视监测体系，为管理部门制定海岛生态保护规划、政策提供技术支撑；掌握典型海岛代表性适生植物物种和生态敏感植物物种筛选培育及植物生态优化集成技术，进一步提高海岛植被生态保护，有效解决我国海岛生态恶化、植物物种多样性降低等一系列问题；通过信息化等高技术在管理中的应用，实现海岛生态现状、健康和风险评价、植物物种多样性保护等研究成果的高度集成，构建以海岛生态系统为基础的海洋信息化管理体系。同时，本项目"海岛植物物种多样性保护及生态优化技术研究与应用"获得 2019 年度上海市海洋科学技术进步奖。项目成果形成了技术标准 4 项、发明专利 1 项、软件 1 项，以及学术论文 53 篇，培养研究生 17 名。项目成果在 12 家单位进行了应用，均取得了良好效果。

编　者
2021 年 12 月

目　录

第1章 概述

本项目主要目标为建立我国海岛植物物种保护与生态优化技术体系，有效解决我国海岛面临的生态破坏问题，为保护海岛环境资源、促进海岛经济可持续发展，为保障海岛生态系统的稳定性、维护海岛生态服务功能价值提供技术支撑。主要进行了以下几项工作。

（1）建立适用于海岛的植被调查技术和海岛植物物种登记技术，填补我国在海岛生态监测、评价及植物名录登记技术研究方面的空白，为国家开展海岛植物物种调查与登记、依法保护海岛植物物种，为我国常态化海岛监视监测体系建设，为管理部门制定海岛生态保护规划与政策提供技术支撑。

（2）梳理我国海岛面临的问题，从岛陆、潮间带、周边海域3个子系统组成的海岛生态系统完整性出发，建立一套科学、系统的海岛生态系统综合评价方法，为海岛的生态修复、开发与利用提供合理建议。

（3）掌握典型海岛代表性适生植物物种和生态敏感植物物种筛选培育及植物生态优化集成技术，进一步提高海岛植被生态保护、优化的效果，有效解决我国海岛生态恶化、植物物种多样性降低等一系列问题。

（4）海岛植物生态优化集成技术体系研究，为海岛生态修复工程、植被群落优化与景观改造的提升提供技术支撑。

1.1 国内外研究现状

1.1.1 海岛植被分类研究

植被分类是植被研究中最复杂的问题之一，其科学研究已有近200年的历史，但是直到现在也并没有一个能为植被学家共同接受的统一的分类原则和分类系统。造成这种局面的原因主要有两点：一是研究对象本身的复杂性；二是植被研究的区域性。随着近数十年来各国学术交流加强，增进了互相了解，逐步开始学派间的融合。本节主要梳理植被分类各个学派的发展现状、我国植被分类综述以及目前学界现有的海岛植被分类标准体系情况。

1.1.1.1 植被分类

科学工作者对植物群落的本质持有两种相互对立的观点，即群落的"连续性理论"和"间断性理论"，因此对群落分类的认识也不一致。但是自然界存在的客观现象是大家共同承认的，即在人们做了大量的样地调查之后会发现，在环境条件相似的地段上会有种类组成相似的一群植物出现，但是在仔细比较时又可以发现即使两个相邻的群落地段其种类也不会百分之百完全相同。Whittake 曾列举 12 种主要分类途径，并归纳出 6 种传统方法，其中以生态−外貌分类、优势度分类、区系特征分类以及数量分类应用最为广泛。

生态−外貌分类（eco-physiognomic classification）的依据直观具体，并能反映气候条件。自 Grisebach 第一次以外貌为基础描述全球植被与气候的关系以来，生态−外貌分类方法得到了普遍的推广和应用。Ellenberg 和 Mueller-Dombois 为联合国教科文组织修订的《世界植物群系的外貌−生态分类试行方案》是这一植被分类方案的突出代表。这个分类系统具有很大的可扩展性，它提供了一个框架，使得众多在种类组成上十分不同的、分散在全球各地的群落类型能够归并成外貌上和生态上相等的、抽象的植被分类单位。但是这种分类方法适用于地域宽广的高级单位的划分，难以实现中低级单位的分类。

优势度分类（dominate type classification）是 Clements 学派所提倡的分类方法，在苏联以及北欧的植被分类中也占有重要的地位。Clements 学派的优势度型和顶级群落相联系，划分出来的优势度型称之为群丛（Association），外貌一致的群丛联合为群系（Formation）。而当时的苏联和北欧是根据群落中各层优势种来确定群丛，不论其演替阶段和关系。而由于种的地理分布范围差异很大，种间分布交叉重叠，比例变动很大，机械地按物种的重要值大小确定优势种所划分的类型等级并不能使判断具有可比性，因此 Whittaker 认为优势度类型并不适合建立一个植被的正规等级分类系统。近年来，美国联邦地理数据委员会（Federal Geographic Data Committee, FGDC）下属的植被分类委员会（Vegetation Subcommittee）编制的《国家植被分类规范》（National Vegetation Classification Standard）第 2 版工作草案，以及一些学者对美国国家植被分类系统中群丛（Association）和群团（Alliance）的划分，都不再强调优势种的作用。

区系特征的群落分类（floristic characteristic classification）即法瑞学派所称的"植物社会学"（Plant Sociology, Phytosociology）的群落分类，亦即 Braun-Blanquet 系统分类，起源于南欧，强调特征种在群落分类中的作用。这种按种类组成特征进行群落分类的思想经过近百年的发展，最终由 Braun-Blanquet 完成了以植物区系特

2

征，特别是以"特征种"为标准的群落分类系统，从低到高的单位是：群丛（association）—群团（alliance）—群落目（order）—群落纲（class）。它的优点是划分出来的每一个单位不仅有某些种或种组做标志，而且具有一定的生态含义，是国际上公认的最为标准化和系统化的正规等级分类系统。

随着计算机技术的应用而发展起来的数量分类（numerical classification），在样地资料的汇总、标准化、排列、计算等诸多方面提供了便利、快捷、准确和客观的手段，但它目前只是一种辅助手段，尚难用它建立起一套由低层到高阶的完整的分类体系。

因此综合来看，各种植被分类系统在应用中各有优点和不足：①生态-外貌分类方法的分类依据直观具体，能反映气候条件，适用于地域宽广高级单位的划分，但难以实现中低级单位的分类；②优势度分类的依据是群落的优势种，依此可以达到基本单位的划分，但是机械地按物种的重要之大小确定优势种所划分的类型登记并不能使判断具有可比性，由此定出的单位大小和数目也不能得到生态学家们的一致承认；③区系特征分类的依据是特征种，它的优点是划分出来的每一单位不仅有某些种或种组做标志，而且具有一定的生态含义，是国际上公认最为标准化和系统化的正规等级分类系统，问题是随着研究区域的扩大，特征种的特征性有时会随之丧失；再者以特征种命名的分类单位特别是高级单位，含义不清、不够直观，非本专业人员的应用受到一定限制；④数量分类在目前还主要是一种辅助手段，为最终分类判断提供指引和参考，暂时尚难建立起一套由低层到高阶的完整的分类体系。

1.1.1.2 中国植被分类

中国植被分类经历了漫长的时间，20 世纪 50 年代学习苏俄学派，按各层优势种划分"群丛"（Association）；60 年代初引进了威斯康星学派的"重要值"概念，它为确定优势种提供了一种定量的较为客观的方法；与此同时，云南大学的研究者们也曾试用法瑞学派的方法研究滇青冈（*Cyclobalanopsis glaucoides*）林的分类。1980 年出版的《中国植被》一书中"中国植被分类系统"是这一时期我国植被生态学研究者思想和野外实践的结晶。该书在分析国际上主要植被分类系统和总结我国早期植被研究经验的基础上，提出中国植被分类的原则是："植物群落学原则，或植物群落学-生态学原则，即主要以植物群落本身特征作为分类的依据，但又十分注意群落的生态关系，力求利用所有能够利用的全部特征……高级分类单位偏重于生态外貌，而中、低级单位则着重种类组成和群落结构"，这一思想与国际上的植被分类发展不谋而合。Beard 曾指出："植物区系途径肯定更适用于局部地区的详细研究，而外貌途径则适用于国际范围内的地域宽广的研究，看来今后合乎理想的目标应该是使两种途径结合为一个分类系统，在这个系统中，可通过它们的结构与外貌单位将植物种类组成加以归并。"中国植被分类系统正是这一思想的具体实践。

具体来说，《中国植被》中群落分类的依据有以下几个方面：①植物种类组成；②外貌和结构；③生态地理特征；④动态特征。主要分类单位有 3 级，即植被型（高级单位）、群系（中级单位）和群丛（基本单位）。每一级分类单位之上，各设一个辅助单位，即植被型组、群系组与群丛组。此外，可根据需要在每一级主要分类单位之下设亚级，如植被亚型、亚群系等，以作为该级分类单位的补充。根据《中国植被》，我国共划分出 10 个植被型组，分别是针叶林、阔叶林、灌丛和灌草丛、草原和稀树草原、荒漠（包括肉质刺灌丛）、冻原、高山稀疏植被、草甸、沼泽和水生植被。在植被型组内，把建群种生活型相同或近似，同时对水热条件生态关系一致的植物群落联合为植被型，如寒温性针叶林、落叶阔叶林、常绿阔叶林、草原等。全国共分出 29 个植被型，其中地带性植被型 26 个，它们各自反映了一定的生物气候带；隐域性植被型共 3 个，即草甸、沼泽与水生植被，它们是跨带分布的，但具有深刻的自然地带烙印。《中国植被》中的植被类型简要表格如表 1-1 所示。

表 1-1　中国植被类型简表

植被型组	植被型	植被型组	植被型
针叶林	寒温性针叶林	灌丛和灌草丛	常绿革叶灌丛
	温性针叶林		落叶阔叶灌丛
	温性针阔叶温交林		常绿阔叶灌丛
	暖性针叶林		灌草丛
	热性针叶林	草原和稀树草原	草原
阔叶林	落叶阔叶林		稀树草原
	常绿落叶阔叶混交林	荒漠（包括肉质灌丛）	荒漠
	常绿阔叶林		肉质灌丛
	硬叶常绿阔叶林	冻原	高山冻原
	季雨林	高山稀疏植被	高山垫状植被
	雨林		高山砾石滩稀疏植被
	珊瑚岛常绿林	草甸	草甸
	红树林	沼泽	沼泽
	竹林	水生植被	水生植被

总体来说，中国植被分类系统代表了当今各个学派相互借鉴和融合的一种趋势。中国植被分类系统应符合中国植被多样性的特点，并适用于全球的植被分类，名词

概念易为国际同行所接受。对于《中国植被》中的"群<u>丛</u>"等划分意义与国际植被学界多数人确认正确的法瑞学派"群<u>丛</u>"难以比较和不等值的问题，以及中级单位"群系"由于划分单位强调建群种或共建种的相同而造成的植被分类中种、属一致性高于生态、坏境一致性的问题，宋永昌建议对部分分类单位及划分依据做出适当调整。现将中国植被分类系统中各级单位和几种常见的植被分类系统列表如下。严格来说，采用的分类标准不同，等级间是不能对比的，这里仅表示等级间的大体类似，见表1-2。

表1-2 几种主要植被分类系统等级间的对应关系

建议修改后的分类方案 (朱永昌, 2011)	《中国植被》(中国植被编辑委员会, 1980) 分类方案	阿略兴和库德里亚绍夫 (1954) 分类方案	Ellenberg 和 Mueller-Dombois (1976b) 及 UNESCO (1973) 分类系统	Braun-Blanquet (1928) 分类方案	Whittaker (1985b) 优势度类型系统	FGDC-VS (2008)
植被型纲 (Class of vegetation-type)	植被型组 (Group of Vegetation type)	植被型 (Vegetation type)	群系纲 (Formation class)		群系型 (Formationtype)	群系纲 (Formation class)
植被型亚纲 (Subclass of vegetation-type)			群系亚纲 (Formation subclass)	群落门 (Division)		群系亚纲 (Formation subclass)
植被型组 (Group of vegetation-type)	植被型 (Vegetation type)	群系纲 (Formation class)	群系组 (Formationgroup)			群系 (Formation)
植被型 (Vegetation type)	植被亚型 (Vegetation subtype)	群系组 (Formationgroup)	群系 (Formation)	群系纲 (Class)		群落门 (Division)
植被亚型 (Vegetation subtype)	群系组 (Formationgroup)	群系 (Formation)	亚群系 (Subformation)		群系或地带生物群落 (Formation or biome)	类群 (Macrogroup)
集群 (Collective-group)	群系 (Formation)			群落目 (Order)		组 (Group)
优势度型 (Dominant-type)				群团 (群落属) (Aliance)	亚群系 (Subformation)	群团 (群落属) (Aliance)
群丛 (Association)	群丛 (Association)	群丛 (Association)		群丛 (Association)	群丛 (Association)	群丛 (Association)

近 10 年来，宋永昌等参考近期国内外植被分类研究成果，再次讨论中国植被分类系统和单位，统一了各级单位划分依据，增补了高、中、低各等级分类的具体建议，建议将中国植被中的自然、半自然植被分为 6 个植被型纲、13 个植被型亚纲和31 个植被型组，详见表 1-3。

表 1-3　中国植被分类的高级单位

植被型纲（1 级）	植被型亚纲（2 级）	植被型组（3 级）
1. 森林 （Forest）	1. 针叶林（Needle-leaved forest）	1. 落叶针叶林 （Deciduous needle-leaved forest）
		2 常绿针叶林 （Evergreen needle-leaved forest）
	2. 针阔叶混交林 （Mixed needle broad-leaved forest）	3. 针阔叶混交林 （Mixed needle broad-leaved forest）
	3. 阔叶林（Broad-leaved forest）	4. 落叶阔叶林 （Deciduous broad-leaved forest）
		5. 常绿阔叶落叶阔叶混交林 （Mixed evergreen deciduous broad-leaved forest）
		6. 常绿苔藓林（Evergreen mossy forest）
		7. 常绿硬叶林 （Evergreensclerophyollous forest）
		8. 常绿阔叶林 （Evergreenbroad-leaved forest）
		9. 热带雨林（Tropical rain forest）
		10. 热带季风雨林 （Tropical monsoon rain forest）
		11. 热带海岸林（Tropical coastal forest）
	4. 竹林与竹丛 （Bamboo forest & Bamboo thicket）	12. 竹林（Bamboo forest）
		13. 竹丛（Bamboo thicket）

植被型纲（1级）	植被型亚纲（2级）	植被型组（3级）
2. 灌丛 （Thicket）	5. 针叶灌丛（Needle-leaved thicket）	14. 常绿针叶灌丛 （Evergreen needle-leaved thicket）
	6. 阔叶灌丛（Broad-leaved thicket）	15. 常绿革叶灌丛（Sclerophyllous thicket）
		16. 落叶阔叶灌丛 （Decidiousbroad-leaved thicket）
		17. 常绿阔叶灌丛 （Evergreenbroad-leaved thicket）
	7. 肉刺灌丛 （Thorn-succulent thicket）	18. 肉刺灌丛（Thorn-succulent thicket）
3. 草本植被 （Herbaceous vegetation）	8. 旱生草本植被 （Xeric herbaceous vegetation）	19. 温带草原（Temperate steppe）
		20. 高山草原（Alpine steppe）
		21. 稀树草原（Savanna）
	9. 中生草本植被 （Mesophytic herbaceous vegetation）	22. 草甸（Meadow）
		23. 疏灌草丛（Sparse shrub grass-land）
4. 极端干旱植被 （Extreme xeromorphic vegetation）	10. 荒漠（Desert）	24. 温带荒漠（Temperate desert）
		25. 高山荒漠（Alpine desert）
5. 极端寒冷植被 （Extreme frigid vegetation）	11. 高山高寒植被 （Alpine cold vegetation）	26. 高山冻原（Alpine tundra）
		27. 高山垫状植被 （Alpine cushion vegetation）
		28. 高山流石滩植被 （Alpine scree vegetation）
6. 极端多水植被 （Extreme full water vegetation）	12. 沼泽（Swamp）	29. 沼泽（Swamp）
	13. 水生植被（Aquatic vegetation）	30. 淡水水生植被（Fresh water vegetation）
		31. 咸水水生植被（Salz water vegetation）

作为人类在长期生产实践中创造的植物群落，栽培植被（人工植被）与自然植被一样，也具有一定的群落结构、种类组成、动态特征和环境条件。对于栽培植被

首先应肯定它是整个植被的组成部分，在具体进行分类时，必须考虑栽培植被的特殊性，它的分类不同于自然植被，应另行考虑分类原则、单位和系统。根据《中国植被》一书作者提出的"依据栽培植物群落的建群种高级生活型、群落结构、生态地理特征以及经济利用等原则进行栽培植物分类"原则，宋永昌等将中国栽培植被分为 3 个植被型纲，7 个植被型亚纲，14 个类型组。

总体来说，目前中国植被分类的原则是《中国植被》所指定的植被分类原则和系统，无论从理论上还是可操作性上看，我国植被分类都应继续坚持和贯彻植物群落学-生态学原则。在此基础上，随着植物生态学、地植物学等学科交叉融合进一步发展，现有分类系统中的单位设置和划分依据尚存在一些值得商榷的问题。目前正值《中国植被志》的编研工作全面启动阶段，中国植被作为世界植被的重要组成部分，亦应在建立全球植被分类系统中发挥相应作用。最终采用的植被分类既要符合中国植被特点，又要适应国际植被分类的发展趋势以便于和国际上主要分类方案沟通衔接，从而逐步向建立起统一的全球植被分类系统靠近。

1.1.1.3 中国海岛植被分类

海岛作为具有地理环境特殊性的生态系统，其植被的类群包含于我国植被类群中。参考《中国植被》和《海岛调查技术规程》中附录 L–3 的植被分类系统，以及《2015 年县级以上常态化海岛监视监测工作任务》中的海岛植被监测分类系统，整合形成海岛植被分类系统。该分类系统由 2 个一级类和 11 个二级类组成，基本涵盖了我国海岛中出现的植被类型（表 1–4）。

根据《植被生态学》中的中国植被分区图，结合海岛植被分类系统可知，中国海岛植被类型基本与距离大陆沿岸的植被类型相一致，主要有：①温带落叶阔叶林带；②暖温带常绿落叶阔叶混交林带；③亚热带常绿阔叶林带；④南亚热带季节常绿阔叶林东部亚带；⑤热带季节雨林带。

表 1-4 海岛植被分类系统

植被	植被型组	植被型
天然植被	1. 针叶林	1. 落叶针叶林
		2. 常绿针叶林
	2. 阔叶林	1. 落叶阔叶林
		2. 常绿阔叶林
		3. 常绿、落叶阔叶混交林
		4. 落叶季雨林
		5. 常绿季雨林
	3. 红树林	1. 海滩红树林
		2. 海岸半红树林
	4. 竹林	1. 散生型竹林
		2. 丛生型竹林
		3. 混合型竹林
	5. 灌丛	1. 落叶灌丛
		2. 常绿灌丛
		3. 刺灌丛
	6. 草丛	1. 草丛
		2. 灌草丛
		3. 稀疏草丛
	7. 滨海盐生植被	1. 肉质盐生殖被
		2. 禾草型盐生殖被
		3. 杂类草型盐生殖被
	8. 滨海沙生植被	1. 草本沙生植被
		2. 木本沙生植被
	9. 沼生水生植被	1. 沼生植被
		2. 水生植被
人工植被	10. 木本栽培植被	1. 经济林
		2. 防护林
		3. 果园
	11. 草本栽培植被	1. 农作物群落
		2. 特用经济作物群落
		3. 草本型果园

再进一步划分，中国海岛涵盖的植被亚型有东北华北典型落叶阔叶林、南方山地落叶阔叶林、东部典型常绿落叶阔叶混交林、东南部山地常绿落叶阔叶混交林、

10

东部典型常绿阔叶林、东部季节常绿阔叶林、台湾季节常绿阔叶林、东部（台琼粤桂）季节热带雨林等。竹林、灌丛、草本植被、水生植被等在中国海岛也有广泛分布。此外，热带海岸林也是海岛重要植被类型，主要包括红树林和珊瑚礁海岸林两个植被型。中国的红树林分布广泛，南从广东海南最南端的榆林港（约 18°9′N），北至福建的福鼎（约 27°20′N）都有间断分布。我国红树群落有：木榄林、红树林、秋茄树林、桐花树林、海榄雌（白骨壤）林、海桑林、水椰林等。珊瑚礁海岸林主要分布在台湾沿海以及南海诸岛的珊瑚礁上。

综上所述，中国海岛植被分类一般应包含于中国植被分类，对于单个海岛的植被分类可参考《中国植被》或者宋永昌建立的植被分类系统。已有一些相应的海岛植被分类规程出台，如我国近海海洋综合调查与评价专项办公室编制的《海岛调查技术规程》等。但是目前针对海岛植被分类尚未有一致认可的系统方法，还需要进一步研究。

1.1.2 海岛植被调查技术方法

植被的野外调查是植被研究的起点，也是一切植被研究的基础。目前，我国尚未建立系统规范的海岛植被调查技术规程或方法，因此对海岛植物种类、植被类型与分布等野外调查主要参考陆域相关植被调查的方法探索进行。海岛植被调查的方法研究一般从典型海岛选择、取样方法设计、样线样方布设等几个方面入手，因此本节拟从海岛的选取、取样方法选择、样地样方布设等方面进行文献综述。

1.1.2.1 典型海岛选取

海岛的选取是海岛调查的第一步，一般应根据调查目的来确定。根据调查目的，有针对性、有计划地选取相应的海岛进行调查是必要的。对中国众多海岛进行典型海岛的选取，犹如在一个海岛上选取典型样方，主要有随机法、分层随机法和代表性选取法。英国和日本作为欧洲和亚洲的岛国国家，其周围有上千个附属海岛且分布较广，因此在海岛调查选取时倾向于利用随机法进行。英国采用随机网格法，用随机数字决定海岛位置然后叠在地图上找出相应的海岛；日本则是在地图上挥洒米粒，以这种随机方式选择海岛进行调查。

我国是大陆国，海岛分布广泛，经纬度跨度广，覆盖了广阔的气候带，其中海南、澳门南部及台湾南部海岛属于热带海洋性季风气候，浙江、福建、广东、广西、香港、澳门北部及台湾中北部海岛属于亚热带海洋性季风气候，江苏北部、山东、河北及辽宁海岛属于温带海洋性季风气候。虽然随机法对于我国东部、东南部及南部沿海区域也可合理有效地进行海岛筛选，但是由于我国气候类型多样、地质与土壤类型多样，使得不同区域的海岛植被类型之间也呈现出较大差异。加之我国海岛数量逾万，因此势必在调查之前要对海岛进行初步的分类、筛选，然后再根据调查目的和岛屿特点，有针对性地选择海岛开展调查，因此一般选择分层随机法或更多是代表性选取法。如陈玉凯选择了我国第二大岛——海南岛和周围其他 101 个小岛屿来开展海岛调查，其研究目的就是聚焦海南岛这种"生境岛屿"内的斑块内极小种群和自然保护区特有植物与周边海洋岛屿的不同类群植物，比较其对"面积效应"的响应。这就是一种针对科学研究问题、具有目的性的海岛选取方式。宋国元等对上海海岸带及邻近岛屿植物的多年调查、周劲松等对广州长洲岛植物多样性调查、马成亮等对南长山岛种子植物区系的调查研究都是在针对要解决的科学问题的基础上，有目的、有针对性地选择海岛进行调查并开展研究。

因此，一般来说应根据调查目的确定典型海岛的选取。海岛数量较大且相对均匀的岛国国家可利用随机法选择调查海岛；对于纬度跨越较大、气候类型多样的大陆国则可能更倾向于针对海岛的特征，如面积、位置、干扰程度等选取典型海岛进行调查。

1.1.2.2 取样方法

植被研究取样的目的是要通过样例（样方）的研究区准确推测植被总体。取样方法多种多样，调查采用什么方法取决于研究目的以及组成群落的种的形态、分布格局和调查时间长短。常用方法有代表性样地法、随机取样法、分层随机取样法、系统取样法等。基于这些调查取样方法发展而成的法瑞学派的"样线法""典型样地记录法"和英美学派的"标准样方法"是我国植被调查最常用的方法。

陆域植被调查方法已有丰富研究，并形成了针对各类调查的技术规程，主要调查方法有样方法、样线（带）法、全查法和调查访谈法。样方法、样线法、样线样方结合法也是较为普遍的调查方法，它们均属于典型抽样法。对于分布区域狭窄、分布面积小、种群数量稀少而便于直接计数的目的物种可采用实测法；另外，对于经过多次调查，积累了较完整的资料，其分布地点、范围和资源都较清楚，便于复核的目的物种，也适用实测法调查。若有需要，还要进行优良单株的调查，以及对古树群、古树名木的实地调查与登记。对森林、灌丛、草原的植被监测样地的面积、样方的数量也已经达成了初步的共识。

利用样线调查获得植物资源种类、利用样方法获得群落结构已经成为基本的获取植被信息的手段。陈学基利用"样方法""点—四分法"和"样线法"调查了亚热带森林植被，并在实践中提出了"点—线结合法"。他的研究指出，用"点—四分法"调查乔木层，用"样线法"调查灌木层和草本层，可以充分发挥无样地抽样的优越性。曾雅娟等利用遥感影像数据对野外考察路线、实测样线和样地进行预设，采用定点和随机布设的方法对中国—巴基斯坦喀喇昆仑公路沿线植被进行了实地调查，获得了荒漠、山地落叶阔叶林、草原植被等的分布面积和植被垂直带谱信息。海岛植被调查的特别之处是：由于其地理位置与面积、气候条件和植被分布等可能与大陆存在较大差异，在取样方法选择上、样方和样线的布设上可能与陆域植被调查有所差异。目前，尚未有对海岛植被调查的专门研究，已有文献也多数参考陆域植被调查方法进行。

综上所述，海岛植被调查方法目前主要参照陆域方法进行，代表性样地法和分层随机取样法在海岛这种地理环境差异较大的地段利用比较广泛。代表性样地法的迅速简便、分层随机取样法的差异化确定取样精度与强度，在海岛植被调查中非常有效。根据实践来看，主要有样方法、样线（带）法、全查法和调查访谈法等，其中样线法与样方法结合调查最为广泛。

1.1.2.3 样地与样方布设

植物群落的调查需要对样地样方的布局进行合理设计。一般来说，是从系统布点、全面调查和重点精查这 3 个层面展开。这 3 个层面也体现了样地布局的原则，即全面性、代表性和典型性。具体为：① 一般了解，重点深入，并设点对照。②大处着眼，小处着手；动态着眼，静态着手；全面着眼，典型着手。③3 个一致性：外貌结构、种类成分、生境特点一致性。④ 6 个特征要接近：种类成分、结构形态、外貌季相、生态特征、群落环境、外界条件要接近的原则。

对于植物与植被资源的调查一般采用法瑞学派的典型样地调查法。针对海岛的地理环境特殊性，在调查时还可结合环岛路线法和"之"字形路线法进行。叶志勇利用此综合调查方法探究了福建平潭的种子植物资源，通过聚类分析得出其与大陆植物种类相似性小，与鹫峰山相似性最高，与虎伯寮区系的属区系分布类型关系最近等分布特点。

对于植物多样性、功能多样性等分析，则需要在典型样地调查基础上，开展标准样方调查。冉丽红等利用样方法和样线法相结合的方法对大小鱼山岛及其周围岛屿开展了植物群落区划与植物群落样地调查，并进行了区系成分分析和地理成分分析。齐婷婷等在山东南北长山岛依据代表性和可达性原则，设置了 32 个 5 m×5 m 的草本植物调查样地，并分析了调查区域内草本群丛结构与环境因子间的关系，指出海拔、坡度、土壤 pH 值和灌木层盖度是影响南北长山岛草本空间分布的主要环境因子。先利用样线法踏查，再选取典型群落划定样方已是海岛植物群落调查的基本共识。自进入 21 世纪以来，通过遥感判读获取植被覆盖信息进而研究植被分布逐渐

13

成为热门新兴方法，但野外植被调查这种传统研究方法仍然是不可获取的基础和补充。样线、样方的精准布设能够帮助科研人员准确获取研究区域的信息并于遥感影像资料关联、比较、分析和寻找其规律性，加深对影像和地表现状之间的相互关系，为遥感判读提供坚实的基础。

综上所述，对于海岛的植被调查，应注重典型性、可达性、全面性和一致性等原则，依据调查目的，选择合适的调查方法。通过样线法踏查，初步认识海岛植被的群落类型后，选择合适地段设置典型样方或者标准样方进行调查。将定性调查与定量调查结合，以全面了解海岛植被群落结构和数量特征。随着海岛植被调查研究的兴起，尽快出台相应的植被调查技术规程也势在必行。

1.1.3　海岛植被与环境的关系研究进展

植被是海岛生态系统的主体，是海岛岛陆生态系统的构造基础，在维持生态系统的结构稳定和防止水土流失等方面发挥着重要的作用，但由于海岛处于特殊的环境条件使得海岛生态环境极易受到破坏。且海岛生态系统的自我调节和恢复能力相对大陆生态系统而言要弱得多，使得海岛生态环境的恢复工作难度大，周期长。因此，从植被群落类型以及植物功能性状的角度探究海岛植被与环境因子之间的关系，进一步开展海岛区划研究，有助于掌握海岛的植被资源概况，从而为海岛植物资源的保护和利用以及海岛生态环境的整治修复提供一定参考。

1.1.3.1　海岛植被与关键环境因子

海岛远离大陆，四面环海，地理隔离使其成为研究生物地理和进化生态学等问题理想试验场所。岛屿生物地理学理论简化了生物与自然环境的复杂关系，揭示了一个岛屿的物种丰富度与其面积和距离大陆（种源地）距离的关系，指出在大陆迁移来的物种数和岛屿上物种的灭绝数相等的情况下，岛屿上的物种数将会形成一个动态平衡，并且岛屿上物种的丰富度与岛屿的面积存在正相关关系，与距大陆（种源地）的距离存在负相关关系。随后，开始以此理论为基础研究海岛动植物资源的多样性及其保护。Tangney 等以新西兰 Manapouri 湖区东部 23 个岛屿的苔藓植物为研究对象探讨了岛屿理论，研究结果表明苔藓植物的丰富度显著受到岛屿的面积以及环境条件（包括微观和宏观）的影响，但研究结果与岛屿生物地理学理论提到的"面积效应"还存在一定的差异，因为两者之间的关系是非线性的曲线关系而不是该理论的简单相性关系。陈玉凯以海南岛附近诸多岛屿为例，研究影响岛屿植物丰富度的主要因子，陈玉凯以岛屿生物地理学为蓝本，增加了易引起生境异质性的气候因子（年均气温和年降水）和地形因子中的海拔，研究发现海拔是该区域海岛植物丰富度主导因子，而岛屿理论的影响程度仅居第二位，由于研究区域较小气候因子的影响最小。可见岛屿生物地理学理论的适用性有一定的条件，主要原因是该理论的假设条件过于简单，趋于理想化，与自然现实情况存在些许差距。但该理论的提出使岛屿研究得以脱离描述性质的空白，其重要性和对生态学研究所带来的影响是不可磨灭的。

中国海岛植被的研究主要集中于海岛植物区系、植物多样性，以及植被类型和多样性与环境因子的关系。我国海岛植被大范围的调查起步于政府部门在"八五"期间开展的"海岸带和海涂资源综合调查"，但植被调查涉及不多。第一次更为全面的对海岛植被的调查始于"全国海岛资源综合调查"，这次针对全国海岛资源的综合调查，其中重要的一项就是摸清我国有居民海岛的植被资源现状，参照陆地植被的调查方法和分类原则，以行政区为单元对我国有居民海岛进行了植被清查，涉及海岛植物物种、盖度、多度等资源调查。另外，许多部门和调查团队也对我国南海诸岛、存在红树林等的岛屿和特殊生境进行了专项调查。邢福武等和张浪等分别介绍了中国南沙和西沙群岛植物和植被概况，任海等综述了中国南海诸岛（包括东沙、西沙、南沙和中沙群岛）的植被和植物资源现状。李根有等、张若蕙等、郭亮等对东海区舟山群岛部分岛屿进行了较为详细的调查和研究。达良俊等和宋国元等对上海大金山岛和周边岛屿植物区系和植物分布。马成亮等和齐婷婷等对渤海区庙岛群岛植物区系、群落结构及其与环境因子的关系进行了研究。但是大多数调查和研究主要针对单一海岛或区域内的植被资源调查，没有从大尺度对我国海岛植被类型和植被分布进行研究，且我国有大量的无居民海岛，关于这些海岛的植被资源数据和资料还很少。蔡燕红等在综述了中国陆地植被的分类研究后，以浙闽海岛为例提出了海岛植被分类的基本思路，即依据海岛所在海域气候要素与海岛植被类型之间的对应关系推演海岛可能的植被型，并通过典型海岛植被调查验证。这可以启示出，在样本量足够的情况下，摸清海岛植被与环境因子（不单单是气候因子）之间的关系，建立适当的模型来预测一些无居民海岛或登岛较为困难的海岛的植被型是可行的，但需要有足够说服力的理论知识和例证来支撑。

植物的生长和分布受到多种因子的综合影响，且在不同尺度或研究区域内的主导因子也不尽相同。在大尺度或者全球范围内，气候对植被分布起到决定性的作用，Al de Candolle 早在 1855 年就根据年平均温度把地球上的植被划分为高温植物带、旱高温植物带、中温植物带、低温植物带和极低温植物带。而随着尺度的减小植被分布则更易受到局部环境条件（地形、土壤等）、种群内部关系以及人类活动干扰的影响。池源和郭振等探讨了地形、土壤、人工林和海洋因子对我国南长山岛草本植物多样性的影响，结果表明，影响显著的因子有地形、土壤和人工林，特别是海拔、土壤全磷和距林缘的距离的相对影响程度较大时，坡向的影响不明显。刘尧文、沙晋明等通过遥感的手段，以海岛的 Landsat 影像为基础，探讨了植被覆盖率与地形因子（高程、坡度和坡向）的关系，结果表明，坡度和高程对植被的长势影响较大，而坡向对海岛植被覆盖率的影响很小。而在大陆植被的研究中，坡向一直是影响植物分布和多样性的重要因子，该结果的出现可能与海岛特殊的环境条件有关，但具体原因还有待深入研究。

植物与环境的相互关系一直是生态学研究中的核心和热点问题。对植物与环境之间关系的探索不仅有助于人类更好地了解全球变化大背景下的植被生态现状及未来发展趋势，更能为生态恢复与实践提供基础数据。

1.1.3.2　海岛植物功能性状与环境因子关系研究进展

面对环境条件的变化，植物可以在一些形态结构和生理特征等方面做出响应和适应，早期生态学家通过植物性状，如植物高度、叶片大小等指标来表达植物对外界环境的适应性，20 世纪末又提出了功能性状的概念，被定义为能够强烈影响生态系统功能以及能够反映植被对环境变化响应的核心植物属性，后来 Diaz 等对植物功能性状的概念进行了完善，将其定义为对植物的定居、生存和适应有着潜在重要影响的，并在一定程度上左右着生态系统的功能，反映环境条件变化的植物性状。

根据不同的分类标准，植物功能性状可以分为不同种类，常见的分类包括：营养性状（vegetative traits）和繁殖性状（regenerative traits）、形态性状（morphological traits）和生理性状（physiological traits）、地上性状（aboveground traits）和地下性状（belowground traits）、响应性状（response traits）和影响性状（effect traits）以及软性状（soft traits）和硬性状（hard traits）。其中响应性状和影响性状是根据植物功能性状与环境及生态系统的关系划分的，响应性状反映了植物对环境因子的响应，而影响性状则能够体现植物对其所在生态系统功能的影响；软性状和硬性状的接受度较高，是根据性状能否快速测量和量化的难易程度划分的，软性状是指植物的叶片面积、树高、生长型、生活型等较易测量和获得的性状，硬性状是指植物相对生长速率、叶片光合速率等较难获得的性状，但较软性状更能反映植物对环境条件改变的响应以及植物与生态系统功能之间的关联。植物的软性状和硬性状联系紧密，软性状能够在一定程度上反映硬性状的状态，例如可以通过植物种子的大小（软性状）推测种子在土壤种子库中的持久力（硬性状）。

在生态学领域，植物与环境关系的研究已经有相当长的时间了，并且一直受到研究者们的青睐。作为生态系统的必不可少的组成部分，非生物环境对植物的生长、发育、繁殖以及分布等都会产生不同程度的影响。可以从 3 个层次对非生物环境因子进行了划分：首先是光照、水分和温度等基础因子，这些因子是植物生存所必需的因子，不可缺少，不可替代；其次是洪涝、风暴和火山爆发等因子，这些因子对植物不是必需的，双方关系是单向性的，该因子的缺失对植物没有任何影响，但是其发生却能对植被产生破坏性影响。最后是火烧、放牧等因子，这类因子与植物之间的关系研究是双向的，植被的存在是这类因子的前提，而这类因子的发生又会直接或间接地影响到植被。在不同区域或对不同物种而言，不同环境因子的影响程度会有所不同，但不可缺少的是上述光照、温度、水分、土壤等基础生态因子。

植物功能性状与环境之间的关系是双向的，可以用功能性状的变异来指示环境条件的变化。例如，统计分析全球范围内植物功能性状对环境条件的响应和适应结果，能够帮助理解植被与气候之间的关系，有利于全球范围内生产力变化模型的构建和检验。在区域尺度上，探讨功能性状在环境梯度（土壤、地形和气候等）的分布特点可以揭示区域环境差异和环境变化规律。不同的研究范围或尺度下，植物功能性状分布的主导环境因子不尽相同，植物功能性状在特定地点的表达是环境过滤，多重因子的综合作用的结果。许多研究表明，关于环境因子对植物功能性状的影响，在大尺度上，气候起到决定作用，在中尺度上，各种干扰和土地利用方式的影响显著，而在小尺度上，土壤和地形因子发挥着主导作用。总的来说，气候、土壤资源的可利用性以及干扰作用显著影响着植物群落结构的构建和功能性状的分布。光照、温度、降水、土壤、地形等因子与植物功能性状之间的关系研究已经取得了不少成果。面对不同的环境条件，植物通过改变功能性状形成不同环境梯度下的适应策略。

光照是生物所必需的能量之源，光照条件对植物功能性状的影响也是非常显著的。光因子主要影响植物的光合作用，从而引起植物叶功能性状的响应。光照会影响植物的叶寿命，主要表现为随光照的有效性而减小。一般情况下，光照越强，植物的叶片大小和比叶面积越小，因此常绿植物的比叶面积较落叶植物偏小。另外，植物的耐阴策略，也是植物对光照变化的响应与适应。

气候对植物功能性状的影响主要从温度和降水两方面起作用。温度对植物的生长发育起着重要作用。施宇等发现植物的叶氮含量随温度的升高而增加。在温度较低时，叶片密度、叶厚度以及单位面积上的叶干物质含量都会偏高一点。干旱地区的植物往往比叶面积偏小，叶片偏厚、叶组织密度偏大，这是植物为提高自身对水分的利用能力，适应干旱环境的表现。随年均降雨量增加或干湿季节降雨变化量的增加，生长在相对湿润地区的植物具有较高叶面积、叶干重、比叶面积和较低的叶长宽比、叶厚度、叶组织密度；而生长在相对干旱地区的植物则表现出相反的一系列性状。

土壤是大多数植物生长的载体，是植物获取主要养分的来源，二者之间物质交换活跃，因而土壤条件对植物功能性状的影响不容忽视。植物从土壤中吸收养分主要用于植株生长和光合作用，因此土壤养分对植物的株高、叶片性状以及植物生物量等影响较明显。许洺山等以浙江天童的大样地植物数据为例，分析了木本植物的叶片性状在天童山空间分布和变异情况，发现比叶面积与土壤养分呈现显著的负相关关系，但叶片干物质含量则正好表现相反。土壤的 pH 值是土壤的一项重要理化性质，过酸和过碱的土壤环境都不利于植物的生长，研究表明，植物的比叶面积和物种平均高度负相关于土壤 pH 值。此外，土壤盐分对叶片性状也有一定的影响。曹靖等以位于新疆的艾比湖湿地的白刺为研究对象，发现该区域内白刺的叶片氮含量随土壤盐分的增加而增加，但比叶重呈现减小趋势，土壤水分和盐分的协同变化是造成该区域内白刺植物光合、叶功能性状变化的主导因素。

地形也是引起植物分布和植物功能性状变异的重要因素，包括海拔、坡向和坡度等。地形对植物功能形状的影响主要表现在小尺度上，通过影响光、温度、水分等基础生态因子而起到间接作用。海拔的升高会引起温度的降低，坡向的不同也会引起水热条件的改变，比如，阳坡和阴坡、迎风坡和背风坡植被类型、生理生态特征的差异就是植物对不同环境条件适应的表现。我国海南岛高海拔地区分布着特色的热带云雾林，该地区因海拔较高使得温度偏低，风速偏大，同时常年云雾缭绕，土壤水分饱和，植物的株高和比叶面积都比低海拔地区森林植物小得多。对我国天然油松叶片功能性状的分布特征的研究表明，海拔高度对油松的叶长、气孔密度和叶氮含量影响较为显著。杨士梭等研究发现，在不考虑植物自身因素即科属组成的影响时，坡向是造成黄土丘陵区不同植物功能性状差异的主要原因。

植物功能性状之间的差异以及在特定地点的分布特征和规律，通常情况下不仅仅只有一种因子在发挥作用，而是从大尺度到小尺度经过一层一层的环境过滤、多重因子综合作用的结果，甚至还会受到人类活动如火烧、放牧、土地利用变化等活动的干扰。

1.1.3.3 海岛生态区划研究进展

生态区划是对生态系统客观认识和充分研究的基础上，应用生态学原理和方法，揭示各自然区域的相似性和差异性规律，从而进行整合和分类，划分生态环境的区域单元。区划一般有综合自然地理区划、景观区划、气候区划、农业区划、土壤区划、植被区划、植物地理区划和动物地理区划等。在国外比较有影响力的区划有Udvardy 的世界生物地理生物群区分类、Matthews 的世界主要生态系统类型、Woodward 和 Williams 在全球尺度上基于温度和降水预测的主要植被类型分布、Prentice 等的全球生物群区类型、Box 的全球潜在优势植被类型、Schultz 的世界生态区划等。

在国内，比较典型的区划方案有黄秉维的《中国综合自然区划》、吴征镒的《中国植被区划》、张新时的《中国植被区划》、吴中伦的《中国森林区划》、郑度等的《中国生态地理区域系统》、傅伯杰的《中国生态区划方案》以及倪健的《生态地理区划》等。不同的区划对象所采取的区划原则、方案、指标体系有所不同。

植被是人类生存环境的重要组成部分，是揭示自然环境特征最重要的手段，同时植被区划也是生态区划的重要内容之一。植被区划是指根据植被空间分布及其组合，结合它们的形成因素而划分的不同地域，它是关于地区植被地理规律的总结，是在研究区域型的植被分类、植被与环境间的生态关系、分析植物区系及植被历史发展过程的基础上，归纳出的植被空间结构的地理特征。它可以显示出现阶段植被形成与一定环境条件的因果关系，反映了植被的历史发展途径和过程。一个地区的植被区划，就是该区域现有全部地植物学资料的概括性成果。同时，通过植被区划，对不同区域的植被分布规律、植被特征、植被与环境的相互关系、植被的掩体变化规律进行对比分析，将为区域景观规划、生态保护、森林管理、生物多样性保护、可持续发展提供科学依据。

中国植被区划工作开始于 20 世纪 50 年代，1956 年，钱崇澍等提出中国植被区划草案，主要依据气候因素将中国植被分为亚寒带针叶林、寒温带混交林、温带夏绿林、暖温带季雨混交林、亚热带常绿林、热带亚热带季雨林、高山针叶林、干旱山地森林草原和荒漠混合类型、干旱草原及草地、干荒漠及半荒漠灌丛、高原草地灌丛、高原冻荒漠 12 类。1980 年，吴征镒等在《中国植被》中依据主要分类单位植被型（高级单位）、群系（中级单位）和群丛（基本单位），将全国植被划出10 个植被型组、29 个植被型。侯学煜在 2008 年组织编制的《中国植被图集1∶1 000 000》中反映了我国 11 个植被型组、54 个植被型。徐文铎等对中国东北植被进行了生态区划，划分了 4 个植被生态区、11 个植被生态亚区和 34 个植被生态小区。2015 年，陈灵芝在《中国植物区系与植被地理》中确定 40 个植被型，隶属于 7 个植被型组。蔡燕红等对中国陆地与海岛植被分类研究进行了综述，全面回顾了中国陆地植被分类和区划的研究历程，提出尝试通过控制因子的特征和演变规律分析，进而推演海岛植被类型及分布，同时结合植被调查经验和方法进行验证的海岛植被分类方法。

海岛作为特殊的海洋生态系统，兼有陆地和海洋生态系统特征，在我国海洋经济发展、海洋环境保护、生态平衡维护特别是国家权益捍卫中具有重要意义。我国的海岛研究工作起步于"八五"期间开展的"海岸带和海涂资源综合调查"是新中国成立后首次对海岸带各种资源的数量、质量及开发现状进行的系统的调查，这其中也涉及了诸多近岸海岛土地植被、海洋资源及环境质量的状况评价。我国海岛资源丰富、数量众多、南北分布跨度大、海岛物种也存在巨大差异，对海岛植被的调查与区划无疑是一项漫长的工作。

海岛植被是海岛生态系统的重要组成部分，其主要受气候、地形、土壤、历史、生物五大因素的控制，其中气候对海岛植被的形成起决定性作用，表现出显著的纬度地带性。中国中温带东部、荒漠生态系统、黄土高原等区域已有生态地理区划。但当前还没有专门针对海岛的生态地理区划方案。

传统的生态地理区划方法有模糊聚类法、遥感与 GIS 结合、典范对应分析、多元分析、主成分分析等，随着新方法和新视角的出现，RLQ 模型能更好地检验植物功能性状与地理环境的关系，进而利用植物性状、环境因素、物种多度划分出不同的区域，针对不同的区域，进行海岛植被的保护和开发利用。本项目首次利用 RLQ 模型，基于植物功能性状对中国东部典型海岛进行生态地理区划，为研究海岛生态地理区划提供了新的研究方法和研究视角。

1.1.4　海岛植物物种登记及动态管理信息系统

海岛植物物种动态管理信息系统的构建，可为政府部门、研究机构等提供决策依据。目前，海岛管理信息系统和植物管理信息系统均比较多。现有的海岛管理信息系统基本上为综合管理平台，系统功能鲜有涵盖海岛植物物种动态管理相关内容，而陆地上的植物管理信息系统较多，而针对海岛的植物物种动态管理信息系统几乎没有。

开展海岛物种登记是我国海岛保护法的要求及全国海岛管理的工作要点，但参照人口普查登记、经济普查登记制度开展海岛物种登记的研究工作尚未开展，针对海岛植物物种登记的相关技术标准或登记成果几乎没有，针对海岛植物物种保护的建章立制尚未开展。

1.1.4.1　海岛植物物种动态管理信息系统现状

（1）海岛地理信息系统

目前地理信息技术方兴未艾，各地陆续开展了海岛（礁）测绘工程，带来大量的测绘信息数据。全国首批开发利用的无居民海岛名录公布以来，全国海岛保护与利用规划工作迅速发展，海岛地理信息系统也应运而生。海岛地理信息系统利用 GIS 与 MIS（管理信息系统）集成技术实现系统建设，采用空间数据库 Oracle Spatial 来存储海岛基础地理信息，在 MIS 的开发平台上实现对海岛（礁）的综合信息管理，利用 GIS 软件实现地理信息显示与分析功能。

为掌握全国无居民海岛基本情况，2016 年全面开展了全国无居民海岛四项基本要素监视监测工作，基本掌握了全国海岛地名普查以来我国无居民海岛岸线、开发利用、数量的变化情况，建立了基于高分辨率遥感影像的海岛植被覆盖率本底数据，初步实现了海岛监视监测工作业务化，为海岛监视监测系统的建设提供了数据支撑。2017 年 5 月，国家海洋局东海分局建设的"东海区海岛监视监测系统"完成升级，实现了海岛信息管理、海岛监视监测、海岛业务管理、海岛课题研究等功能，较好地满足了东海区海岛管理的业务需求。2017 年 9 月，国家海洋局东海监测中心建设的"大金山岛海岛监视监测系统"完成验收，该系统综合应用多源异构海岛信息多结构化存储模型、开放域海岛信息库多级联动更新方法、海岛三维场景可视化、海岛展示成果自动化生成等关键技术，实现信息检索、数据传输与审核、海岛评价、海岛展示以及信息共享五大功能模块，为海洋行政主管部门对大金山岛生态系统的管理和决策提供了科学依据。

时红丽等探讨了 Geodatabase 模型的原理，提出了基于 Geodatabase 模型的海岛空间数据库，实现了海岛相关数据的有效组织和存储。崔伦辉等基于 ArcGISServer，结合时空数据模型和 WebGIS 理论，设计开发了集空间数据、属性信息和时态特性于一体的海岛管理支撑平台，提高了主管部门在海岛项目审批、海岛开发利用规划制定、海岛开发保护方面的管理效率。韩富江等利用 ArcGIS Engine 和 ArcSDE 空间数据引擎技术，将多源海洋信息数据进行集成，为浙江省海岛信息的统一管理和信息共享提供了一个支撑平台。

（2）植物信息系统

西方发达国家早在 20 世纪 60 年代就建立起用计算机管理的植物档案，到了 80 年代便形成网络结构。目前，基于网络实现全球共享的植物信息系统非常多。国外综合性植物信息系统如：澳大利亚植物名录 APNI（Australian Plant Name Index）①、国际植物名录 IPNI（International Plant Names Index）②、The Plant List 植物名录③等。国内综合性植物信息系统如：中国植物物种信息数据库④、中国植物物种信息系统⑤、物种 2000 中国节点⑥、中国自然保护区标本资源共享平台⑦、国家植物种质资源平台⑧、中国西南野生生物种质资源库⑨等。

---

① 澳大利亚植物名录 APNI：https：//biodiversity. org. au/nsl/services/apni
② 国际植物名录 IPNI：http：//www. ipni. org/
③ The Plant List：http：//www. theplantlist. org/
④ 中国植物物种信息数据库：http：//www. botanica. cn/
⑤ 中国植物物种信息系统：http：//www. iplant. cn/
⑥ 物种 2000 中国节点：http：//www. sp2000. org. cn/
⑦ 中国自然保护区标本资源共享平台：http：//www. papc. cn/html/folder/1-1. htm
⑧ 国家植物种质资源平台：http：//www. cgris. net/pt/
⑨ 中国西南野生生物种质资源库：http：//www. genobank. org/

国内区域性和专属植物信息系统一般由科研单位和高校研究开发，并逐渐实现网络共享，如西北师范大学建立的"甘肃省植物数据库系统"，南京林业大学森林资源与环境学院建立的"种子植物（科级）形态信息系统"，宁夏农学院建立的"宁夏野生经济植物信息系统"等。

1.1.4.2 海岛植物物种登记现状

（1）现有普查登记制度及登记方法研究

海岛植物物种登记首先需对海岛上的植物进行普查，然后进行登记，因此本项目从研究我国现行人口普查登记、经济普查登记、污染源普查的方法入手，为海岛植物普查登记提供方法借鉴。

根据《全国人口普查条例》和《第六次全国人口普查方案》，人口普查工作包括对人口普查登记前的现场准备工作、人口普查的登记和复查工作、人口普查数据的汇总、发布和管理、人口普查的质量控制等方面。人口普查登记要确定普查的标准时点、对象、内容和方法。人口普查每十年一次，标准时点是普查年份的 11 月 1 日零时，对象为标准时点在中国境内的自然人以及在中国境外但未定居的中国公民，不包括中国境内短期停留的境外人员，内容包括姓名、性别、年龄、国籍、受教育程度、行业、职业、迁移流动、社会保障、婚姻、生育、死亡、住房情况等，普查方法为全面调查的方法，登记方法为普查员入户查点询问、当场填报。

根据《全国经济普查条例》，经济普查工作内容包括经济普查的组织实施、数据处理和质量控制、数据公布、资料管理和开发应用等。经济普查每五年一次，标准时点是普查年份的 12 月 31 日，普查的对象是境内从事第二、第三产业活动的全部法人单位、产业活动单位和个体经营户，普查在行业上涵盖除农业外的各行各业，普查内容包括：单位基本属性、从业人员、财务状况、生产经营情况、生产能力、原材料和能源消耗、科技活动等方面，普查方法为全面调查，但对个体经营户的生产经营情况可以采用抽样调查的方法。经济普查数据处理工作由县级以上各经济普查机构组织实施，依据国务院经济普查领导小组办公室提供的数据处理标准和程序进行。数据处理结束后，各级经济普查机构负责做好数据备份和数据入库工作，建立健全基本单位名录库及其数据库系统，并强化日常管理和维护更新。

根据《全国污染源普查条例》，污染源普查工作内容与经济普查工作内容基本类似，包括污染源普查的组织实施、数据处理和质量控制、数据公布、资料管理和开发应用等。此处污染源是指因生产、生活和其他活动向环境排放污染物或者对环境产生不良影响的场所、设施、装置以及其他污染发生源。污染源普查每十年一次，标准时点为普查年份的 12 月 31 日，普查对象为中国境内有污染源的单位和个体经营户，普查范围包括工业污染源、农业污染源、生活污染源、集中式污染源治理设施和其他生产、排放污染物的设施，普查内容因普查范围的不同而有所差异，普查方法采用全面调查的方法，必要时可以采用抽样调查的方法。污染源普查领导小组办公室应当按照全污染源普查方案和有关标准、技术要求进行数据处理，并及时上报普查数据，同时应做好普查数据备份和数据入库工作，建立健全污染源信息数据库，并加强日常管理和维护更新。

综上所述，全国人口、经济、污染源普查登记的共同特征在于：调查组织的高度集中性，它是国家统一组织的，按国家法定的普查方案协调进行的专门性调查；普查对象登记的全面完整性，要包括中国境内全部人口、单位或污染源；登记时点的标准性，要按照严格规定的同一标准时刻进行登记。全国人口、经济、污染源普查登记的差异在于：人口普查登记的直接性，登记方法为普查员入户查点询问、当场填报，而经济和污染源普查登记需将数据收集后经过标准方法处理后，登记入库。我国尚未发布海岛植物物种普查登记相关条例、标准或指南，本项目借鉴上述人口、经济、污染源普查登记条例开展海岛植物物种登记技术指南及相关配套管理制度的制定研究。

（2）海岛植物物种登记现状

《中华人民共和国海岛保护法》为了保护海岛的生物物种，确保海岛的生态平衡，规定"国家开展海岛物种登记，依法保护和管理海岛生物物种"，但海岛植物物种登记相关方面的研究较少。2010年底，海岛管理办公室下达了"无居民海岛物种登记规范编制"的任务书。针对该项任务，杨志宏等就如何开展无居民海岛物种登记工作进行了初步研究，从立项决策、项目执行和成果验收3个方面设计问卷，并面向国内相关领域专家进行调查。

目前，我国在海岛植物物种调查和登记方面缺乏技术标准，调查人员只能凭借自身经验开展调查工作，调查结果登记五花八门，难以整合，且缺乏配套的调查管理制度，这限制了国内海岛植物物种调查工作的有效推进，阻碍了全国海岛植物物种信息系统的建设和运行，无法满足职能部门管理、保护海岛植物业务化运作的要求，难以为海岛开发建设提供先验知识，严重制约我国海岛植物多样性保护工作的有效开展。

针对海岛植物物种登记的相关技术标准或登记成果几乎没有，但是在陆地上的植物物种登记的相关成果已经比较丰富，多采用物种名录、物种库、标本库、种质资源库或信息系统等形式。美国于1973年重新制定《濒危物种保护法》，规定将需要保护的濒危物种列入"名录"，并制定详细的名录物种认定标准和列入程序。澳大利亚、加拿大、美国、匈牙利、德国、新西兰、日本等都实行草品种审定登记制度，并由官方专门机构负责，我国大约于 20 世纪 80 年代开始草品种审定登记研究。发达国家和部分发展中国家正通过建立种质资源库对生物资源进行有效的管理和储备，美国、英国、日本、意大利、巴西和印度等国均建立了较为完整的农作物种质资源保存体系。中国近些年也陆续建成中国西南野生生物种质资源库、中国自然保护区标本资源共享平台、国家植物种质资源平台等。我国现有的植物标本数据库始建于 20 世纪 90 年代，大部分基于生物多样性的研究项目；各个省直辖市区都逐渐建立了和项目相关的数据库，形成了一定的数据库群。我国已经建成的植物数据库按照其用途可以分为园林植物数据库、景观植物数据库、草坪植物数据库、医用植物数据库、植物用药数据库、植物病害类数据库、医用植物之有效成分数据库等。

综上所述，国内外海岛信息系统和陆地植物信息系统的相关研究及建设已较为成熟，而针对海岛植物物种登记及生态监视监测与评价动态管理的系统业务化程度不高。

1.1.4.3 海岛植物物种多样性保护现状

我国海域面积大，岛屿众多。近年来，国家愈加重视海岛的保护和生态修复。然而，由于海岛开发利用的力度持续加大以及全球气候异常带来的自然灾害，海岛生态环境的破坏正在加速，一些海岛生态失衡严重。与陆地相比，海岛环境独特、生态条件严酷、植被种类贫乏、优势种相对明显、生态环境脆弱，极易受到破坏，且破坏后很难恢复，因此海岛植物物种多样性保护迫在眉睫。我国自 1997 年 1 月 1 日起施行《中华人民共和国野生植物保护条例》，该条例是为了保护、发展和合理利用野生植物资源，保护生物多样性，维护生态平衡而制定，适用于我国境内野生植物资源的保护，包括海岛野生植物资源在内。我国自 2010 年 3 月 1 日起施行《中华人民共和国海岛保护法》，该法是为保护海岛及其周边海域生态系统、合理开发利用海岛自然资源、维护国家海洋权益、促进经济社会可持续发展而制定。

目前，海岛保护的手段主要是对被破坏海岛进行生态修复和建立海岛保护区。海岛生态修复的研究近年才逐渐成为研究热点，一般包括海岛生态干扰分析、生态修复技术研究和生态修复管理研究等。对于某些生态破坏较为严重的海岛，如海岸侵蚀、沙滩退化等，一般是借助一定的工程措施对其进行生态修复。随着海岛保护意识的加强，我国建立了许多海岛保护区（不含香港、澳门特别行政区和台湾地区），截至 2008 年底，全国已建立各种类型、不同级别的海岛保护区 55 个，但海岛保护区的建立也存在一些问题，包括缺乏对海岛保护区重要程度的认识、海岛自然保护区的相关立法不完善、管理制度不得力、基础设施与人员配备参差不齐等。

已有相关研究提出了一些海岛植物资源保护的建议，主要是切实贯彻执行相关法律法规，调查和评价海岛外来入侵植物物种，建立和完善海岛防护林体系，海岛荒滩涂、荒山绿化等。这些建议还需相关部门采纳并落实到政策和制度上方可起到效用，而针对海岛植物物种保护的建章立制尚未开展，对海岛植物物种多样性的界定、保护主体的确定、如何保护、如何监督、如何问责等问题，均需研究确定。

1.1.5　海岛生态综合评价

MacArthur 和 Wilson 提出的"岛屿动物地理学平衡理论"以及出版的《岛屿生物地理学理论》可视为是海岛生态系统研究的开端。1970 年，联合国教科文组织提出了人与生物圈计划，开始推动一系列有关岛屿的研究。不同国家的学者针对海岛生态退化、生态风险加剧、海岛管理松散等突出问题，从广视角、多维度、使用多手段开展了海岛生态系统的评价研究。Hill 等（1998）通过卫星遥感技术监测了地中海希腊克里特岛生态系统的环境变化；Pakhomov 等（2000）研究了爱德华王子岛时间序列上的物理生物环境变化；Whitney（2002）分析了南路易斯安娜所属五岛的土地演化；Angeler 等（2001）以景观生态学理论为基础，结合海岛生物地理学理论，建立了关于海岛湿地生态系统的风险评价方法构架等；Dimitra 等（2002）以爱琴海中一个小岛为例，提出了一套基于多层标准选择与 GIS 技术结合的、用于海岸区域多维评估和分级的方法；Smith 和 Baldwin（2003）开展了南极洲迪塞普申火山岛生态系统污染及恢复的研究；Ramjeawon 和 Beedassy（2004）对毛里求斯岛环境影响评价体系和环境监测计划框架进行了研究；David 等（2005）基于海岛生物地理学理论以及景观生态学理论建立了海岛湿地生态系统风险评价的方法构架；Mandel 等（2018）以印度岛屿为例评估了气候变化对小岛屿农业生态系统的脆弱性。

我国的海岛生态系统研究工作起步相对较晚，"八五"期间开展的"海岸带和海涂资源综合调查（1991 年）"是中华人民共和国成立后首次对海岸带各种资源的数量、质量及开发现状进行的系统调查，其中也涉及诸多近岸海岛土地植被、海洋资源及环境质量的状况评价。"九五"期间的"全国海岛资源综合调查（1996年）"是我国首次全国性大规模的有针对性的海岛资源调查，为海岛生态系统的研究奠定了基础，对于发展我国海岛经济，维护海洋权益，具有重大的现实意义和深远的战略意义。2000 年，杨文鹤主编的《中国海岛》一书系统和完整地对中国海岛的自然环境概况、环境质量状况、社会经济状况、开发利用现状、海岛的保护和管理等进行了详细描述。与此同时，许多学者和专家从不同专业视角对我国海岛生态系统的综合评价展开了相关研究和探索。王海壮（2004）、张颖辉（2004）和申娜（2004）均以大长山群岛为例，分别从空间结构演变、生存与环境支撑系统以及社会经济支撑系统三方面着手，深入探讨了海岛可持续发展的支撑体系，并提出计算其能力的方法，丰富了海岛可持续发展的内涵；陈彬等（2006）从海岛生态状态和生态服务功能两个方面探讨了海岛生态综合评价的指标和方法；王小龙（2006）开展了海岛生态系统风险评价方法及应用研究，他面向海岛生态管理的需求，开展了海岛生态系统理论研究、概率型风险非线性复合评价模型研究、海岛开发利用风险评价研究等多项研究工作；肖佳媚（2007）以南麂岛为例进行了基于 PSR 模型的海岛生态系统评价研究，建立了评价指标体系并确定了评价标准，分析了南麂岛生态系统评价结果并进一步提出了管理的措施；宋延巍（2006）开展了海岛生态系统健康评价方法研究及应用，分析了目前我国海岛生态系统面临的健康问题，并以活力、组织力、异质性和协调性构建了海岛生态系统健康评价指标体系，建立了综合评价方法并应用于南长山岛、北长山岛和大黑山岛；丁照东等（2011）将海岛植被作为研究对象，应用卫星遥感监测手段，对海岛植被覆盖及变化状况进行宏观统计评价；毋瑾超等（2012）基于耗散理论，选取涵盖自然环境、生物、景观和污染物为主要架构的 12 个指标，评价了海岛生态环境管理系统；柯丽娜等（2013）选取辽宁长岛县，基于可变模糊理论构建海岛评价模型；王丰等（2015）率先于国内开展对海岛生态系统综合评价的研究，在分析过海岛生态系统特征的基础上，尝试建立一个可以通用相关评价体系，提出糅合生态脆弱性评价和生态系统健康评价的海岛生态系统综合评价方法；马志远等（2017）根据我国近海海洋综合调查与评价专项中海岛调查的相关资料，系统建立了海岛生态系统评价指标和方法体系，综合评价了全国 45 个重点海岛的生态系统状况。

1.1.6　海岛适生植物物种选育及生态修复关键技术研究

与陆地相比，海岛环境独特、生态条件严酷、植被种类贫乏、优势种相对明显、生态环境脆弱，极易受到破坏，且破坏后很难恢复。近年来，随着海岛开发利用以及全球气候异常带来的自然灾害，加速了对海岛生态环境的破坏，一些海岛生态失衡严重。因此，对被破坏海岛进行生态修复，对于保护海岛，合理利用海岛，促进海岛可持续发展具有十分重要的意义。

海岛陆域生态系统的修复中最重要的问题是恢复和维持退化海岛的水分循环与平衡过程，其中最常用的手段是恢复海岛植被。植被修复是按照生态学规律，利用植物自然演替、人工种植或两者兼顾，使受到人为破坏、污染或自然毁损而产生的生态脆弱区重新建立植物群落，以恢复生态功能的技术领域。任海及李萍等指出海岛恢复的限制性因子是缺乏淡水和土壤、生物资源缺乏、严重的风害或暴雨。不同大小的海岛和海岛不同部分的恢复策略不同。海岛恢复的长期利益包括重建海岛的生物群落，再现海岛生态系统的营养循环，最后恢复海岛的进化过程，但海岛植被的恢复过程比较复杂，最关键的是要选择好适生的物种。

1.1.6.1　海岛适生植物物种筛选培育及栽培技术研究

随着我国经济的迅速发展，海洋经济也进入了快速发展的阶段，然而，海岛开发带来了经济发展的同时，也带来了水土流失、原生植被遭到破坏等一系列生态环境问题，破坏了海岛生态环境、丧失了物种多样性、加剧生态的脆弱性。因此，自然因素也日益受到重视，例如 2015 年，国家海洋局印发了《海洋生态文明建设实施方案（2015—2020 年）》，提出实施包括"蓝色海湾""南红北柳"等工程在内的 20 项重大工程项目，开始综合布局海岸带生态修复重点区域。2017 年，国家海洋局出台了《海岸线保护与利用管理办法》，这是我国首个关于海岸线的专门性纲领性文件（王琪等，2017）。因此寻找适合海岛生长的植物、加快海岛生态的恢复显得更加迫切。

海岛适生植物研究意义：我国海岛经济发展迅速的同时，也导致了海岛现阶段面临严重的生物多样性问题，然而海岛与海岛之间状况多样，适合海岛种植的植物也各不相同，目前针对海岛适生植物的专项调查严重匮乏，针对海岛适生植物的筛选和培育工作也远远不够，这不仅仅制约了海岛经济的发展，更是制约了海甸岛的开发与修复工作。只有筛选和培育出适合海岛生长的植物，方能促进海岛生物多样性的恢复，营造出良好的海岛生态环境。因此，选育出海岛适生植物对于海岛的生物多样性和生态环境的恢复具有重要意义。

早前，为了探究海岛适生植物，少数学者针对海岛植物的引种栽培进行初探。沈明裕等（1992）将具有强适应能力的印度尼西亚象草引种至浙南海岛，并观察其在海岛环境下的物候特征，结果表明象草在海岛上表现良好，可以作为海岛发展食草动物的一种重要牧草；韩国玲、俞慈英等学者为了进一步选育海岛适生植物，增加海岛植物多样性，以舟山海岛为样地，引进木兰科和棕榈科植物，实验得到能够很好地适应引种地的气候和环境，且具有较好观赏应用价值的木兰科植物有鹅掌楸、华中木兰和乐昌含笑等 32 种，能在海岛园林绿化应用中推广的棕榈科植物有冻子椰子、加那利海枣、华盛顿棕榈等。此外，陈叶平等（2013）选取国外 3 种耐水湿较强的栎树引种到海岛，根据成活率和生长量统计，证明纳塔栎的生长势明显好于舒玛栎和水栎，且其叶形奇特，秋色叶猩红，观赏价值高，更适合海岛低洼水湿地的绿化造林；在海岛造林方面，陈献志等（2020）以大陈岛为试验林地，经过 5 年的观测发现，红叶石楠、乌桕、枫香树保存率高，可以作为该岛首选造林优良树种，湿地松可以作为备选树种，台湾相思则不适合用于大陈岛造林。

检索发现针对海岛适生植物综述类文献数量不多，且多集中在海岛生态修复方面。任海等（2001）提出优势种在生态类群中具有竞争优势和更强的适应能力，当植物在岛屿上形成稳定的群落且有一定的数量，即表明该植物能长期适应海岛环境；陶吉兴（2003）针对浙江海岛的地质、岩性、气候、生物等作用下形成的特殊生境条件，以立地条件变异较大的丘陵区绿化和平原区绿化的树种为选择决策，编制出不同立地条件适生树种表，并提出海岛森林类型以各种阔叶林和针阔混交林为最佳，充分选用具有抗风、耐盐、耐贫瘠的乡土树种。郑俊鸣（2017）就海岛生态恶化问题，提出优势种调查是筛选海岛适生植物的重点，探讨海岛地带性植被、砂生生态类群、盐生湿地生态类群、基岩生态类群、海岸林生态类群的优势种，强调优先开发具有地域性特色的乡土植物。

近年来，针对海岛植物研究主要集中在海岛植物区系、植物物种多样性和群落特征的研究上，海岛植被及其分布是长期适应的结果，相同生境的海岛所拥有的植被种类、分布及群落结构具有相似性。陈征海、唐正良（1995）筛选出适合浙江海岛生存的野生观赏植物，并根据习性将其分为蔓木类、观赏竹类、水生类、观赏蕨类、观赏草类等，提出将枫香、黄连木、沙朴、椆榆、青冈等十分适应海岛生境且资源量大、用途广的植物重点开发利用；昝启杰等（2001）对广东内伶仃岛的维管植物区系进行全面考察，整理出植物区系的表征科15个：樟科、茜草科、夹竹桃科、番荔枝科、大戟科等，因原有雨林被破坏，现存的为次生性南亚热带常绿阔叶林，属的地理分布以泛热带分布占主导地位，并指出榕属、冬青属、毛茛属、蓼属等在群落中覆盖度较高；余海等（2015）对浙江七星列岛维管束植物进行统计，发现群落滨海岛屿成分显著，植被类型以低矮型草本群落为主，其间分布少量乔灌木，如人工栽培的粗枝木麻黄群落、带状分布的芙蓉菊群落、火炭母群落、健壮臺草群落。王清隆等（2019）采用野外调查、标本采集鉴定的方法将对西沙群岛进行全面的调查和编目，涉及24个热带岛屿、沙洲，采集到101科543种维管植物，禾本科、蝶形花科、菊科、大戟科所含植物占总物种的1/3，结果表明，海岛植物种类贫乏，组成简单，优势种明显，其中乔木有抗风桐、海岸桐、榄仁树，灌木有草海桐、银毛树等，草本有细穗草，藤本主要为厚藤、长管牵牛；吴承祯等（2019）研究浙江海岛主要木本植物，发现植物区系热带成分较高，乔木层主要为黑松、马尾松、青皮竹、木麻黄等，通过对数模型模拟，说明了物种丰富度随着与陆地的距离增加而降低，解释了隔离程度对海岛物种丰富度所起的作用。许爽、白亚东、陈思思等众多学者都对各个海岛种质资源状况进行调查研究，分析海岛植被特征、物种多样性及其与环境关系，以此为发展海岛适地适树技术研究打下了实践基础。

海岛适生植物的筛选对于构建海岛特色植被景观、保护海岛特有种、海岛植被的生态修复等具有一定意义，同时也能减少海岛面临的气候灾害。其目前国内外的研究主要集中在海岛环境对海岛植物生长的限制因子方面，而对筛选技术则主要集中于陆域植物极端环境下的筛选技术研究方面。王良睦等（2001）针对厦门市四周环海、市区部分土壤含盐量高而导致的园林植物屡受盐害的情况，通过对土壤含盐量、植物叶片元素含量及植株受害情况的综合分析，对厦门市主要园林植物的耐盐能力进行评价，并筛选出一批耐盐园林植物。李定胜（2006）首次系统地提出了舟山海岛园林绿化建设发展对策，确定了海岛园林植物选择原则，筛选出了以舟山海岛乡土植物为重点的适宜滨海绿地、城镇绿地、通道绿地、山体景观林绿地四大类型绿地条件的园林植物 182 种，其中抗风、耐盐植物 77 种；抗风、耐瘠薄植物 142 种；抗风、耐水湿植物 85 种；抗风、耐干旱植物 52 种。何志芳等（2011）在南沙区野生植物广泛实地调查的基础上，进行了抗盐碱绿化植物的筛选，并对特殊环境下盐碱地绿化植物的应用进行了探讨。卞阿娜（2013）采取野外实地调查获取福建滨海地区耐盐园林植物种类，通过访谈、专家咨询与资料查阅相结合的方法，对岩岸景观、沙岸景观和泥岸景观进行耐盐园林植物选择与配置。苏燕苹（2013）通过对福建平潭海坛岛植物野外调查研究与查阅相关资料，筛选出适合平潭种植的抗风耐盐园林植物 89 种，其中乔木 34 种、灌木 28 种、地被植物 26 种、红树植物 1 种。黄建荣等（2015）通过调查广东海陵岛的野生植物资源，以植物的生长繁殖力、耐盐性、抗病虫害能力、耐修剪性和观赏效果为 5 项指标，筛选出 18 种最适宜滨海园林应用的植物，其中应用在保利银滩项目中的木麻黄、马鞍藤和草海桐，具有较强抵御滨海恶劣气候的能力。张琳婷（2015）筛选了南方海岸带与海岛特有植物 88 科 242 属 315 种。唐春艳等（2016）通过实地调查和文献查阅，对广东省滨海耐盐的乡土植物资源进行整理和总结，结合耐盐程度、适应性和观赏特点等各项指标评价，优选 46 种植物推荐应用于滨海景观带或防护林建设。陈慧英等（2017）采用室外模拟实验的方法，研究 3 种典型的海岛植被修复常用植物——木麻黄、台湾相思和夹竹桃的耐旱能力及使用保水剂、覆盖凋落物对其耐旱能力的影响；通过对培养基质及植株叶片施加不同浓度的盐溶液，研究不同植物的耐盐能力，筛选耐盐树种。钱莲文等（2019）在查阅文献资料和实地调查的基础上，对福建省海岸带乡土园林植物进行调查和分析；采用层次分析法构建海岸带园林植物应用筛选及综合评价体系，据此筛选出适合福建海岸带园林建设的乡土景观植物种类。方发之（2019）根据海南岛礁的高温、高湿、高盐碱、台风多、常风大以及岛礁地质和海蚀地貌的特殊性，结合植物在海南海域岛礁各相关树种的生长情况及其生物学特性，筛选出 40 种易于繁殖、生长良好、耐盐、耐旱性较强的岛礁生态修复先锋植物，为海南岛礁生态修复提供参考。丘旭源等（2020）指出对岛上裸露土层进行植被生态修复选择当地乡土植物，这些植物具备耐旱、耐贫瘠、耐盐雾、抗风、抗逆性强，易于养护等特点，并通过选用"主根发达、深根系、茎干粗壮、木质密实和抗风能力强"的植物在大屿海岛上开展适生植被研究。最终筛选出适合在岛上生长的植物，即以台湾相思、木麻黄为主，伴生高山榕、小叶榕、水翁、灰莉和黄槿等乔木，配以海滨木槿、双夹槐、美花红千层、金叶女贞、栀子花、滨枥、厚叶石斑木等灌木以及马鞍藤、海边月见草、山菅兰、狗牙根、凌霄等地被。谢艳秋等（2020）采用样线法对平潭无居民海岛海岸沙生植物资源进行调查，筛选出抗逆性强、观赏价值高的海岸沙生植物，为同纬度邻近海岛园林植物引种驯化提供参考建议。《中国盐生植物》第2版介绍的687种盐生植物，是中国耐盐植物资源筛选与应用的里程碑。《南方滨海耐盐植物资源（一）》介绍了200个物种。郑俊鸣等（2017）认为开展海岛植被的优势种调查将是海岛植被修复树种筛选的重点，将中国海岛划分为庙岛群岛组、浙江海岛组、闽粤岛屿组、台湾岛组和海南岛组5组，综述了海岛地带性植被、砂生生态类群、盐生湿地生态类群、基岩生态类群、海岸林生态类群的优势种，列出了可应用于中国海岛修复的适生植物种类。

海岛适生植物的培育方面，常采用的方式是建立苗圃，如耐盐乡土植物专类苗圃等，同时结合实验探究培育技术。育苗方式除了常规方式以外，通过菌根化育苗也可提高植物对海岛生境的适应能力。由于带土球苗的成活率远高于裸根苗，使用裸根苗进行造林时，将植物的根系蘸黄泥浆能显著提高成活率；而在带土球苗中，容器苗具有更高的成活率和抗逆性，但成本相对更高。李定胜（2006）建立了舟山海岛特色苗圃，并系统总结了舟山海岛主要乡土特色植物苗木培育技术。杨清平（2010）调查了象山海岛地区的竹类资源，筛选出可在区域内推广开发利用的优良竹种5种；建立四季竹、紫竹、凤尾竹等8个竹种的种苗繁育圃；建立四季竹、黄秆乌哺鸡竹、紫竹和金镶玉竹4个优良中小径竹种新造示范林并进行幼林促成栽培技术应用；开展了毛竹林地上部分生物量分配格局、毛竹林立竹竿形特征以及四季竹、金镶玉竹、黄秆乌哺鸡竹和紫竹4个筛出的优良竹种的叶片叶绿素含量等研究，探讨了竹子长期在海岛地区特殊生境中所形成的特殊秆型和结构对自身生存和良好生态功能发挥的机理。汤坤贤（2019）通过调查闽台海岛不同生境的植被类型和植物种类，筛选、培育抗逆性强的海岛典型植物，从平潭塘屿、漳州东山岛、诏安城洲岛等地引种海岛典型植物20余种，从厦门植物园引种台湾特色植物5种；开展抗逆生理实验，确定海岛植被修复的适生种；研究不同扩繁技术，培育海岛植被修复急需种苗18种2 000多株。

关于海岛植物栽培发展现状。海岛的气候、土壤等自然条件都与内陆有明显的差异。海岛环境结构特殊，在海洋与陆地双重自然力的作用下形成了独特的生态系统。而海岛适生植物则是长期适应海岛自然条件而生存下来的，因此具有明显的海岛特色。由于海岛适生植物适应性特征强、种类多样化、地带性明显、与生境类型相关性高等植被特点，城市里与人工栽培有关的园林绿化技术并不完全适用。海岛植物资源丰富，然而在海岸带与海岛绿化时，不少工程盲目照搬内陆园林绿化模式或使用对海岸环境适应能力较差的植物种类，导致绿化植物死亡、后期管护成本高、景观效果差等问题。在关于海岛植物生态修复和理论研究较多而实际应用技术较少的前提下，尚未形成科学完整的栽培技术体系。因此，将海岛适生植物种植栽培相关的研究进展归纳整合，结合海岛植物生态修复理论的研究，可为海岛植被存活、海岛植被生物多样性保护、海岛生态整治修复提供一定的技术支撑。

近年来针对海岛植物种植栽培出台了不少规范。2002 年中华人民共和国住房和城乡建设部发布了《城市绿地分类标准》的行业标准（后经修订于 2018 年 6 月公告实施），2012 年发布了《园林绿化工程施工及验收规范》，同年河北省发布了《盐碱地园林绿化施工规范》，2019 年中华人民共和国住房和城乡建设部又发布了《园林绿化工程盐碱地改良技术标准》，已形成较为成熟稳定的技术。

栽培技术是水土保持、提高植被覆盖率和保护生物多样性的重要一环。不同地带区域的生境、气温、湿度、土壤等不同，应充分考虑海岛环境条件的脆弱性和不稳定性。因地制宜，适地适树，宜林则林，可先利用先锋植物进行水土保持，改善局部地区立地条件，再逐步种植其他海岛适生植物，实现种植效果。理论应紧密结合实践，在实践操作过程不断改良技术，进而促进理论知识的更新与完善，在达到生态效益及景观效益的基础上降低成本及养护费用。针对上述的海岛植物生长限制因素，将整个海岛适生植物栽培过程划分为栽培前准备、主要栽培技术和养护管理 3 个阶段。

第一个阶段：栽植前准备。

对海岛自然条件进行系统全面的调查，包括水肥气热等在植物生长发育过程中不可缺少的因素，还有地形地势的勘踏，对海岛土壤的盐碱度、有机物、无机物进行检测，便于下一步选用具备耐盐碱、抗风、抗瘠薄特性等适合该地种植的海岛适生植物。

第二个阶段：主要栽培技术。

充分考虑海岛不同植物生长性、海岛气候条件及周边具体环境特点，选择适宜的栽培季节和气候，选取适当的栽培方式，具体操作参照《园林绿化工程施工与验收规范》，按照"因地制宜、适地适树"的原则，合理布局绿化地段，确保绿化效果。

以福建省典型的几种海岛植物为例。①红树林是分布在热带海滩上的一种特殊森林类型，生长于淤泥深厚的海湾或河口高潮线以下的盐渍土壤上。在海堤外可采用林带方式，带宽 100~200 m，并且于滩面拉出与岸带垂直的线，沿线行插植胚轴，使新造的红树林整齐划一，有利于通风透光和管理。插植胎生苗是指红树林一般7—8月开花，翌年5—6月果成熟。待胚芽与果实接连处呈紫红色、胚根先端现出黄绿色小点时，表明果已成熟，即可采集。采集时可用竹竿打枝条，落下的为成熟苗（即胎生苗），一般苗木长 18~27 cm，每千克约80条，胚轴黄绿色，质地硬。栽植胎生苗时，不要除去果壳，要让其自然脱落，以免子叶受损伤或折断而不能萌发新芽。在苗木运输过程中，要细致包扎，苗顶向上装在箩筐内，底层放些稻草，不要堆积太高，以免发热腐烂。宜随采随造，以提高其成活率。造林时间一般在 5—6月。插植时应避开当月大潮日期，最好在大潮刚过两三天，并且选择退潮后的阴天或晴天进行。每穴种一株，株行距 0.6 m×1.0 m，采用三角形法插植。栽植深度一般入土 10~12 cm。插植时要防止胎苗皮部受伤和倒插，应插直。此外还有移植天然生苗法，从稀疏的红树林下生长培育的苗木中挖取天然生苗。一般移植宜采用苗高 30~45 cm 并有 3~4 个分枝的苗木，运输与包扎方法同胎生苗。苗木栽植深度视苗木高度和根的长度而定。②台湾相思移植苗木一般分容器苗和裸根苗两种，容器苗，一般不用处理可直接造林；裸根苗的处理，起苗前应先进行截干，保留苗桩高30 cm左右，进行起苗，保留主根长约 20 cm，侧根一般不修剪，即用赤红壤心土浆根并包装，切忌再湿水，以免降低成活率。造林地宜选择在 26°N 以南，海拔500 m 以下的丘陵、山地，在造林前 2 个月完成整地，穴的规格为 50 cm×50 cm×40 cm。造林前 10 d 左右，穴内先回填一半表土并施基肥，每穴施有机肥250 g、磷肥100 g，拌匀后，再回碎土至平穴备栽。栽植时间选在 2—5月或 9—10月，栽植密度控制在株行距 2 m×2 m，而在贫瘠的立地上，则多采用 1.5 m×1.5 m 或1 m×1.5 m。栽植时，容器苗去袋埋入穴中，回土扶正踩实，注意不要弄碎土团；裸根苗按常规植树法使根系在穴内舒展，回土扶正踩实。造林定植 1 个月后应进行及时补苗。③木麻黄是我省沿海地区防风固沙和农田防护林的当家品种，滨海沙滩至海拔700 m 的地区均能正常生长。当前，木麻黄已普遍实现无性系造林。选用经测定的优良无性系。母株采用地栽，床宽 60~120 cm，床高 20~30 cm，步道宽 50 cm，种植株行距为（20~50）cm×（30~60）cm。待苗木长至 70~90 cm 时截顶，保留高度 40~60 cm。种植当年沟施 1 次复合肥（N：P：K=15：15：15）100 g/m² 采条后喷施 1%的复合肥 1 次，施用量 0.75~1.12 g/m²。

第三个阶段：养护管理。

俗话说，"三分靠种，七分靠养"。在恶劣的海岛环境下，植物的养护管理措施应格外重视。植物种植后应及时浇水，将土踩实，并浇透定根水。还必须做好固定工作，可用三脚架支撑，也可用多种形式进行固定。日常的抚育管理，主要包括及时浇水、中耕松土、除草培土、施肥补肥、间伐、防治病虫害、苗木整形与修剪、防寒和防冻等。

研究适合海岛生长的植物,集成生态栽培技术,建立科学开发模式,对我国海岛适生植物的长期开发利用具有十分重要的指导意义。攻克栽培技术关键,并为海岛适生植物研究的持续深入提供理论基础。

1.1.6.2 海岛植被种植管控的研究

20世纪40—50年代,项目管理由美国最初提出,应用于国防和军工项目。由于工期紧张,成本有限,管理人员通过分解项目目标、优化工作流程、减少重复性工作和合理利用资源等措施,以提高工作效率、降低成本。项目管理的高效完成使得管理者意识到项目管理的优越性。到20世纪50—60年代,项目管理科学取得在两大关键技术"关键路线法技术"(CPM, Critical Path Method)与"计划评审技术"(PERT, Program Evaluation and Review Technique)出现而取得突破性进展。随着社会发展,项目管理理论逐渐运用到军事工程、民营工程等多领域,项目管理理念也得到了更广泛的运用。在发展中也逐渐细化和专业化。由于管理对象的多元化,形成了质量管理、成本管理、进度管理、风险管理等众多理论。

伴随着科学管理手段在不同行业的实践经验积累,逐渐完善成不同的知识体系。国际上有三大知识体系,分别为以欧洲国家为主体的体系ICB(国际项目管理资质标准)、美国的PMBOK(项目管理知识体系指南)体系、英国商务部开发的PRINCE(受控环境下的项目管理)体系。西方国家十分重视项目管理的经验总结,逐渐形成一套完整的管理理论体系。20世纪末,Sprecher团队通过对工程项目的成本及进度进行控制,并总结出控制二者的主要方法。Ahn等通过实践应用检验了项目管理理论对工程进度及成本控制可起到积极作用。在绿化项目方面,加拿大的城市绿化建设更突出服务化、社会化和商品化的功能,逐步建立了城市园林绿化的管理规范。

我国早在封建社会就已开展相类似的项目管理活动,如修筑长城、故宫、京杭大运河等。1960年后,统筹法的网络计划技术被引入到中国,应用在国内的宝钢、鞍钢等大型工程建设项目中,并取得很好的成效。20世纪70年代末,中国管理者开始意识到现代化技术和管理思想与西方国家存在差异,开始借鉴和学习国外企业的管理经验。由此,项目管理理念逐渐应用在市政项目、水利、园林绿化等工程领域。

园林绿化种植工程在成本管理、现场管理、进度管理等方面的管理水平极大程度上决定了绿化的品质,而影响管理水平的因素有项目内部机构、施工计划以及工程环境等。为了提高种植工程的效率和规范，各地方园林绿化部门出台了相应规范、标准、管理条例或导则，如《绿化种植土壤（CJ/T 340—2016）》《福建省城市园林绿化管理条例》《福建省城市绿化建设导则（试行）》《平潭绿化导则》等。在临海的沿海城市或海岛型城市，大多关注在滨海盐渍土的绿化标准上，忽略了内陆城市的生境具有显著差异的其他要素。由此，针对海岛特有环境而制定的绿化规范或导则相对较少，这给海岛的种植管控技术管理带来了严峻的挑战。

1.2 资料来源与方法

根据中国海岛的整体分布特点，综合考虑海岛所处的地理位置、气候带、海岛开发管理水平和模式等因素，以海岛面积、地理位置、隔离度、干扰状况等参考作为调查海岛选取的指标，主要依据以下 5 项原则选取典型海岛进行植被资源与植被类型调查。

①岛屿的面积：在中国海岛中要有一定的代表性，既要有小型岛屿，又包含大中型岛屿。

②岛屿的位置：在中国海域的南、北、中部海域均要选取岛屿，即覆盖渤海、黄海和东海。

③岛屿的隔离度：隔离度主要考虑岛屿距离大陆的距离，既考虑离岸距离较近的岛屿，也选取远离大陆的岛屿。

④岛屿的干扰程度：岛屿的选取需注重人为干扰因素，考虑海岛的开发管理现状，既要选取有居民海岛，又要包含无居民海岛。

⑤岛屿植物区系纬度分布格局：通过对多个典型代表性沿海岛屿的梳理，将种子植物区系分为 5 个组别，包括位于黄海、渤海交界处的庙岛群岛组、位于东海的崇明舟山组、位于东南海的闽粤岛屿组、台湾岛组及海南南海组。

在综合考虑以上 5 项原则的基础上，进一步选择地理位置合适、植被丰富的典型海岛进行研究。

首先，在完成全岛主要植物群落类型踏查后，根据各岛的地理形态、植被分布情况设计调查路线，按照典型样地法选择样线上的典型群落进行调查，主要记录群落名称、群落垂直层次情况（层数、各层高度、盖度）、物种数量、物种多聚度等。在此基础上，选择其中的典型森林和灌丛群落类型，依据最小面积法则，森林样方按 20 m×20 m 时，灌丛样方按 10 m×10 m，采用统计样方法对每个样地的基本群落学特征进行调查和登记。调查内容包括：高度大于 0.5 m 的每株植物的物种名称、高度、基（胸）径、枝下高、叶下高、冠幅和空间坐标，群落垂直各层次的高度、郁闭度。样地内的草本层则按法瑞无样地调查法，统计记录样地内所有物种的多盖度和聚集度。

在植被调查的同时，对海岛土壤条件进行调查，调查内容主要为与植被生长息息相关的因子，包括腐殖质厚度、土壤碳、氮、磷含量，土壤含水率等。

在每个样方内用5点取样法采集土样。在每一个采样点先去除土壤表面的枯落物，在土壤垂直剖面20 cm左右的深度采集土样，将5个采样点的土样装入自封袋中混合均匀带回实验室用于土壤理化性质的测定。室内测定时，土壤样品中称取适量鲜土称重后放入75℃的烘箱内烘干48 h后取出，称量其干重并计算土壤含水率。将剩余的土样自然风干后研磨过100目筛子，测量土壤碳、氮、磷含量。用德国Elementar化学元素分析仪测定土壤总碳含量；用Smartchem 200全自动化学分析仪测定土壤总氮和总磷含量。

海岛植被调查方案的设计是海岛植被调查的核心环节，其主要内容就是取样方法的选择。取样方法多种多样，调查采用什么方法取决于研究目的以及组成群落的种的形态、分布格局和调查时间长短。常用方法有代表性样地法、随机取样法、分层随机取样法、系统取样法等。海岛一般区域变化较大，有些地方可能不易到达，给调查取样带来了不便。从文献资料、技术规程中获知，陆域植被调查主要采用样线法、样方法、全查法、专家访谈法等，尤以样线法与样方法结合调查最为广泛，即利用法瑞学派的样线法或典型样地法结合英美学派的标准样方法进行调查。典型样地法在对一定区域植被全面勘踏的基础上，根据主观判断有意识地选出某些"典型"的、有代表性的地段，并设置若干大小能够反映群落种类组成和结构的样地（样区），记录其中的种类、数量、生长与分布情况等，具体指标包括植物资源种类、多优度、聚集度、盖度等；英美学派是在踏查的基础上选择群落地段，然后在其上设置标准样方进行调查，调查指标包括资源种类与数目、各层盖度、胸径、树高、横纵冠幅等。

由于海岛一般有主要山体，植被调查方案布设要结合海岛地形地貌进行。一般先根据前期遥感影像、地图资料等对所调查海岛的植被丰富区域及山体走向、坡面等有初步了解。海岛植被调查的特别之处在于其地理位置与面积、气候条件和植被分布等可能与大陆存在较大差异，在取样方法选择上、样方和样线的布设上可能相比陆域植被调查有其独特性。对于不同位置、不同面积的海岛，其具体样方设置的数量与面积、样线设置的数量与长度也可能有所差异。

同时，收集陆域适生植物的物种筛选方法、陆域植物的栽种方法研究，示范海岛的海岛原生植物资料、示范海岛的岛陆生态、海岛基础地理信息、海岛植物现状等资料。利用海岛植物调查结果，获取海岛植被类型，将海岛植物群落类型划分为不同的植被类型；利用植物群落调查成果，根据群落垂直结构进行分层，调查植物群落特征。确定优势种、建群种和极少种群。根据群落特征与土壤、气候因子的关系分析，探讨海岛群落的演替趋势；通过实际样地环境因子与优势种、建群种、极少种群等物种分布特点构建数学模型，从而分析得到典型海岛植物生态适宜性和敏感性的限制因子。

收集国内外关于海岛生态修复、植物群落优化配置、种植管控技术及修复效果评估等相关资料。并基于《海岛四项基本要素监视监测技术要求（执行）》最新成果，精细化解译调查海岛的开发利用现状，提取岸线、沙滩及植被类型分布等相关遥感信息。开展海岛植物群落配置研究、海岛植物生态群落种植管控技术研究、海岛植物生态优化示范区建设研究及海岛植被生态修复效果评估研究。

1.3 研究目标、研究内容及技术路线

1.3.1 典型海岛植物生态监测关键技术研究

1.3.1.1 海岛植被调查技术方法研究

研究现有陆域植物调查取样方法在海岛植物调查中的适用范围，根据海岛自然地理特征和不同类型种类的生态学特征，初步设计和制定针对不同生境的海岛植被调查技术方案。研究与调查的重点包括规程的适用范围确定、调查的一般程序、调查流程图的设计、海岛分类研究、遥感调查、植被调查方案设计、植被类型调查方法与要求、植物群落结构特征调查方法与要求、植物功能性状调查方法与要求、土壤调查一般要求、典型植被调查方法和资料整理分析等。

1.3.1.2 海岛岛陆环境要素监测方法

针对海岛典型植物特征及其与之生长密切相关的环境要素，开展土壤理化特性、土壤肥力核算、地形地貌岸线测量方法、地表水水质及资源量估算等研究，建立适用于海岛特点的包括岛陆土壤、地形地貌、海岛面积、地表水、海岸线等海岛岛陆环境要素监测方法。

1.3.1.3 海岛生态系统监测方案设计技术研究

针对岛陆、潮间带及近岸水域的不同，海岛生态子系统之间相对独立又具有关联性的特点，制定满足海岛生态系统综合评价的监测方案设计技术要求。

1.3.2 海岛植物物种登记和动态管理信息系统研究

1.3.2.1 海岛植物生态监视监测与评价动态管理信息系统

（1）系统总体架构

对海岛植物物种登记和动态管理、生态综合评价及海岛植物生态优化等需求进行分析，设计系统总体架构，对系统模块功能进行建设。

（2）专题数据库建设

以地理数据和 Oracle 关系型数据库联合存储海岛基础信息、植物物种信息、海岛适生物种信息、海岛生态环境监测数据等信息，实现多源信息的集中存储、管理，为综合管理服务决策提供基础支撑。

（3）系统功能建设

以网页形式向用户提供各类基础信息及分析结果信息服务，包括海岛植物物种和适生物种信息、海岛生态环境监测数据展示、海岛生态综合评价信息、海岛植物生态优化信息展示。

1.3.2.2 海岛植物物种登记管理技术研究

分析总结人口普查、经济普查、污染源普查等普查制度的登记方法和管理制度，结合目前海岛植物物种保护与登记现状，对海岛植物物种调查登记关键技术进行剖析，研究制定海岛法提出的"开展海岛物种登记"所需相关配套制度，包括海岛植物物种调查登记制度、多样性保护制度，并在此基础上形成海岛植物物种登记技术指南，为管理部门提供一个明确的、具有可操作性的海岛植物物种登记实施办法。

1.3.3 海岛生态综合评价技术方法研究

1.3.3.1 海岛植被现状评价

基于岛陆植被特征及其生境要素，确定海岛植被现状评价指标、评价标准和权重，建立海岛植被现状评价方法；基于岛陆植被的植被特征、生境要素和压力因子，确定海岛植被现状评价指标、评价标准和权重，建立海岛植被现状评价方法；根据建立的评价体系和海岛调查结果，辅以必要的补充调查，对示范海岛开展植被现状和受损评估，以了解典型海岛的现状及其受损情况，并分析受损海岛植被的主要影响因素。

1.3.3.2　海岛生态系统健康评价

梳理海岛生态系统健康面临的主要问题，从岛陆、潮间带、周边海域 3 个子系统组成的海岛生态系统完整性出发，结合海岛生态特点遴选出具有综合性、代表性和可获取参数，从维持海岛生态系统内部自制的活力、表征系统结构稳定的生物多样性以及决定对自然或认为干扰中恢复力等多角度分析，构建海岛生态系统健康评价指标体系；参考政府或权威部门发布的相关标准以及国内外相关研究成果，制定了海岛生态系统健康评价指标的评价标准；开展指标测算和综合评价方法体系，初步构建 3 个海岛生态子系统健康评价耦合模型。

1.3.3.3　海岛生态系统风险评价

根据典型海岛生态系统特征，梳理海岛生态系统面临的主要风险和风险源，并确定风险受体；选择主要风险源进行风险源与受体的暴露-危害分析，根据风险源与受体的作用过程与机制，从风险源的危险度和发生概率、生态系统（受体）的脆弱性和风险损失量等方面，开展海岛生态风险评价指标体系和模型方法基础研究，建立海岛生态系统风险评价体系及海岛生态风险区划图绘制要素和方法。

1.3.4　海岛适生植物物种筛选培育及栽培技术研究

1.3.4.1　海岛适生植物物种筛选培育技术研究

通过实地调查和研究，初步建立多抗及养分高效利用的海岛代表性适生植物种质资源保存库，保存海岛适生植物 40 种以上；在对我国海岛植物分布状况和生态习性开展综合性分析的基础上，筛选得到的植物兼备耐风沙、耐盐碱与耐旱的特征，根据遗传特性、生态习性、本土的气候特点，确定不同适生植物苗木培育时间、周期及管理措施等培育条件，使之符合其生长发育要求。

1.3.4.2　海岛适生植物物种栽培技术研究

针对生态优化区，通过正交试验，设置土壤类型、土壤基肥、管理养护等不同组合栽培方式，研究栽培基质、养分含量、管理措施等对栽培成效影响，对各因素组合效果进行单因子综合效益评价，建立适用的栽培技术。

1.3.4.3 海岛适生植物物种筛选培育及栽培技术示范

选择植被受损程度较大的海岛，开展海岛代表性适生植物物种和生态敏感植物物种筛选培育及栽培，为受损海岛生态优化的物种筛选、栽培技术提供示范。

1.3.5 海岛植物生态优化集成技术体系研究

本子任务研究目标是通过掌握植物生态优化集成技术，进一步提高海岛植被生态保护、优化的效果，有效解决我国海岛植物生态恶化、植物物种多样性降低等一系列问题。具体目标如下。

①针对不同海岛适生乡土植物生态幅，利用不同物种在空间、时间和营养生态位上的差异配置植物生态群落，确定主要修复物种和次要伴生物种的空间配置比例。

②根据海岛植物生境条件和群落功能类型，构建适合于不同海岛植物种群的集生境改造、苗木栽植和栽后维护管理于一体的种植管控技术体系，对营造的植被群落进行科学维护管理。

③从海岛植物生态群落中的物种组成、群落结构、生态功能、景观游憩度等方面进行研究，完善植物群落结构配置，为海岛生态修复提供植物恢复结构配置参数。

④结合海岛植物的配置、管控及景观提升研究，建设海岛植物生态配置优化示范区。

⑤根据海岛自然植物生态群落和优化植物生态群落的比较结果，结合优化植物群落的合理性分析，对海岛优化植物生态群落的生态效益进行评估。

主要研究内容如下。

（1）海岛植物生态群落配置技术研究

①资料收集与分析

基于国内外海岛植物生态优化相关研究成果，确定海岛植物生态优化调查基本要素，主要包括海岛稳定性植被群落结构和类型；对我国海岛植物生态优化的资料数据进行综合收集分析，掌握我国海岛植物生态的基础数据。

②代表性海岛植物生态补充调查及群落配置研究

在全国范围内选择具有代表性的典型海岛，根据不同海岛适生乡土植物生态幅，进行空间、时间和营养生态位上的差异配置植物生态群落研究，采取密度或频度制约等方式调整群落种间关系，确保群落空间结构、营养结构和时间结构的合理性。

（2）海岛植物生态群落种植管控技术体系研究

针对海岛植物生态系统的受损程度、范围及原因，根据海岛植物生境条件和群落功能类型，构建适合于不同海岛植物种群的集生境改造、苗木栽植和栽后维护管理于一体的种植管控技术体系和应用示范，对营造的植被群落进行科学维护管理，以增强植物群落抵御自然破坏干扰因素的能力。

（3）海岛植物生态群落配置优化示范区建设

结合海岛植物生态群落配置技术、海岛植物生态群落种植管控技术体系、海岛生态景观提升技术等的研究，建设海岛植物生态群落配置优化示范区，以期为全国的海岛植物生态优化技术体系提供技术支撑。

（4）海岛植物生态群落提升效果评估技术研究

从海岛植物生态群落中的物种组成（包括与植物具有重要相关性的要素如鸟类物种的调查）、群落结构、生态功能、景观游憩度4个方面开展实地调研和信息处理，构建海岛植物群落综合评价体系，并划分评价等级。对海岛自然植物生态群落和优化植物生态群落进行评价和比较研究，结合优化植物群落的评价结果与合理性分析，对海岛优化植物生态群落"以单位绿量为表达"的生态效益进行评估，为构建海岛植物群落最优配置模式提供依据。

1.3.6 海岛植物物种多样性保护及生态优化技术示范应用

1.3.6.1 示范岛选择

参考《全国海岛保护规划》，按照黄、渤海海区、东海海区和南海海区全覆盖，无居民海岛和有居民海岛兼顾，未开发和不同受损程度海岛兼顾等选取原则，根据不同海域、气候和地理条件，充分考虑海岛植物物种的气候带分布、植物群落与景观特征、海岛开发管理水平和模式等条件，在我国海岛地区选择5个示范海岛。其中，烟台长山县庙岛作为黄、渤海海区人类活动影响较强的示范海岛，上海大金山岛为东海区中亚热带原始植被保存最好的示范海岛，淇澳岛为南海区有居民海岛的代表和红树林生态海岛的代表等。

1.3.6.2 研究任务

在示范海岛中，有居民岛示范内容主要为生态优化技术，无居民岛开展海岛植物生态监测、海岛植物物种登记、海岛生态综合评价和海岛生态优化技术（含适生物种筛选）的应用示范研究，适当增加鸟类等与植物具有重要相关性的要素调查。同时选择适合的海岛进行推广验证，为构建适用于全国的海岛植物物种多样性保护与生态优化技术体系提供技术支撑。

对庙岛、大金山岛、海坛岛、淇澳岛等示范海岛开展资料收集和补充调查，有居民海岛以陆上植物调查和生态优化研究为主，无居民海岛调查包括岛陆、潮间带及近岸海域的海岛植物、潮间带生物、潮间带底质、海域水质、沉积物、生物及气候和地理条件等，获取的资料为开展海岛植物生态监测、海岛植物物种登记、海岛生态综合评价、海岛生态优化技术提供丰富的基础资料。

将海岛植物生态监测技术、海岛植物物种登记技术、海岛生态综合评价技术、海岛生态优化技术，在示范海岛开展技术研究成果的方法的示范应用。

对各海岛在技术示范应用中发现的问题与不足进行反馈，使"海岛植物生态监测技术""海岛植物物种登记技术""海岛生态综合评价技术""海岛生态优化技术"得到进一步优化调整与完善。

第2章 我国海岛分布特征与开发利用现状

海岛作为海上的陆地，是开发海洋的重要基地，也是对外开放的窗口和国防的前沿。近年来，海岛保护与管理工作进入了新阶段。全国各级海洋行政主管部门深入贯彻《中华人民共和国海岛保护法》，强化海岛保护顶层设计；印发《全国海岛保护工作"十三五"规划》，增强海岛生态保护力度，实施生态岛礁工程建设和海岛生态红线制度；稳步推进海岛监视监测工作，完成无居民海岛岸线、植被等基本要素和珊瑚礁等海岛特色生态系统的业务化监视监测任务等。

本章对我国海岛分布特征、岛陆植被分布特征、海岛开发利用现状和保护整治修复等做一介绍。

2.1 海岛特征与分布概况

我国是海洋大国。随着人们对海岛概念和保护的理解逐渐加深，海岛调查和统计结果的界定范围也不断加以调整。如第一次获全国海岛资源综合调查工作实施中重点调查了面积大于等于 500 m² 的岛屿，未调查港澳台地区的海岛，而在我国近海海洋综合调查与评价专项海岛调查成果整理中则补充了香港和澳门的海岛信息，并将具有特殊意义的低潮高地（干出礁、干出沙）和暗礁、暗沙等一并收入。

2003 年，国务院批准立项的我国近海海洋综合调查与评价专项将海岛调查列为主要任务之一，该项调查成果经整理和集成后形成了《中国海岛（礁）名录》。

在"十二五"期间，我国首次完成了全国海岛地名普查，摸清了我国海岛数量。全国海域海岛地名普查结果显示，我国共有海岛 11 000 余个，海岛总面积约占我国陆地面积的 0.8%。浙江省、福建省和广东省海岛数量位居前 3 位。按区域划分，东海海岛数量约占我国海岛总数的 59%，南海海岛约占 30%，渤海和黄海海岛约占 11%；按离岸距离划分，距大陆小于 10 km 的海岛数量约占海岛总数的 57%，距大陆 10~100 km 的海岛数量约占 39%，距大陆超过 100 km 的海岛数量约占 4%。

海岛是海陆兼备的重要海上疆土，与其周围的海域组成海岛生态系统，蕴藏着丰富的水资源、生物资源、矿物资源、港口资源、旅游资源等，又是划分大陆架及其经济专属区的标志。我国的海岛位于亚洲大陆以东，太平洋西部边缘，分布范围广，我国海岛分布特征主要有以下几个方面。我国海岛分布不均，若以海区分布的海岛数量而论，东海为最多，南海次之，黄海居第3位，渤海最少。若以省级行政区海岛分布数量来说，浙江、福建、广东三省最多，广西、海南、山东、辽宁等省区居中，澳门和天津最少。若以气候地带海岛分布的数量而论，约10%的海岛分布在温带，78%以上海岛集中分布在亚热带，其余海岛广泛分布在热带。从海岛社会属性来看，绝大部分海岛为无居民海岛，有居民海岛较少。从海岛成因来看，基岩岛的数量最多；堆积岛数量次之，主要分布在渤海和一些大河河口；珊瑚岛较少，主要分布在台湾海峡以南海域；火山岛数量最少，主要分布在台湾岛周边，包括钓鱼岛及其附属岛屿。从海岛分布形态来看，海岛呈明显的链状或群状分布，大多数以列岛或群岛形式出现，如庙岛群岛、舟山群岛、南日群岛等。从海岛面积大小来看，面积大于 2 500 km^2 的特大岛有海南岛和台湾岛，面积小于 5 km^2 的小岛和微型岛数量最多。

2.2　海岛开发利用现状

海岛是人类开发海洋的远涉基地、是陆域拓展发展空间的重要依托；是保护海洋环境、维护生态平衡的重要平台；是捍卫国家权益、保障国防安全的战略前沿。随着我国海洋事业的逐步推进，海岛开发利用和环境保护越来越引起国家的重视，海岛成为政府制订海洋发展战略规划的一个重要组成部分。2003 年我国第一部针对海岛的国家制度《无居民海岛保护与利用管理规定》施行，这是我国无居民海岛利用活动逐步纳入法制化轨道的重要标志；2008 年颁布的"海十条"提出政策"鼓励外资和社会资金参与无居民海岛的开发"；2010 年，由全国人大常委会通过的《中华人民共和国海岛保护法》正式颁布实施，2012 年，国务院批准了《全国海岛保护规划》。根据《全国海岛保护规划》的要求，大部分沿海省级人民政府批准实施了省级海岛保护规划，许多沿海市县编制实施了市县级海岛保护规划和可利用无居民海岛保护与利用规划，如《福建省海岛保护规划（2011—2020 年）》《上海市海岛保护规划》《浙江省无居民海岛保护与利用规划》等，初步形成了科学系统和较为完整的海岛保护规划体系。各级海洋主管部门认真履行法定职责，在海岛保护管理方面做了大量工作，取得了积极成效。

我国有居民海岛开发利用程度较高，而无居民海岛的开发利用程度相对较低。距离大陆较远和人类活动较少的无居民海岛，基本上仍保持相对原生态的状态。海岛开发利用方式以粗放式为主，海岛经济发展较为缓慢。但有些靠近大陆和海湾内无居民海岛或毗邻有居民岛的小岛，开发利用程度相对比较高。如上海的无居民海岛中，大金山岛上建有营房、雷达站、风力发电机和简易码头等基础设施。佘山岛建有专用码头、道路、灯塔及气象站等设施。鸡骨礁上建有助航灯塔等设施。东风西沙正在开展东风西沙水库工程。九段沙上沙南部建设有1个码头、4个小型的风力发电机以及上海市九段沙湿地国家级野生动物疫源疫病监测站和上海市九段沙湿地国家级自然保护区雁鸭类环志工作站等。上海其他无居民海岛的开发利用程度较低，基本保持原生状态。浙江的无居民海岛统计数据显示，自1990年至2007年期间共有583个无居民海岛得到不同程度的开发，约占原有无居民海岛总数（2 883个）的20.2%。其中，有294个岛屿因围填海工程、城镇与临港产业建设等开发建设，改变了无居民海岛的属性，包括219个被注销的无居民海岛和75个转化为有居民海岛的岛屿；另有289个岛屿，仅局部进行了基础设施工程、海洋旅游和海洋渔农业等开发，现状仍为无居民海岛。

海岛作为我国经济社会发展中一个非常特殊的区域，在国家权益、安全、资源、生态等方面具有十分重要的地位。当前是海岛保护事业发展的关键时期，而我国海岛的开发利用更注重经济的发展，相对忽视了对环境生态的保护。因此，必须准确把握国际国内海岛工作发展形势，充分认识我国海岛保护工作面临的困难和问题。

①海岛生态破坏严重。盲目的开发利用对海岛脆弱的生态环境和资源的破坏日趋严重。炸岛炸礁、填海连岛、采石挖砂、乱围乱垦等活动大规模改变海岛地形、地貌，使得许多海岛生物的栖息地消失不见；另一方面永久性地改变了水文动力和泥沙冲淤环境，对浮游生物、底栖生物、鱼卵仔鱼等渔业资源会造成破坏，甚至导致物种绝迹。海岛上的珊瑚礁采挖，红树林砍伐，滥捕、滥采海岛珍稀生物资源等活动，致使海岛及其周边海域生物多样性降低，生态环境恶化。

②海岛岸线侵蚀严重。海岛近岸的砂质沉积物是鱼、虾、贝的产卵、育幼和栖生的重要场所。由于海岛及周围海域非法采砂挖砂，导致一些海岛岸线侵蚀和滩面蚀低，甚至消失。近年来，海南海域的盗采海砂的行为非常猖獗，在利益驱使下，采砂船屡禁不止，渐成规模。

③海岛开发秩序混乱。无居民海岛开发利用缺乏统一规划和科学管理，导致开发利用活动无序无度；一些单位和个人随意占有、使用、买卖和出让无居民海岛，造成国有资源性资产流失；在一些地方，管理人员及其他人员登岛受到阻挠，影响国家正常的科学调查、研究、监测和执法管理活动。

④海岛经济社会发展滞后。海岛经济基础薄弱，水、电、交通等基础设施建设滞后，政府公共服务保障能力不足，防灾减灾能力缺乏，居民生活与生产条件艰苦，边远海岛的困难尤其突出。

⑤海岛保护力度不足。一些海岛具有很高的权益、国防、资源和生态价值，这

些特殊用途海岛需要严格保护,但由于缺乏有力的保护与管理,有些海岛已经遭受破坏,存在严重的国家安全隐患。

总体来说,我国海岛数量众多,分布广泛,大量岛屿离岸较近且集中分布,有利于岛屿开发利用。环境总体较好,具有较大的发展潜力,但是淡水资源、土地资源不足的劣势也比较明显。由于现状利用形式较为粗放,尤其是以围填海工程的利用占多数,对海岛资源环境的保护与海岛资源独特性的发挥体现不强,利用偏重经济效益,对社会效益和环境效益的考虑相对不够。

2.3 海岛开发存在的问题

海岛是我国国土的重要组成部分,是特殊的海洋资源与环境复合区。海岛作为我国的国防前沿和海洋生态系统的重要组成部分,有很高的安全、经济和环境价值。随着人口增加、经济发展、岛屿旅游和海岛开发的兴起,由于海岛保护意识淡薄、海岛管理水平低、海岛本底生态环境信息不清晰,海岛在开发利用过程中受到人类活动和自然灾害的破坏越来越多,产生了一系列生态环境问题,已严重影响到海岛的可持续发展。

2.3.1 海岛生态环境问题

2.3.1.1 陆岛通道和围海工程影响海岛自然环境状况

中华人民共和国成立后,为改善海岛的交通状况,将海岛建设成为"海洋第二经济带",我国修建了一批陆岛通道工程。最早兴建的是厦门集美海堤,后续修建东山岛、海陵岛、高栏岛等海堤工程。海堤隔断了海峡,改变了原有的海流体系和水动力条件,造成了当地生态环境的破坏,如水体污染、噪声污染、废气污染等,同时还给当地带来了大量的垃圾积压,严重影响了当地生态的平衡发展。陆地通道建设改善了海岛的交通状况,也给当地生态环境造成了不良变化。集美海堤建成后,造成文昌鱼资源的衰退,污染物不能充分扩散,两侧淤泥堆积。另外一些海岛修建的围海工程对海岛及周围海域生态环境产生了负面影响。例如,浙江省玉环市漩门港的筑坝工程和围海蓄淡工程引起了乐清海域沉积环境的变化,导致乐清湾的纳潮量减少,加剧了该海域生态环境的恶化。

2.3.1.2 海岛生物多样性锐减

我国海岛生态系统具有丰富的生物多样性以及丰富的生物资源。但是长期以来,我国对海岛生物资源掠夺式的开发利用以及外来物种的引入等原因，使得海岛生物资源面临着严重的威胁。例如，广东南澳岛东半岛东西两个迎风口的原生群落植物被人为砍伐后，形成了退化的草坡，植物种类以阳性和旱生性种类为主，严重降低了当地的生物多样性。此外随着我国海岛旅游业的快速发展和捕捞方式的增多，珊瑚礁生态系统遭到了破坏，导致了生物多样性的锐减。还有其他人为活动，如海岛围海造地、建港工程等开发活动使得海洋生物最为丰富的潮间带不断萎缩，同样导致大量物种的消失，生物多样性的降低。

号称"鸟类天堂"的西沙群岛，原有40多个物种，现仅剩下不到10种。其中属于国家二级保护动物的玳瑁已属罕见。西沙群岛各岛屿的潮间带是珊瑚礁盘，各种贝类的天然摇篮。据当地渔民反映，20世纪60—70年代每个岛退潮后能拾到各种贝类，其中虎斑宝贝就有10多个种类；各种各样的螺类美不胜收。目前，有40%的贝类已经很难找到了，虎斑宝贝也十分稀少。南沙海域也是生物多样性锐减的海区。开采后的砗磲空壳成堆出现，一些稀有种类如唐冠螺、法螺等已在南沙群岛消失；虎斑宝贝、蜘蛛螺、水字螺等也已陷入濒危的境地。

2.3.1.3 海岛淡水资源紧缺和周围海域污染加剧

由于海岛特殊的地理环境，大部分海岛淡水多以大气降水为主要来源，淡水资源比较匮乏。而随着工业废水和生活污水的排放，化肥和农药的使用，以及淤泥、淡水养殖、海水倒灌等因素导致水质的恶化，加剧了海岛淡水资源的紧张。例如，舟山群岛20条河流中只有4条达到水环境功能区水质要求，其余均不能满足所在功能区要求的水质类别。同时，海洋捕捞、海上石油勘探、海底开采及海洋运输等活动也会加剧海岛周围海域的污染。

2.3.1.4 海岛垃圾问题严重

海岛人口的增加，造成生产与生活垃圾量的增多，更由于处理措施滞后以及处理手段不当，使得垃圾问题日益严重。垃圾未经任何处理就随意堆放，会产生大量的 CH_4、NH_3 等污染物质，污染空气，影响海岛空气质量。同时掩埋的垃圾会造成地下水的周边海域海水的污染以及病原微生物的传播，严重破坏海岛的自然景观。

2.3.1.5 海岛开发利用不当导致自然灾害加剧

海岛地区大规模的开发建设，使得地质灾害日渐突出。比如很多工程开挖坡脚、采石、爆破等活动改变坡体原始平衡状态，会导致崩塌等自然灾害的突然发生。挖掘后废弃的采石场等未经治理可能导致水土流失加剧，容易形成风沙灾害。过度开采地下水资源也将引起海水倒灌等灾害的发生。一些海岛因随意砍伐树木，使岛上植被受到破坏，水土流失严重，裸岩石砾面积增加，生态系统稳定性遭到破坏，生态环境恶化。

2.3.2 海岛管理问题

2.3.2.1 海岛管理体制不健全

我国海岛管理是传统陆地管理方式的延伸，针对海岛分布特征及环境特点，没有一个专门管理海岛的部门和机构。海洋产业及海岛开发管理部门根据各自的需要从事海岛开发、规划和管理，缺乏统一规划和综合管理，难以实现海岛地区经济效益、环境效益和社会效益的统一。

2.3.2.2 海岛资源管理机制不健全

海岛资源属于国家所有，具有巨大的经济学价值。然而我国曾实行以个人承包的方式管理海岛，个人使用权与国家所有权关系混淆。长期以来，在海岛资源开发利用过程中，执行的是资源无价或低价的使用政策。虽然通过改革加强了海岛资源的所有权管理，但是适应开发趋势的海岛资源管理机制仍未完全建立，资源遭受破坏以及浪费等问题仍比较严重。

2.3.2.3 海岛开发管理法规不完善

法制建设在海岛管理工作中具有重要的意义，法律法规是实现海岛科学开发利用的有力保障，是保证海岛管理体系形成和完善的条件。中华人民共和国成立以来，我国相继制定了一系列有关海岛的法律法规，如 2003 年颁布的《无居民海岛保护与利用管理规定》、2007 年通过的海岛特别保护法、2009 年公布的《中华人民共和国海岛保护法》。此外，与之相配套的全国海岛规划还未完全制定，且大多数是单项法规，基本上是陆地法规的延伸。同时很多海岛地区还存在有法不依，执法不严的问题，不利于我国海岛开发管理工作的顺利实施。

2.3.3 海岛地区经济问题

2.3.3.1 海岛地区经济基础薄弱

由于海岛大多地处偏远的海洋地区，基础设施差、交通不便利、生态环境脆弱等原因导致海岛地区经济基础薄弱，规模较小，发展速度缓慢，国民经济发展明显落后于临近大陆地区。同时大部分海岛开发程度不高，资源未能得到有效利用，浪费、污染现象严重，经济效益低。

2.3.3.2 海岛开发利用产业布局不合理

海岛产业的形成和分布受资源和技术影响较大。对于单个海岛来说，由于特有的资源、经济和环境条件，决定了其在区域经济分工中的角色各不相同。在长期的历史发展过程中，我国绝大多数中小型海岛经济主要以渔业为主，辅以少数的种植业。在现有商品经济条件下，有些海岛地区为了发展经济，单纯追求短期经济效益，在没有进行科学论证情况下，盲目开发利用海岛资源，产生了一系列生态环境的经济问题。在自然环境优美适于发展旅游业的海岛围填海、围塘养殖以及挖砂取矿等活动势必会造成生态环境的恶化，阻碍海岛地区经济和生态系统的健康发展。

2.4 海岛保护与整治修复

2012 年国务院批准颁布了《全国海岛保护规划》，明确了海岛保护的基本原则为：坚持科学规划，保护优先；坚持统筹兼顾，分类管理；坚持维护权益，保障安全；坚持科技支撑，创新发展；坚持全面推进，突出重点。近年来，各省市级政府及海洋主管部门认真履行法定职责，从分类和分区两个层面规划海岛保护路线，在海岛保护管理方面做了大量工作，取得了积极成效。针对生态破坏严重的海岛，开展了综合整治和生态修复工作。

截至 2011 年，浙江省已建立各类海洋保护区 10 个，其中海洋自然保护区 3 个（国家级 2 个，省级 1 个），海洋特别保护区 7 个（国家级 4 个，省级 3 个）。通过这些保护区的建设，有效地改善了一批无居民海岛的生态环境和生物多样性状况。此外，浙江省高度重视对涉及海洋权益和国家主权的重要岛屿的保护工作，严格执行国家对于领海基点的保护政策，对境内的海礁（泰薄礁、东南礁）、两兄弟屿、伏虎礁、下屿、稻挑山等领海基点所在地的岛、礁，通过划定保护范围，采取严格保护措施，并积极开展相关维护、巡查等工作，切实保障了领海基点岛屿的环境完好。同样截至 2011 年底，福建省海域内已建 4 个国家级自然保护区（福建晋江深沪湾海底古森林遗迹国家级自然保护区、厦门珍稀海洋物种国家级自然保护区、福建漳江口红树林国家级自然保护区和闽江河口湿地国家级自然保护区）、1 个国家级海洋地质公园（福建漳州滨海火山地貌国家级地质公园）和 1 个国家级海洋公园（厦门国家级海洋公园）、6 个省级自然保护区（宁德官井洋大黄鱼繁殖保护区、长乐海蚌资源增殖自然保护区、泉州湾河口湿地省级自然保护区、龙海九龙江口红树林省级自然保护区、东山珊瑚省级自然保护区、平潭三十六脚湖省级自然保护区）、3 个市级自然保护区和 7 个市级海洋特别保护区、4 个县级自然保护区和 30 个县级海洋特别保护区。此外，海洋与渔业主管部门还实施封岛栽培，有计划地保护海岛周围的海洋生态环境和渔业资源。

上海市现有涉及海岛的自然保护区共 4 个，包括崇明东滩鸟类自然保护区和九段沙湿地自然保护区两个国家级自然保护区，以及金山三岛海洋生态自然保护区和长江口中华鲟自然保护区两个市级自然保护区，总面积 1 126 km²，包括崇明岛、九段沙和江亚南沙、大金山岛、小金山岛、浮山岛、大金山北岛和浮山东岛 8 个海岛，约占海岛总数的 30.8%。保护区的建立有效保护了海岛生态系统的完整性和自然性，提升了海岛生态服务功能。对佘山岛实施领海基点修复工程，修复佘山岛受损岸线，维护领海基点安全稳定。定期开展佘山岛领海基点巡视检查，保障领海基点海岛安全受控。此外，对上海市海岛及其周边建立了青草沙饮用水水源地、东风西沙饮用水水源地，并划定了饮用水水源保护区，保护海岛淡水资源及上海市供水安全。

根据《2016 年海岛统计调查公报》显示，截至 2016 年底，我国已建成涉及海岛的各类保护区 186 个，较 2015 年增加 6 个。按照保护区等级划分，国家级保护区 67 个，省级保护区 57 个，市级保护区 30 个，县级保护区 32 个。按照保护区类型划分，自然保护区 84 个、特别保护区（含海洋公园）71 个、水产种质资源保护区 13 个、湿地公园 7 个、地质公园 2 个、其他类型保护区 9 个（图 2-1）。

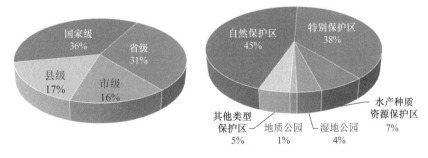

图 2-1 涉岛保护区级别和类型占比

党的十八大以来，党中央、国务院高度重视生态文明建设，党的十八大报告明确提出要提高海洋资源开发能力，发展海洋经济，保护海洋生态环境，坚决维护国家海洋权益，建设海洋强国。《国家海洋局海洋生态文明建设实施方案（2015—2020年）》提出了包括"蓝色海湾"综合治理、"生态岛礁"保护修复在内等一系列任务，把海岛的保护与整治修复提升到前所未有的高度。2016年，《全国海岛保护工作"十三五"规划》和《全国生态岛礁工程"十三五"规划》，明确提出"开展海岛生态系统受损状况调查与评估，推进生态受损海岛的修复。加强海岛地区环境整治，提高垃圾污水处理能力。建立海岛生态修复效果评估机制，加强对海岛整治修复的引导和管理"。接着，山东省印发《山东省海岛保护"十三五"规划》；山东省青岛市、威海市，浙江省舟山市、岱山县和福建省福州市批准实施本辖区海岛保护规划；河北省、浙江省、福建省、广东省、广西壮族自治区、海南省等地海岛的保护利用规划经地方人民政府批准实施，海岛保护规划体系不断完善。

2016年，《关于全面建立实施海洋生态红线制度的意见》，设立和划定了包括海岛自然岸线保有率在内的管控指标，通过分级分类管理措施切实保障保有率目标的实现，并将特别保护海岛纳入海洋生态红线区。自海岛保护法实施后，通过中央政府转移支付，投入了大量资金，支持地方实施了百余个海岛保护项目，利用中央海岛和海域保护资金支持10处生态岛礁工程建设。截至2016年底，中央财政累计投入资金约44亿元，地方投入配套资金约32亿元，企业出资约3亿元，用于支持海岛生态整治修复项目183个，较2015年增加项目14个。中央和地方投入资金较2015年分别增加8亿元和6亿元，国家持续加强受损海岛生态整治修复力度。通过项目实施，有效改善了海岛基础设施条件和人居环境。完成舟山绿色石化基地、宁德核电项目拟开发利用的18个无居民海岛生态本底调查，在无居民海岛开发利用管理中坚决贯彻"生态+"理念。浙江洞头岛、广东南澳岛、平潭海坛岛等海岛的生态整治修复工作都取得了良好成效，在全国起到了示范带动作用。各地区海岛生态整治修复项目数量见图2-2所示。

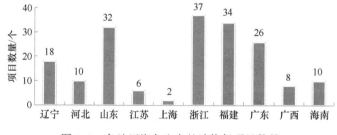

图2-2　各地区海岛生态整治修复项目数量

尽管海岛保护与整治修复工作取得了一定成效，但是任务依然繁重和艰巨（图2-3）。海岛整治修复目前还未形成一套系统的理论基础体系，缺乏科学保护的手段与措施。大部分海岛保护措施与修复方法停留在简单的绿植增加、外立面美化、增砂补砂等，修复形式粗放且针对性不强。此外，我国海岛管理经验缺乏、技术手段落后，海岛无序开发较为严重，导致许多无居民海岛处在无人管理的状态，甚至出现有些地方为了经济利益随意占用海岛，导致海岛资源的流失。未来十年是我国经济社会发展的重要战略机遇期，也是资源环境约束加剧的矛盾凸显期。海岛保护的挑战和机遇并存，必须本着对国家、人民高度负责的态度，立足保障科学发展，增强海岛保护的国家意识、战略意识、危机意识，统筹海岛保护和开发利用，积极探索海岛发展新模式，改善海岛人居环境，促进海岛权益、安全、资源、生态以及经济社会的协调发展。

秦山岛岛体生态整治修复前　　　　　　　　秦山岛岛体生态整治修复后

图 2-3　秦山岛生态整治修复前后效果对比

第3章 我国典型海岛环境状况与植被分布特征

我国海岛分布不均，呈现南方多、北方少，近岸多、远岸少的特点。多样的气候类型以及海岛特殊的地质、土壤条件，使得不同海岛间的植被类型也呈现出较大的差异。海岛历史上受人为干预较大，因此植被建群种种类较贫乏，优势种相对明显。海岛植被以针叶林、草丛、农作物群落为主体，其在种类组成上最显著的特点是各群落的各层片中往往拥有一定的滨海或海岛特有优势（建群）种和伴生种。沿海各省海岛植被种类组成为：辽宁省海岛有维管束植物 116 科 421 属 814 种；河北省海岛有维管束植物 44 科 119 属 157 种；山东省海岛有维管束植物 176 科 673 属 1 023 种；江苏省海岛有维管束植物 96 科 297 属 420 种；浙江省海岛有维管束植物 195 科 909 属 1 998 种；福建省海岛有维管束植物 173 科 701 属 1 198 种；广东省海岛有维管束植物 191 科 720 属 1 360 种；广西壮族自治区海岛有维管束植物 172 科 567 属 899 种；海南省海岛有维管束植物 145 科 501 属 753 种。不同尺度上影响植被资源及分布的环境因子不同，这为研究海陆相互作用下的植物群落构建机制提供了理想条件，但也使得海岛植被调查工作耗时、耗力、耗财，不易开展。

一般而言，全球尺度或者大尺度上，气候和地势因子对植被分布起着决定性的作用；中尺度上，海拔地貌、植被类型等起着主要作用；小尺度上，微地形、土壤等是重要影响因子。因此，选择典型海岛摸清典型海岛的植被现状及其与环境的关系，可以为其他海岛特别是距大陆较远的无居民海岛的植被调查提供一定的参考和依据，从而制定更为合理经济的调查方案。

3.1 典型海岛选取原则

我国海岛分布广泛，经纬度跨度广，海岛覆盖了广阔的气候带，从热带到亚热带到温带均有分布，其中海南、澳门南部及台湾南部海岛属于热带海洋性季风气候，浙江、福建、广东、广西、香港、澳门北部及台湾中北部海岛属于亚热带海洋性季风气候，江苏北部、山东、河北及辽宁海岛属于温带海洋性季风气候。

根据中国海岛的整体分布特点，综合考虑海岛所处的地理位置、气候带、海岛开发管理水平和模式等因素，以海岛面积、地理位置、隔离度、干扰状况等参考作为调查海岛选取的指标，主要依据以下5项原则选取典型海岛。

①岛屿的面积：在中国海岛中要有一定的代表性，既要有小型岛屿，又包含大中型岛屿。

②岛屿的位置：在中国海域的南、北、中部海域均要选取岛屿，即覆盖渤海、黄海和东海。

③岛屿的隔离度：隔离度主要考虑岛屿距离大陆的距离，既考虑离岸距离较近的岛屿，也选取远离大陆的岛屿。

④岛屿的干扰程度：岛屿的选取需注重人为干扰因素，考虑海岛的开发管理现状，既要选取有居民海岛，又要包含无居民海岛。

⑤岛屿植物区系纬度分布格局：通过对多个典型代表性沿海岛屿的梳理，将种子植物区系分为5个组别，包括位于黄海、渤海交界处的庙岛群岛组；位于东海的崇明舟山组；位于东南海的闽粤岛屿组；台湾岛组及海南南海组。

在综合考虑以上5项原则的基础上，本项目进一步选择地理位置合适、植被丰富的典型海岛进行研究。典型示范海岛主要有庙岛群岛南部岛群、秦山岛、大金山岛、普陀山岛、烽火岛、淇澳岛等。

3.2 黄、渤海区域庙岛群岛南部岛群

庙岛群岛南部岛群位于登州水道和长山水道之间，地理位置为37°53.5′—38°24.1′N、120°35.7′—120°56.7′E。有居民海岛分别为南长山岛、北长山岛、大黑山岛、小黑山岛和庙岛，习称"南五岛"；无居民海岛分别为鱼鳞岛、烧饼岛、螳螂岛等。

岛群区属亚洲东部季风区，具有大陆性和海洋性气候特点，大陆度为53.2%。因受冷暖空气交替的影响和海水的调温作用，四季特点是：春季风大回暖晚，夏季雨多气候凉，秋季干燥降温慢，冬季风频寒潮多。庙岛群岛的气温具有由南向北递减趋势。南部岛群的年平均气温为12.1℃，最高年为13.2℃（1994年），最低年为10.7℃（1969年）。群岛内的降水由南向北呈递减趋势，年度相差在100 mm以上。年平均降水量为537.1 mm。降水主要集中在夏季，约占年降水量的59%；秋季次之，占年降水量的22%；春季占年降水量的14%，冬季降水很少，仅占年降水量的5%。

3.2.1 南长山岛

3.2.1.1 自然概况

南长山岛位于庙岛群岛的最南部，长 7.35 km，宽 3.85 km。海岛面积 13.21 km²，海岛岸线长 25.45 km。最高点位于海岛中部偏东的黄山，高程为 156.1 m，地理坐标为 37°55.3′N、120°44.2′E。南隔登州水道与蓬莱角相望，距大陆最近距离为 6.7 km。

3.2.1.2 岛陆环境

南长山岛的地貌类型主要有侵蚀剥蚀低丘陵、黄土坡和黄土台地、海积平原等类型。海岸地貌类型主要有海蚀崖、海蚀洞穴、海蚀平台、沙砾滩和砾石嘴等。土壤主要有棕壤、褐土两大类。棕壤主要分布在低丘陵和基岩斜坡上，土层厚度一般为 0.3 m 左右，质地粗，多砂砾，蓄水能力差，养分含量少。分布约占全岛面积的 2/5。褐土主要分布在黄土台地及黄土坡，约占全岛面积的 3/5，成土母质为黄土状堆积物，为主要耕种地。

南长山岛是庙岛群各海岛种水资源相对最好的海岛，大气降水是该岛地下水唯一来源，它们在松散地层和风化裂隙中，径流从高处流向低处，所以在较平缓松散沉积厚的地带有一定的淡水资源可打井汲水。南长山岛所占庙岛群岛的陆生植物属暖温带落叶阔叶林区域，区域内陆地植物有 139 科 591 种。植物种类以菊科、豆科、百合科、蔷薇科、禾本科、十字花科、葫芦科、茄科等植物居多，占种数的 47%。主要树种有黑松、赤松、刺槐、合欢、臭椿、栎类等，灌木为紫穗槐、白檀、胡枝子等，草本植物有野古草、蒿草、狼尾草、羊胡子草等。植物的果实、种子给迁徙的候鸟提供了良好的栖息隐蔽和取食场所。

在动物分布上，南长山岛属古北界华北区黄淮亚区，由于地处黄海与渤海交汇处，是亚洲东部候鸟迁徙的重要路线，有"候鸟旅站"之称。野生动物资源极为丰富，有国家级保护动物 49 种，一级有白鹤、黑鹤、中华秋沙鸭、金雕、白肩雕、丹顶鹤等 9 种，二级有大天鹅、小天鹅、鸳鸯以及鹰科和隼科的所有猛禽，共计 44 种。

3.2.1.3 海岛植被

南长山岛的植被主要是暖温带一些种属，根据群落调查数据，植被类型主要有针叶林、落叶阔叶林、落叶阔叶灌丛、盐生草丛和砂生草灌（表3-1）。

表3-1 南长山岛植被类型

植被类型 （高级单位）	群丛或群落 （中级单位）	演替群落 （低级单位）	植被类型 （高级单位）	群丛或群落 （中级单位）	演替群落 （低级单位）
落叶阔叶林	刺槐群落	刺槐林	落叶阔叶灌丛	荆条群落	荆条灌丛
		刺槐–酸枣幼林	针叶林	黑松群落	黑松林
	麻栎群落	麻栎林		赤松群落	赤松林
		麻栎幼林	砂生草灌	单叶蔓荆群落	单叶蔓荆灌草丛
	构树群落	构树幼林		砂钻苔草群落	砂钻苔草丛
盐生草丛	碱蓬群落	碱蓬草丛		北京隐子草群落	北京隐子草丛

南长山岛的林木覆盖率为44.8%，主要分布于海岛东部丘陵区，其中常绿针叶林的分布范围最大。黑松群落和赤松群落主要分布在丘陵顶部，物种丰富度分别为12和8。黑松群落在外貌上有很好的分层现象，乔木层平均高度为7.27 m，郁闭度为75%，主要优势种为黑松、蒙古栎、刺槐，伴生有少量臭椿和麻栎等物种；灌木层平均高度为1.78 m，郁闭度为40%，优势种有桑、扁担木和麻栎，伴生有蒙古栎、刺槐等；草本层平均高度为0.2 m，盖度为50%，优势种是披针叶苔草，并伴有北京隐子草、野菊、隔山消、茅莓等物种生长其中（表3-2）。

表3-2 南长山岛主要植物群落特征

群落类型	物种丰富度	平均高度 /m	总盖度 /%	优势种
黑松群落	12	7.27	75	黑松、蒙古栎、刺槐
刺槐群落	8	6.59	80	刺槐、小叶朴
荆条群落	14	1.6	80	荆条、紫穗槐
麻栎群落	8	6.73	70	麻栎、刺槐、黑松
构树群落	5	3.3	75	构树、刺槐、酸枣
赤松群落	8	6.8	80	赤松、刺槐、扁担木
砂钻苔草群落	10	0.15	70	砂钻苔草、野菊、野古草
北京隐子草群落	9	0.25	60	北京隐子草、结缕草、狗尾草
碱蓬群落	8	0.15	65	碱蓬、黄背草、茜草

落叶阔叶林主要分布在丘陵的中下部，以王沟村南部最为聚集，另外在浅口、连城村等山坡下部有零散分布，其主要包括刺槐群落、麻栎群落和构树群落，靠近

道路，受人为干扰较为明显，群落内物种丰富度较低，分别为6、6和5。刺槐群落的乔木层平均高度为6.59 m，郁闭度为55%，刺槐在乔木层占有绝对优势，并伴生有少量小叶朴；灌木层平均高度为1.35 m，郁闭度为75%，优势种由荆条、刺槐和山桃组成，伴生酸枣柘木等；草本层平均高度为0.1 m，盖度为20%，野菊、白莲蒿和北京隐子草为优势种，荆条、茜草、鸦葱、狗牙根等物种点缀其中。

麻栎群落的乔木层平均高度为6.73 m，郁闭度为40%，乔木层只由麻栎、刺槐和黑松3种物种构成；灌木层平均高度为2.21 m，郁闭度为75%，优势种有麻栎、黑松，并生长有扁担木、臭椿、刺槐、荆条等物种；草本层平均高度0.15 m、盖度为25%，只生长着艾蒿和北京隐子草两种物种。

灌丛常见于峰山山脚和饽饽山西侧山坡，主要以荆条灌丛为主的落叶阔叶灌丛。其平均高度为1.6 m，郁闭度为80%，灌木层主要以荆条、紫穗槐构成，伴生有桑树、扁担木等物种；草本层平均高度为0.1 m，盖度为15%，艾蒿、披针叶苔草是其优势种，其中伴生有野菊、龙牙草、黄花菜等。草丛主要分布在平原区域，群落构成主要有砂钻苔草草丛、北京隐子草草丛以及碱蓬草草丛，优势种分别为砂钻苔草、野菊、野古草；北京隐子草、结缕草、狗尾草；碱蓬、黄背草、茜草。

3.2.2 北长山岛

3.2.2.1 自然概况

北长山岛位于胶东和辽东半岛之间，在黄海、渤海交汇处，南临烟台，北依大连，西靠京津，东与韩国、日本隔海相望。岛略呈长形，长轴北西向延展，长约5.1 km，东西最宽处达2.5 km。海岛面积为7.98 km²，海岛岸线长度为15.4 km。最高点高程为195.7 m，地理坐标为37°58.5′N、120°42.3′E。

3.2.2.2 岛陆环境

北长山岛的地貌类型主要有侵蚀剥蚀低丘陵、黄土坡和黄土台地、潟湖平原和海积平原等类型。海岸地貌类型主要有海蚀崖、海蚀洞穴、海蚀平台、沙砾滩等。土壤包括棕壤土、褐土、潮土3大类。棕壤是北长山岛主要土类，分布面积最大，约占全岛的50%，主要分布在低丘陵和基岩斜坡上，成土母质主要为石英岩及少量板岩风化壳。褐土类主要分布在北长山岛的黄土坡及黄土台地上，约占全岛总面积的40%，是庙岛岛群中褐土分布较多的海岛之一。其成土母质为黄土状堆积物。潮土类所占比重较小，主要分布在半月湾及其他海湾沿海低平地区，北城附近潮土含砾石较多，属于滨海砾石亚类潮土。成土母质是坡洪积–海积，潟湖沉积的松散堆积物。

北长山岛是庙岛群岛各海岛中水资源较好的海岛（仅次于南长山岛），大气沉降是该岛地下水唯一的来源，它们在松散地层和风化裂隙中，径流从高处流向低处，所以在较平缓松散沉积厚的地带有一定的淡水资源可打井汲水。北长山岛所占庙岛群岛的陆生植物属暖温带落叶阔叶林区域，区域内陆地植物有 139 科 591 种。植物种类以菊科、豆科、百合科、蔷薇科、禾本科、十字花科、葫芦科、茄科等植物居多，占种数的 47%。主要树种有黑松、赤松、刺槐、合欢、臭椿、栎类等，灌木为紫穗槐、白檀、胡枝子等，草本植物有野古草、蒿草、狼尾草、羊胡子草等。植物的果实、种子给迁徙的候鸟提供了良好的栖息隐蔽和取食场所。

在动物分布上，北长山岛属古北界华北区黄淮亚区，由于地处黄海与渤海交汇处，是亚洲东部候鸟迁徙的重要路线，有"候鸟旅站"之称。野生动物资源极为丰富，有国家级保护动物 49 种，一级有白鹤、黑鹤、中华秋沙鸭、金雕、白肩雕、丹顶鹤等 9 种，二级有大天鹅、小天鹅、鸳鸯以及鹰科和隼科的所有猛禽，共计 44 种。

3.2.2.3　海岛植被

北长山岛的植被主要有针叶林、阔叶林、灌丛、草丛、滨海盐生植被、滨海砂生植被、沼生水生植被和人工栽培的草本植被、农作物及木本的果树。海岛公益性项目用法瑞学派调查方法调查了 18 个样地，用英美学派调查方法调查了 4 个样地，首先根据生长型划分为森林、灌丛和草丛 3 大类型，再根据外貌特征，森林可进一步划分为落叶阔叶林、针阔混交林和针叶林；灌丛划分为落叶阔叶灌丛 1 种类型；草丛可进一步划分为山地草甸、盐生草丛和砂生草丛。在植被型之下，进一步根据物种组成区系与优势种组成，划分为不同的群落类型（表 3-3）。

表 3-3　北长山岛植被类型

植被类型 （高级单位）	群丛或群落 （中级单位）	演替群落 （低级单位）	植被类型 （高级单位）	群丛或群落 （中级单位）	演替群落 （低级单位）
落叶阔叶林	扁担木群落	扁担木幼林	针叶林	黑松群落	黑松林
	刺槐群落	刺槐林			黑松–荆条幼林
		刺槐–酸枣幼林		赤松群落	赤松林
	麻栎群落	麻栎林	落叶阔叶灌丛	紫穗槐灌丛	紫穗槐灌丛
		麻栎幼林		荆条灌丛	荆条灌丛
	构树群落	构树幼林	砂生草丛	砂钻苔草群落	砂钻苔草草丛
	柽柳群落	柽柳幼林		单叶蔓荆群落	单叶蔓荆灌草丛

植被类型 （高级单位）	群丛或群落 （中级单位）	演替群落 （低级单位）	植被类型 （高级单位）	群丛或群落 （中级单位）	演替群落 （低级单位）
针阔混交林	黑松-刺槐群落	黑松-刺槐林	盐生草丛	碱蓬群落	碱蓬草丛
	黑松-麻栎群落	黑松-麻栎林	山地草甸	野菊群落	野菊草丛

北长山岛的植被覆盖较好，岛上林木覆盖率为42%。森林群落的分层现象比较明显，有乔木层、灌木层和草本层3个基本层次，除此之外还有少数层间植物如藤本植物。岛上以常绿针叶林为主，黑松分布较为广泛，在海岛西南部低山丘陵中、下部是黑松群落和赤松群落以及以黑松、麻栎、刺槐为主的针阔混交林和落叶阔叶林。其中黑松群落分布范围最广，大头山、西大山、海螺山和大顶山都有分布，乔木层的平均高度为6.62 m，郁闭度为75%，优势种有黑松、刺槐、蒙古栎；灌木层平均高度为2.03 m，郁闭度为50%，优势种有扁担木、野花椒和蒙古栎；草本层平均高度为0.2 m，盖度为45%，优势种是披针叶苔草、狗牙根等。

落叶阔叶林覆盖面积较小于针叶林，其中刺槐群落和麻栎群落既有成熟群落也有幼林，成林主要分布在海岛东北部的黄土坡及沟谷内，物种组成较为单一，群落结构简单。其中麻栎群落的乔木层平均高度为7.23 m，郁闭度为80%，优势种是麻栎、刺槐、榆树；灌木层平均高度为2.06 m，郁闭度为35%，优势种有麻栎、刺槐和酸枣，伴生有扁担木、荆条、榔榆等物种；草本层平均高度为0.2 m，盖度为50%，优势种有披针叶苔草、野菊和杏叶沙参，并伴生有鸦葱、沿阶草、山丹丹等。

刺槐群落乔木层平均高度为9.18 m，郁闭度为85%，优势种是刺槐、麻栎、黑松；灌木层平均高度为1.38 m，郁闭度为35%，优势种有刺槐、扁担木和荆条；草本层平均高度为0.15 m，盖度为35%，优势种有艾蒿、北京隐子草、鹅观草等。麻栎幼林和刺槐酸枣幼林主要分布在山顶台地和山坡上段，物种丰富度较高，刺槐酸枣灌丛的优势种为刺槐、酸枣、黄荆，麻栎幼林的优势种为麻栎、黄荆和刺槐等。在海岛中部的山前平原有小范围的荆条灌丛和紫穗槐灌丛分布，物种多样性较低，主要优势种为荆条、紫穗槐、扁担木和酸枣等。在沿海低平潟湖区，生长有一些耐碱植物，如柽柳、碱蓬等植物（表3-4）。

表 3-4 北长山岛主要植物群落特征

群落类型	物种丰富度	平均高度/m	总盖度/%	优势种
黑松群落	10	6.62	85	黑松、刺槐、蒙古栎
刺槐群落	8	9.18	90	刺槐、麻栎、黑松

群落类型	物种丰富度	平均高度/m	总盖度/%	优势种
荆条群落	12	1.55	60	扁担木、荆条、东北蛇葡萄
麻栎群落	9	7.23	90	麻栎、刺槐、榆树
刺槐-酸枣群落	13	1.82	75	刺槐、酸枣、艾蒿
黑松-刺槐群落	25	8.51	95	黑松、刺槐、黄荆、木防己
赤松群落	9	7.77	70	赤松、黑松、刺槐
黑松-荆条群落	12	1.75	90	黑松、荆条、扁担木
紫穗槐群落	19	1.47	80	紫穗槐、扁担木、酸枣
扁担木群落	15	1.37	80	扁担木、荆条、野菊
麻栎群落	15	2.7	85	麻栎、刺槐、黄荆
构树群落	23	3	75	构树、刺槐、酸枣
柽柳群落	13	2.5	65	柽柳、荆条、野菊
砂钻苔草群落	11	0.2	85	砂钻苔草、艾蒿、蛇葡萄
野菊群落	15	0.25	80	野菊、野古草、狗尾草
碱蓬群落	12	0.15	70	碱蓬、茜草、木防己

3.2.3 庙岛

3.2.3.1 自然概况

庙岛地处 37°56.8′N、120°41.2′E，在庙岛群岛南部。南距大陆最近点蓬莱头 6.6 n mile，北距北长山岛 1.2 n mile，东距南长山岛 1.6 n mile，西距大黑山岛 2.4 n mile。岛体两端突出成岬角，中部近长方形，面积 1.59 km²，最高峰凤凰山海拔 98.3 m，岛岸线长 7.33 km。岛南部东侧多山，西侧为狭长平坦地带；北部四周平坦，中间有一孤立山丘。东、西海岸多为卵石和砾石滩，南北两端有部分岸礁。

3.2.3.2 海岛气候

庙岛区属于暖温带季风气候区，最高温度出现在 8 月，最低温度出现在 1 月，年平均气温 12.0℃，四季分明。该岛雨量中等，年均降水量 549.5 mm，雨水集中在 6—9 月，占年降水量的 70.4%。

3.2.3.3 岛陆环境

庙岛陆地主要有侵蚀剥蚀低丘陵、黄土坡和黄土台地、海积平原等类型。海岸地貌类型较多，主要包括海蚀崖、海蚀平台、砾石滩和连岛坝等。庙岛的土壤主要是棕壤系列中的棕壤类和褐土类。棕壤类分布在玉皇顶、庙岛山等低山上陵及其基岩坡山，土层较薄，特别是在基岩坡上，一般只有 30 cm 左右。成土母质为基岩风化层。薄层土壤之下，经常是风化的碎石，质地粗、多砂砾，蓄水能力低，养分含量少。这类土壤分布区主要用于植林。褐土类主要分布在黄土坡和黄土台地上，约占土壤总面积的 2/3，是本岛的主要土类。成土母质的黄土状堆积物，土层深厚。土壤层次明显，土壤呈中性，氮、磷含量较低，阳离子交换以钙、镁、钾、钠为主，土壤质地较重，但不过黏。钙、镁淋洗现象明显，土壤层之下的母质中多富含钙结核。此类土壤肥性好，是庙岛的主要耕种地，特别是蔬菜的种植。由于其分布地势低而平缓，也是居民的主要驻地。

大气降水是庙岛地下水唯一来源，它们在松散地层和风化裂隙中，径流从高处流向低处，所以在较平缓松散沉积厚的地带有一定的淡水资源可打井汲水。庙岛未发现特殊的陆生生物资源，动植物资源基本状况与周围各岛相似，可参见南长山岛等相关部分。

3.2.3.4 海岛植被

据调查，庙岛植被类型根据生长型划分为森林、灌丛和草丛 3 大类型。根据外貌特征，森林可进一步划分为落叶阔叶林、针阔混交林和针叶林；灌丛分为落叶阔叶灌丛 1 种；草丛可进一步划分为山地草甸、盐生草丛和砂生草丛（图 3-1，表 3-5）。

图 3-1　庙岛植被外貌

表 3-5　庙岛植被类型

植被类型 （高级单位）	群丛或群落 （中级单位）	演替群落 （低级单位）	植被类型 （高级单位）	群丛或群落 （中级单位）	演替群落 （低级单位）
落叶阔叶林	刺槐群落	刺槐林	针阔混交林	黑松-麻栎群落	黑松麻栎林
		刺槐-酸枣幼林			黑松-荆条幼林
	麻栎群落	麻栎林	落叶阔叶灌丛	荆条群落	荆条灌丛
		麻栎幼林			
	构树群落	构树幼林	草丛	艾蒿群落	艾蒿草丛
针叶林	黑松群落	黑松林	盐生草丛	碱蓬群落	碱蓬草丛
	赤松群落	赤松林	砂生草丛	北京隐子草群落	北京隐子草草丛
				单叶蔓荆群落	单叶蔓荆灌草丛

　　从植被组成来看，与南长山岛和北长山岛均无大的差别。根据我国近海海洋综合调查与评价专项山东省海岛调查资料，目前，该岛有针叶林 60 多公顷，林木覆盖率为 53%（表 3-6）。森林群落主要为黑松群落、麻栎群落和刺槐群落，主要分布于海岛中部区域，黑松群落和赤松群落主要分布在海拔较高的凤凰山和台山地区等丘陵、基岩坡和沟谷内，存在较为明显的人为干扰，物种多样性较低，分别为 11 和 6，群落分层现象比较明显。黑松群落的乔木层平均高度为 8 m，郁闭度为 75%，优势种主要为黑松，伴生有少量的刺槐和麻栎等；灌木层平均高度为 1.96 m，郁闭度为 40%，优势种为刺槐和麻栎，并伴生有蒙古栎、柘木等物种；草本层平均高度为 0.15 m，盖度为 25%，以披针叶苔草和蒙古栎幼苗为主，零星分布有狗牙根、隔山消、麦冬和木防己等。

表 3-6　庙岛主要植物群落特征

群落类型	物种丰富度	平均高度/m	总盖度/%	优势种
刺槐群落	6	7.06	95	刺槐、荆条、黑松
黑松群落	11	8	80	黑松、蒙古栎、麻栎
赤松群落	6	7.5	60	赤松、蒙古栎
荆条群落	13	1.18	75	荆条、酸枣、刺槐
麻栎群落	9	7.68	80	麻栎、黑松、蒙古栎
黑松-麻栎群落	22	7	90	黑松、麻栎、蒙古栎
刺槐-酸枣群落	16	4.5	90	刺槐、酸枣、臭椿
麻栎群落	26	10	85	麻栎、构树、刺槐

群落类型	物种丰富度	平均高度/m	总盖度/%	优势种
艾蒿群落	10	8.5	90	艾蒿、茜草、披针叶苔草
北京隐子草群落	19	3.5	80	北京隐子草、披针叶苔草、艾蒿
碱蓬群落	25	12	90	碱蓬、鸭跖草、隔山消
构树群落	22	8	80	构树、刺槐、麻栎

麻栎群落和刺槐群落除了分布在海岛中部区域外，在北山和羊砣子岛以及牛砣子岛更为常见，麻栎群落的分层也较为明显，乔木层平均高度为 7.68 m，郁闭度为85%，优势种为麻栎，并零星分布刺槐和山桃物种；灌丛平均高度为 2.03 m，郁闭度为 20%，以麻栎为优势种，并伴生有构树、柘木等物种；草本层平均高度为0.1 m，盖度为 30%，主要由茜草、鸭跖草、沿阶草和龙牙草等物种构成，并生长少量的南蛇藤、木防己和灰菜等物种。刺槐群落外观上可明显分成乔木层、灌木层和草本层，其中乔木层平均高度为 7.06 m，郁闭度为 70%，主要以刺槐为主要建群种，并分布少量的臭椿；灌木层平均高度为 1.65 m，郁闭度为 35%，优势种为荆条、臭椿和刺槐，并生长少量的黄荆、野花椒和南蛇藤；草本层平均高度为 0.2 m，盖度为 30%，优势种为剪股颖、披针叶苔草和茜草，鸡树条、麻花头、乳浆大戟分布较少。

荆条灌丛主要分布在山顶台地以及靠近山顶的向南山坡地区，平均高度为1.18 m，郁闭度较高，为 85%，优势种为荆条、酸枣，伴生有扁担木、柘木、臭椿和野花椒等物种；草本层平均高度为 0.1 m，盖度为 20%，优势种有披针叶苔草和艾蒿，伴生有茜草、狗牙根、野菊、隔山消和鹅观草等。

3.3 东海区域

3.3.1 秦山岛

3.3.1.1 自然概况

秦山岛位于江苏省北部海州湾近海，属于基岩海岛，距离大陆岸线 6.6 km。其地理坐标为 34°52.2′N、119°16.8′E；面积 0.17 km²，海岸线长 2.9 km，最高点高程 45.0 m。秦山岛土壤以棕壤性土为主，另外还有潮滩盐土。其中粗骨土约占

76.53%，酥石土约占 12.73%，沙性重壤土约占 18.07%。土壤平均厚度约为 69 cm，变化幅度 50~100 cm。秦山岛是江苏省为数不多的近岸海岛，地质结构比较简单，全岛由石英岩及大理岩构成，整个岛屿岸线均受海蚀，岛南部有一条砾石连岛坝，自岛向陆地方向延伸，长 2.6 km，北部宽 400 m，南端尾部宽 50 m，坝顶高出高潮位 0.8 m。

3.3.1.2　海岛气候

该岛位于暖温带与亚热带的过渡地带，气候类型为湿润的季风气候和海洋性气候，四季分明，温度适宜。冬季寒冷干燥，夏季凉爽多雨，光照充足，雨量适中，雨热同季。冬暖夏凉，气温年较差、日较差比陆地小，表现出冬少严寒、夏少酷暑的海岛气候特色；秋温明显大于春温，在海洋热惰性的影响下，春季温度回升、秋季温度下降缓慢；气温年极值出现的时间较陆上推迟，最热月出现在 8 月（陆上出现在 7 月），最冷月出现在 1 月或 2 月（陆上出现在 1 月）。年降水量比陆上偏少，离大陆越远的岛屿降水量越少。日降水量不低于 50.0 mm 的暴雨日数比沿海平均少 0.2 d。由于海面光滑，摩擦阻力较小，风速比陆上明显偏大。

受温带天气系统和副热带天气系统的交替影响，季风环流显著。冬季受大陆冷高压和西风带的东亚大槽控制，盛行西北风，气候寒冷干燥，常出现大风、降温和雨雪天气；春季大陆高压逐渐减弱退缩，西北太平洋副热带高压逐渐增强西伸，多锋面和气旋活动，天气乍暖乍寒，云雨比冬季增加，气温回升缓慢，雾多日照少；夏季西风带北移，西北太平洋副热带逐渐增强北抬，岛屿也由雨季逐步进入高温伏旱的夏季，此时，受副热带高压控制，盛行东南季风，天气晴热少雨；秋季副热带高压逐渐东退南压，大陆冷高压开始加强，引导冷空气不断南下，天气稳定，常出现万里晴空的秋高气爽天气。以后随着副热带高压东撤、陆冷高压进一步加强，东亚大槽逐步形成，引导一次次强冷空气南下，受西北大风影响，气温骤降，进入冬季。

3.3.1.3　岛陆环境

岛陆为剥蚀侵蚀低丘陵，其上发育薄厚不等的松散残积层和较厚的红色残积层，主要地貌单元为低山丘陵、山脊、山沟、悬岩、山鞍部小平原等。海岸地貌为海蚀崖、海蚀穴、海蚀柱岩滩和砾石滩。岛陆土壤以棕壤性土为主，另外还有潮滩盐土。其中粗骨土约占 76.53%，酥石土约占 12.73%，沙性重壤土约占 18.07%。土壤平均厚度约为 69 cm，变化幅度 50~100 cm。山顶土壤组合为薄层粗骨土，山坡土壤组合为中层粗骨土，山麓土壤组合为中层粗骨土。棕壤性土 pH 值为 4.51~7.07，均值为 5.79；潮滩盐土 pH 值为 7.80~8.40，均值为 8.10。

3.3.1.4 海岛植被

江苏连云港秦山岛植被具有海岛植被的代表性和典型性。该岛木本植物种类较少，常见的种有扁担木、构树、酸枣、苦楝、榔榆、丝绵木等。

秦山岛的植被类型在外貌上可分成 3 大类。其中在森林植被类型中，落叶阔叶林分布范围最为广泛（表 3-7，表 3-8）。其中刺槐群落分布于秦山岛的中部北坡及东部西坡，面积约 1.20 hm²，林地土层厚度约 50 cm。乔木层平均高度为 6.33 m，郁闭度为 80%，优势种有刺槐、榔榆和苦楝，伴生有丝棉木；灌木层植物被砍伐，植株稀少，平均高度为 2.20 m，郁闭度为 30%，优势种为构树、刺槐；草本层平均高度为 0.15 m，盖度为 40%，草本植物有 11 种，以狗尾草、葎草和茅莓占优势。

表 3-7　秦山岛植被类型

植被类型 （高级单位）	群丛或群落 （中级单位）	演替群落 （低级单位）	植被类型 （高级单位）	群丛或群落 （中级单位）	演替群落 （低级单位）
落叶阔叶林	刺槐群落	刺槐林	针叶林	黑松群落	黑松林
	麻栎群落	麻栎林		赤松群落	赤松林
	楝树群落	楝树林	灌草丛	单叶蔓荆群落	单叶蔓荆灌草丛
	扁担木群落	扁担木幼林		野艾蒿-野菊群落	野艾蒿-野菊草丛
	构树群落	构树幼林		鹅观草群落	鹅观草草丛
	酸枣群落	酸枣幼林		雀麦群落	雀麦草丛
	柘木群落	柘木幼林		茵陈蒿群落	茵陈蒿草丛
	丝棉木群落	丝棉木林			

麻栎群落乔木层平均高度为 6.55 m，郁闭度为 75%，乔木层只由麻栎和刺槐构成；灌木层平均高度为 2.11 m，郁闭度为 35%，只由扁担木一种物种构成；草本层平均高度为 0.1 m，盖度为 35%，以黑松幼苗和茅莓占优势。楝树群落乔木层平均高度为 5.88 m，郁闭度为 70%，乔木层只由楝树和构树构成；灌木层平均高度为 1.92 m，郁闭度为 40%，优势种有楝树、构树和扁担木；草本层平均高度为 0.15 m，盖度为 45%，以鹅观草、野菊和葎草占优势。针叶林可分为黑松群落和赤松群落。其中黑松群落分布在岛屿的东端，面积约为 0.07 hm²，乔木层平均高度为 6.5 m，郁闭度为 55%，优势种有黑松和苦楝，伴生有少量刺槐；灌木层平均高度为 1.85 m，郁闭度为 75%，优势种有黑松、楝树和扁担木；草本层平均高度是 0.1 m，郁闭度是 20%，优势种有黑松幼苗、葎草和茅莓。

赤松群落分布于岛的西段北坡，面积约为 0.33 hm²。该林被砍伐严重，植株稀疏，400 m² 内仅 23 株，灌木层仅有数丛紫穗槐及数株扁担木、酸枣及茅莓，草本植物以野菊居多。

丝棉木群落乔木层平均高度为 5.65 m，郁闭度为 80%，优势种有丝棉木和榔榆，伴生有臭椿和楝树；灌木层平均高度为 2.48 m，郁闭度为 40%，优势种有丝棉木、构树和扁担木，伴生有榔榆和臭椿；草本层平均高度为 0.2 m，盖度为 40%，优势种有鹅观草、金银花和茅莓。

灌草丛为茅莓、柞木、野艾蒿、狗尾草群落，分布于秦山岛西南端南坡，面积约 2 hm²。坡面坡度 40°左右，外貌为落叶灌草丛，群落的层次结构、种群疏密度及植物个体长势等所表现的生物学性状是一种杂乱无章、支离破碎、非常不协调的中旱生荒山灌草丛植被景观，约由 9 种木本植物、15 种草本植物及 4 种藤本植物和蔓性草本植物构成。草丛可分为雀麦、茵陈蒿群落和野艾蒿、野菊、鹅观草群落。

雀麦、茵陈蒿群落分布于秦山岛东端，面积约 2 hm²。群落外貌以春季为盛开白色野胡萝卜花与黄色油菜花的绿草丛；夏秋之交，金色狗尾草、小白酒草及鬼针草占优势地位。野艾蒿、野菊、鹅观草群落分布于秦山岛北坡，面积约 4 hm²。群落外貌为杂草草丛，分布范围广，面积大，经常受到割刈，为不稳定的草坡，由白茅、日黄茅及小白酒草等 17 种草本植物组成。

表 3-8　秦山岛主要植物群落特征

群落类型	物种丰富度	平均高度/m	总盖度/%	优势种
扁担木群落	11	1.81	85	扁担木、构树、酸枣
刺槐群落	9	6.33	95	刺槐、榔榆、苦楝
黑松群落	8	6.5	85	黑松、楝树、扁担木
赤松群落	6	5.5	50	赤松、扁担木、酸枣
丝棉木群落	10	5.65	95	丝棉木、榔榆、扁担木
楝树群落	11	5.88	90	楝树、构树
麻栎群落	11	6.55	85	麻栎、刺槐、扁担木
酸枣灌丛	11	1.49	95	黑松、酸枣
构树群落	12	2.18	85	构树、糙叶树
艾蒿野菊	9	0.18	85	野菊、艾草、白茅
鹅观草群落	10	0.17	90	鹅观草、白茅
茵陈蒿群落	17	0.35	85	茵陈蒿、狗尾草、鬼针草

3.3.2 大金山岛

3.3.2.1 自然概况

大金山岛位于杭州湾口北部，距大陆金山嘴 6.2 km，地理坐标为30°41.5′N、121°25.2′E；海岛面积为 0.229 8 km²，海岸线长 2.4 km，最高点高程 103.4 m，是上海市面积最大、海拔最高的基岩岛。

3.3.2.2 海岛气候

岛屿位于北亚带北缘，属北亚热带湿润气候区，东亚季风盛行区。受冬、夏季风交替影响，四季分明，光照条件好，无霜期长，气候温和湿润，降水充沛。年平均气温 15.9℃，平均降水量 1 017.1 mm，年降水量集中在 6—9 月，平均风速 4.7 m/s，冬季盛行西北风，夏季盛行东南风。四季气候特点为：冬季受欧亚大陆冷气团控制，盛行西北风，天气寒冷。夏季受太平洋暖气团控制，盛行东南风，天气炎热。春、秋两季冷暖气团交替，时冷时热，天气多变，春末夏初进入"梅雨"期，初秋多"阴雨绵绵"，晚秋常"秋高气爽"。四季中，冬季最长，夏季次之，春、秋两季较短。由于冬夏季风的进退，各年差异较大，天气变化复杂。春季常出现低温和连阴雨；夏季有雨涝，高温伏旱，并有台风侵袭；秋季有低温和持续秋雨；冬季受强冷空气影响。

3.3.2.3 岛陆环境

大金山岛岛陆为侵蚀剥蚀低丘陵地貌；海岸带地貌为海蚀崖、堆积滩、水下岸坡等。土壤环境总体良好，较为湿润，土质肥沃，养分充足，有机质含量较高，对碱和重金属缓冲性能较好，但是土壤酸性有微量加剧趋势。土壤酸性较强且有加剧趋势，对碱和重金属缓冲性能较好。大金山岛土壤 pH 值为 4.52，处于我国土壤酸碱度五级划分中的强酸性土壤范围（pH 值小于 5.0）。与 2002 年测定数据（pH 值为 4.5~4.7）相比较，酸性微量加剧，明显高于金山区土壤 pH 均值（6.5±0.52）。大金山岛地处南方，降水量大而集中，盐基淋失强烈，钙、镁、钾等碱基大量流失，导致大金山岛土壤钙、镁、钾的含量较低，其均值分别为 2.16 g/kg、1.84 g/kg、8.28 g/kg，对酸起缓冲性能的代换离子总量较小。大金山岛土壤对碱的缓冲性能较好，而对酸的缓冲力较低。大金山岛土壤有机质很高，因此对重金属的缓冲性能较好。土壤容重处于中间水平，有机质丰富，土壤结构较好，熟化程度较高。大金山岛土壤容重均值为 1.27，处于我国土壤容重分级第二级别土壤密度适宜（1.00～1.25）和第三级别偏紧（1.25～1.35）的交接点。土壤有机质含量区域波动性较大，其范围在 2.02%～22.63%，均值达到 8.96%，与 2002 年所测数据 9.01% 相比较，变化不是很大。其均值处于我国第二次土壤普查制定的 一级土壤养分（>4%），比崇明三岛土壤有机质均值（1.90±0.93）% 和金山区土壤有机质均值（3.31±0.90）% 明显高很多。大金山岛土壤有机质含量很丰富，可以缓解重金属大量入侵对该岛造成的污染和危害。氮、磷、钾是植物生长三大营养要素，对于南方酸性土壤，氮、磷、钾含量相对较低。大金山岛土壤全氮含量范围在 1.06～11.67 g/kg，均值是 4.52 g/kg，比 2002 年所测数据 6.89 g/kg 略有降低；和崇明三岛土壤全氮含量（0.93 g/kg±0.47 g/kg）和金山区土壤全氮含量（2.10 g/kg±0.51 g/kg）相比较，大金山岛土壤含氮量偏高一些。土壤全磷和全钾含量相对较低，全年均值分别为 0.65 g/kg、8.28 g/kg。根据我国土壤养分分级标准（共 6 级），大金山岛土壤全磷含量分布在第 3 级（0.6～0.8 g/kg），处于我国土壤全磷含量（0.44～0.85 g/kg）中上水平；全钾含量分布在第 5 级（5～10 g/kg），与全国土壤钾含量均值（16.1 g/kg）相比偏低，处于全国土壤含量范围（0.83～33.2 g/kg）较低水平。大金山岛土壤磷、钾含量相对较低与土壤的酸性有一定关系。大金山岛个别区域土壤铅含量超标，镉含量略超国家规定一级标准（0.2 mg/kg）。铅和镉的微量超标与大金山岛土壤背景值有很大关系。土壤中各重金属元素的分布类型多为正态分布，这表明元素在土壤介质中分布较为均匀。从土壤中元素含量的变异系数来看，大小顺序为：镉（0.346）＜锌（0.393）＜铜（0.423）＜铅（0.511）。除了铅之外，其他元素的变异系数小于 0.4，区域变幅较小，分布更为接近，反映了土壤在长期形成过程中均匀化作用这一特性。依据一级土壤背景值（镉，0.2 mg/kg）计算，4 种重金属潜在生态危害顺序为：镉（40.43）＞铅（4.65）＞铜（2.64）＞锌（0.79）。

3.3.2.4 海岛植被

在植物区系上，大金山岛位于泛北植物区，中国-日本森林植物亚区华东地区。因受人类活动影响小，大金山岛保存有上海市最完好的中亚热带原始植被。植物种类多样，以半自然和自然植被为主，从外貌水平上划分为 6 个类型：落叶阔叶林、常绿阔叶林、常绿落叶阔叶灌丛、常绿灌丛、落叶阔叶灌丛和灌草丛。结合群落的物种组成及优势种差异，将其进一步划分为 18 个群落类型（表 3-9）。

大金山岛的落叶阔叶林分布范围较为广泛，其中麻栎群落位于大金山岛西南坡以及大金山岛西侧靠近潮间带的山体坡地上，林内枯枝落叶少，土壤层较薄，碎石较多。从外观上群落分层较为明显，乔木层平均高度为 7.3 m，郁闭度为 80%，优势种有麻栎、朴树等；灌木层平均高度为 2.7 m，郁闭度为 30%，优势种有日本野桐、白檀等，伴生有小蜡、赛山梅、野花椒等；草本层平均高度为 0.2 m，盖度为 50%，常见种为鳞毛蕨、络石，偶见日本野桐幼苗和榔榆幼苗。

黄连木桑树群落位于大金山岛南坡中部的坡地及废弃小路两旁，人为干扰较为明显。乔木层平均高度为 6.5 m，郁闭度为 70%，优势种为黄连木，伴生有桑树和朴树；灌木层平均高度为 1.8 m，郁闭度为 40%，优势种为桑树，并有海桐、榔榆、朴树等物种生长其中；草本层平均高度为 0.1 m，盖度为 60%，红盖鳞毛蕨、冠纵、海金沙较为常见，也有少量鸭跖草和沿阶草等物种。

日本野桐群落多见于大金山岛北坡及东南坡，林内枯枝落叶和碎石较多，乔木层平均高度为 6.5 m，郁闭度为 80%，优势种有日本野桐和朴树，伴生有丝棉木；灌木层平均高度为 1.7 m，郁闭度为 50%，优势种有海桐、雀梅、日本野桐和柘木；草本层平均高度为 0.2 m，盖度为 40%，优势种有风藤、红盖鳞毛蕨和胡颓子幼苗，并偶见空心莲子草、野蔷薇等。

表 3-9 大金山岛植被类型

植被类型（高级单位）	群丛或群落（中级单位）	演替群落（低级单位）	植被类型（高级单位）	群丛或群落（中级单位）	演替群落（低级单位）
落叶阔叶林	朴树群落	朴树林	常绿阔叶林	青冈群落	青冈林
		朴树幼林		天竺桂群落	天竺桂林
	黄连木-桑树群落	黄连木-桑树林		红楠群落	红楠林
	日本野桐群落	日本野桐林		香樟群落	香樟林
		日本野桐幼林	落叶阔叶灌丛	野蔷薇群落	野蔷薇灌丛
	黄檀群落	黄檀林	常绿阔叶灌丛	滨柃群落	滨柃灌丛
	麻栎群落	麻栎林	灌草丛	薜荔群落	薜荔灌草丛
	白檀群落	白檀林		五节芒群落	五节芒草丛
	构树群落	构树幼林		滨旋花群落	滨旋花草丛
	丝棉木构树群落	丝棉木构树林		单叶蔓荆群落	单叶蔓荆灌草丛
常绿落叶阔叶灌丛	椿叶花椒-海桐群落	椿叶花椒-海桐幼林			

常绿阔叶林的分布范围较小于落叶阔叶林，其中青冈群落为常绿阔叶林的主要组成树种，该群落分布在大金山岛西侧山脊线上，林内土壤层较薄，有部分裸露的基岩，人为干扰较少，乔木层平均高度为 7.5 m，郁闭度为 75%，青冈为绝对优势种，林下几乎没有灌木和草本分布。红楠群落位于大金山岛的北坡，靠近

山脊线，林内枯枝落叶较多，土壤层较厚。乔木层平均高度为 6.8 m，郁闭度为 80%，优势种有红楠、青冈，伴生有朴树、野桐和丝棉木等；灌木层平均高度 1.5 m，郁闭度为 40%，优势种有野桐、红楠等；草本层平均高度 0.15 m，盖度为 50%，优势种有络石、菵草、披针叶苔草。香樟群落位于岛屿正东侧的山脊线与悬崖边，林内土壤层较薄，碎石较多，人为干扰较少。乔木层平均高度为 5.8 m，郁闭度为 70%，优势种有香樟、丝棉木；灌木层平均高度为 1.7 m，郁闭度为 50%，优势种有香樟、日本野桐和朴树等；草本层平均高度为 0.2 m，盖度为 60%，常见络石、风藤、沿阶草等物种。

大金山岛的草丛分布范围较小，主要集中在岛屿南部的山坡底部，其中五节芒群落分布较为集中，平均高度为 0.5 m，盖度为 80%，除五节芒为绝对优势种外，群落内还伴生有白茅、山合欢幼苗和算盘子幼苗等。各群落的物种组成和群落结构见表 3-10。

表 3-10　大金山岛主要植物群落特征

群落类型	物种丰富度	平均高度/m	总盖度/%	优势种
青冈群落	14	7.5	95	青冈、野桐、小蜡
天竺桂群落	11	6.8	80	天竺桂、青冈
香樟群落	13	5.8	70	香樟、丝棉木、朴树
白檀群落	13	6.5	70	白檀、桑树、楝树
黄檀群落	15	5.7	75	黄檀、野桐、豆梨
红楠群落	14	6.8	80	红楠、青冈、野桐
构树群落	14	4.5	60	构树、野桐、海桐、黄连木
日本野桐群落	10	6.5	90	野桐、朴树、丝棉木
构树-丝棉木群落	17	5.1	90	海桐、丝棉木、椿叶花椒、野桐
椿叶花椒海桐群落	15	5.8	75	椿叶花椒、海桐、朴树
薜荔灌丛	8	0.3	70	薜荔、海桐
五节芒草丛	11	0.5	80	五节芒、白茅、算盘子
朴树群落	13	6.1	70	朴树、野桐、丝棉木、白栎
黄连木-桑树群落	14	6.5	85	黄连木、桑树、朴树
野蔷薇群落	17	1.1	60	野蔷薇、算盘子、小蜡
滨旋花群落	10	0.1	70	滨旋花、络石、风藤
单叶蔓荆群落	11	0.2	70	单叶蔓荆、狗牙根
麻栎群落	18	7.3	90	麻栎、朴树、白檀

3.3.3 烽火岛

3.3.3.1 自然概况

烽火岛位于26°55′N、120°15′E，在霞浦县东北部，距大陆最近点0.3 km。岛呈"工"字形，面积2.08 km²，由火山岩组成。西高东低，最高点北尖山海拔155.2 m。岛上多红壤土，植被多杂草，水源缺乏，仅有一井供饮用。年均温18.8℃，1月均温9.4℃，7月均温28.4℃，年降水量1 235.2 mm，3—6月多雾，7—9月为台风季节。

3.3.3.2 海岛植被

依据外貌特征，烽火岛植被类型可分为常绿阔叶林、落叶阔叶林、针阔混交林、针叶林以及灌草丛（表3-11）。

表3-11　烽火岛植被类型

植被类型（高级单位）	群丛或群落（中级单位）	演替群落（低级单位）	植被类型（高级单位）	群丛或群落（中级单位）	演替群落（低级单位）
常绿阔叶林	台湾相思树群落	台湾相思树林	针叶林	黑松群落	黑松林
		台湾相思树幼林			黑松幼林
落叶阔叶林	乌桕群落	乌桕林	灌草丛	芒群落	芒草丛
				芒萁群落	芒萁草丛
	化香群落	化香幼林		白茅群落	白茅草丛
针阔混交林	黑松-台湾相思树群落	黑松-台湾相思树林		狗牙根群落	狗牙根草丛
				单叶蔓荆群落	单叶蔓荆灌草丛

烽火岛的常绿阔叶林主要由台湾相思树构成，相思树是水土保持的造林先锋树种，适应性广、耐旱、耐瘠。群落土壤主要为赤红壤和粗骨性红壤。群落外貌整齐，树冠圆形，呈黄绿色至暗绿色。乔木层平均高度为6.39 m，郁闭度为80%，优势种为台湾相思树，伴生有朴树、糙叶树、天仙果等；灌木层平均高度为2.33 m，郁闭度为40%，优势种为台湾相思树，伴生有糙叶树、盐肤木、车桑子、柃木等；草本层平均高度为0.3 m，盖度为30%，常见种有海金沙、五节芒、野菊、菝葜、积雪草等。

针叶林主要由黑松群落构成，黑松是暖温性常绿针叶树种，分布区多属于海洋性季风气候，雨量丰富，干湿季较明显，常受台风侵袭，黑松分布在海拔200 m以下的低丘、台地，土壤多为粗骨性红壤和赤红壤，地表常有裸岩，多石栎或粗沙，表土瘠薄，肥力低。群落外貌呈深绿色，林冠整齐，层次分明，群落结构一般有3层，乔木层平均高度为 5.3 m，平均胸径 8.5 cm，郁闭度为 60%，优势种为黑松，伴生少数相思树、马尾松和木麻黄等；灌木层平均高度为 2.15 m，郁闭度为 40%，优势种有海桐、车桑子、栀子，伴生有檵木、黑松、臭椿、枪木等物种；草本层平均高度为 0.2 m，盖度为 70%，主要种类有芒、山菅，伴生有白茅、芒萁及少量蕨类植物。

针阔混交林为早期人工种植林，作为海岛沿岸防风、固沙、水土保持的防护林。黑松、台湾相思树群落分布在岛屿东北坡，海拔 50 m 左右，土壤为赤红壤，群落总盖度为 95%，乔木层以黑松、台湾相思树为共建种，乔木层平均高度为 5.38 m；灌木层平均高度为 1.77 m，郁闭度为 30%，优势种为黑面神、台湾相思树、算盘子，伴生有豹皮樟、车桑子和菝葜等；草本层平均高度为 0.3 m，盖度为 30%，主要物种有狗牙根、野菊、五节芒等。

在烽火岛的南部邻近悬崖区域，生长有化香幼林群落，群落灌木层平均高度为 1.84 m，郁闭度为 60%，优势种为化香、山合欢，伴生有滨柃、臭椿、黑松、檵木、枪木等；草本层平均高度为 0.2 m，盖度为 70%，常见有茜草、檵木、山菅、桃金娘、盐肤木和栀子。

草丛的分布也较为广泛，其中，白茅群落分布在烽火岛的山坡或低丘谷地，样地海拔小于 20 m，土壤为赤红壤，群落总盖度为 60%，草本层平均高度为 0.2 m，优势种为白茅，伴生有牛筋草、疏穗画眉草、龙爪茅等。芒群落零星分布在岛屿西部的山坡上，在白茅群落东缘较多，群落平均高度为 0.7 m，盖度为 90%，优势种为芒、芒萁，伴生有积雪草、狗牙根等。

3.4 南海区域

3.4.1 淇澳岛

3.4.1.1 自然概况

淇澳岛位于珠江口伶仃洋内，北望虎门，东临深圳，与唐家镇由淇澳大桥相连，面积 24 km²。该岛沿岸礁石林立，海湾较多，全岛岸线长约 23.2 km，其中围垦海堤 4.9 km，主要分布在大围湾、石井湾和金星湾。

3.4.1.2 海岛气候

淇澳岛属南亚热带季风气候，阳光充足、雨量集中，年平均气温 22.4℃，最低气温在 1 月（均温为 15.3℃），极低气温为 2.5℃。最高气温出现在 7 月，月平均气温为 28.3℃，历年极端最高气温 38.5℃，年平均气温 22~23℃之间。不小于 10℃年积温 8 043.3℃，年平均日照时数 1 907.4 h，年平均降水量 1 964.4 mm，年平均空气相对湿度为 79%，其中 4—9 月的降水量约占全年降水量的 85.6%。潮汐属不正规半日潮，平均高潮位 0.17 m，平均低潮位 -0.14 m。水质比较清洁。淇澳岛夏季以东南风为主，冬季以东北风为主。海水盐度年平均值 18.2，土壤属于滨渍草甸沼泽土，其表土（0~13 cm）全盐量为 20.82。

3.4.1.3 岛陆环境

全岛地势南北高，中间低。土壤属滨海盐渍草甸沼泽土。1984 年以前，淇澳岛在石井湾、大澳湾、大围湾分布有红树林 112.2 hm²，1985—1993 年期间，因围海造田、城市楼房、道路、桥梁建设和围塘养殖以及珠江和附近海域的环境污染，红树林的生存和繁殖环境遭受强烈地改变，到 1998 年仅大围湾 32.2 hm²，且 40% 为桐花（*Aegiceras corniculatum*）、老鼠簕（*Acanthus ilicifolius*）和卤蕨（*Acrostichum aureum*）群落，高度仅为 0.8~2.5 m。除了人为破坏的影响，这一小片红树林还受林缘外围生长的互花米草（*Spartina alterniflora*）威胁。分布面积长 1 500 m，宽 1 100 m 的互花米草，占滩涂面积的 1/3 以上，与芦苇（*Phragmites australis*）交错分布。从 1999 年起，在珠海市政府的资助下，中国林科院热林所红树林课题组陆续从海南岛及湛江雷州引进无瓣海桑、海桑、木榄、红海榄、海芒果、水黄皮、海漆、杨叶肖槿等近 20 个树种，极大地丰富了淇澳岛红树林物种多样性。其中无瓣海桑为主要人工林恢复树种，2012 年在淇澳岛红树林保护区其种植面积达到 667 hm²，占红树林总面积的 95% 以上，同时该保护区也是目前全国保存最完整、最集中连片的红树林湿地。

在淇澳岛红树林自然保护区内，有丰富的红树林树种，包括真红树植物 8 科 10 属 13 种，半红树 6 科 8 属 8 种。红树林湿地及其周围湿地有水鸟 20 多种，栖息的主要鸟类有 20 科 46 种，其中留鸟 38 种，候鸟 8 种。有两栖动物 2 目 7 科 23 种，爬行类 1 目 3 科 23 种，哺乳类 2 目 3 科 8 种。淇澳岛红树林湿地系统中，林下及周围适应本区域咸淡水环境的鱼、虾、蟹、贝类资源十分丰富。

3.4.1.4 海岛植被

据调查，淇澳岛维管束植物 42 科 69 属 86 种（含种下分类单位），种子植物 35 科 62 属 78 种，蕨类植物 7 科 7 属 8 种。乡土植物有 39 科 61 属 75 种，外来植物有 8 科 9 属 11 种（含 1 杂交种），为台湾相思、大叶相思、湿地松、罗汉松（*Podocarpus macrophyllus*）等；在淇澳岛次生植被科的组成中，主要以极小科（<5 种）为主，有无患子科（Sapindaceae）、梧桐科（Sterculiaceae）、五加科（Araliaceae）、旋花科（Convolvulaceae）、野牡丹科（Melastomataceae）等共 37 科，占淇澳岛次生植被科总数的 88.10%。其余为小科（5~10 种），有桑科（Moraceae）（7 种）、豆科（Leguminosae）（6 种）、茜草科（Rubiaceae）（6 种）、大戟科（Euphorbiaceae）（5 种）和桃金娘科（Myrtaceae）（5 种）。

淇澳岛次生植被种子植物科的地理成分可划分为 5 个类型 3 个变型，其中世界广布 10 科（含 19 属 26 种），热带成分科 26 科（含 40 属 48 种），温带成分科 3 科（含 3 属 4 种），地理成分以热带亚热带成分占绝对优势。属的地理成分可划分为 10 个类型 6 个变型，世界广布 3 属 3 种，热带成分 53 属 67 种，温带成分 6 属 8 种。由上可见，淇澳岛次生植被种子植物科与属的地理成分均以热带成分占主要优势。符合珠海市种子植物区系地理成分具有热带北缘区系与南亚热带南缘的过渡性质（图 3-2，表 3-12）。

图 3-2　淇澳岛植被外貌

植物叶性质及生活型谱是植被生态学中常被采用以研究植被群落特征的指标，揭示叶性质特征及生活型谱可探究群落中植物功能性状与地区环境的相适应程度。15 个样方的植物群落以小型叶（45.3%）为主，革质叶植物（52.9%）略多于非革质叶植物、全缘叶型植物（65.9%）和单叶型植物（71.8%）的占比较高。与邻近地区纬度较相近的南亚热带地带性植被的植物群落相比，其中型叶比例（39.5%）小于以中型叶占优势的广东鼎湖山自然保护区、白云山风景区和大岭山的常绿阔叶林，而以小型叶（45.3%）居多；全缘叶比例（65.9%）接近于白云山

（67.34%），略低于大岭山和鼎湖山；单叶比例（71.76%）低于上述三地同指标值。气候因子（年均温、年降水和年平均风速）被认为是影响海岛植物功能性状的重要因子；淇澳岛陆面水分蒸发量大，且降水分布不均匀，干湿季明显，导致干季具有高光且干燥的气候特点，已有研究证明，叶级相对小的植物叶片的呼吸和蒸腾成本相对更低，因此淇澳岛次生植被叶级以小型叶占比最高，极大程度是叶功能性状对淇澳岛的干季生长环境（高光且干燥）的适应结果。

表 3-12　淇澳岛次生植被类型

植被类型 Vegetation types	群系 Formation	群丛 Association
亚热带常绿阔叶林 Subtropical evergreen broad-leaved forest	大叶相思群系 Form. *Acacia auriculiformis*	大叶相思-细齿叶柃-芒萁 *Acacia auriculiformis-Eurya nitida-Dicranopteris dichotoma*
	榕树群系 Form. *Ficus microcarpa*	榕树-白楸-芒萁 *Ficus microcarpa-Mallotus paniculatus-Dicranopteris dichotoma*
	鸦胆子群系 Form. *Brucea javanica*	鸦胆子-豺皮樟-一枝黄花 *Brucea javanica-Litsea rotundifolia* var. *oblongifolia-Solidago decurrens*
	台湾相思群系 Form. *Acacia confusa*	台湾相思-豺皮樟-芒萁 *Acacia confusa- Litsea rotundifolia* var. *oblongifolia -Dicranopteris dichotoma*
	巨尾桉群系 Form. *Eucalyptus grandis ×E. urophylla*	巨尾桉-野漆-芒萁 *Eucalyptus grandis × E. urophylla-Toxicodendron succedaneum-Dicranopteris dichotoma*
亚热带常绿针叶林 Subtropical evergreen coniferous forest	湿地松群系 Form. *Pinus elliottii*	湿地松-山油柑-柳叶箬 *Pinus elliottii-Acronychia pedunculata-Isachne globosa*
	马尾松群系 Form. *Pinus massoniana*	马尾松-豺皮樟-芒萁 *Pinus massoniana-Litsea rotundifolia* var. *oblongifolia -Dicranopteris dichotoma*

植物生活型以高位芽植物（74.42%）为主，其中以小型高位芽占比最高为33.72%。与邻近地区植被比较，淇澳岛次生植被的高位芽植物占比（74.42%）接近鼎湖山常绿阔叶林高位芽植物占比（72.32%），对高位芽进一步细分，淇澳岛次

生植被以小型和矮小性高位芽植物占优势，分别占比33.72%和23.26%。

参照《中国植被》的分类类型，淇澳岛可以分成常绿阔叶林和常绿针叶林2个植被类型，共7个群系。

根据各样方重要值计算得乔木层优势种有大叶相思、榕（*Ficus microcarpa*）、湿地松、鸦胆子、台湾相思、马尾松、巨尾桉等，灌木层优势种有豺皮樟、细齿叶柃（*Eurya nitida*）、秤星树（*Ilex asprella*）、白楸（*Mallotus paniculatu*）、九节（*Psychotria rubra*）、山油柑（*Acronychia pedunculata*）、臭茉莉（*Clerodendrum philippinum* var. *simplex*）和野漆树（*Rhus sylvestris*），通过盖度值计算得出芒萁（*Dicranopteris dichotoma*）作为优势种在9个样方中出现，其余样方优势种有蕨（*Pteridium aquilinum* var. *latiusculum*）、一枝黄花（*Solidago decurrens*）等，但盖度较低（表3-13）。

表3-13 淇澳岛群落优势种

乔木层优势种 Dominant species in tree layer	灌木层优势种 Dominant species in shrub layer	草本层优势种 Dominant spcies in herb layer
大叶相思	细齿叶柃	芒萁
榕	秤星树	蕨
湿地松	白楸	一枝黄花
鸦胆子	豺皮樟	柳叶箬

3.5 小结

海岛植被在其种类组成上最显著的特点是：各群落的各层片中，往往拥有一定量的滨海或海岛特有的优势种和伴生种，这也是海岛植物区系较丰富的反映。海岛环境同陆地环境一样，可分为光照、温度、水分、土壤等几种。除此以外，导致海岛地形复杂性的海拔高度也可能对植物物种丰富度产生影响。

在不同尺度上影响植物功能性状的环境因子不同。一般而言，全球尺度或大尺度上，气候因子对植物功能性状起着决定性作用；中等尺度上，土地利用方式和干扰起着主要作用；在小尺度上，地形和土壤是影响植物功能性状的决定性因子。该项目可供选取的岛屿限于温台海域，属同一气候带，因而更多地关注地形、土壤等环境因子对植物功能性状的影响。

（1）单岛调查分析：为尽量选取能够代表温台地区海岛特征的典型岛屿，纬度跨度应尽量大，岛屿植被类型尽量丰富。

（2）岛屿合并调查分析：总共测定或收集到 11 个海岛的 73 个样地的环境因子，主要包括土壤总氮、土壤总磷、土壤总碳、土壤容重、土壤含水率、坡度、坡向、年平均气压、年平均气温、年平均相对湿度、年降雨量、年蒸发量、年平均地温、年平均总云量、年大风日数、年日照时数，年平均水汽压。土壤数据来自各样方采集实测数据，地形数据来自各样方的调查数据，气象数据下载于中国气象局网站。由于部分环境因子间相关性强，为了排除各环境因子间的自相关性，要先分析环境因子间的相关性。

第4章 海岛植被调查关键技术研究

一般来说，海岛植被调查的目的是通过资料收集和现场调查，掌握海岛植被物种组成、植被类型及分布和植被资源特征，查清海岛珍稀濒危野生植物资源的种类与分布；了解海岛土壤特征；掌握珍稀濒危野生动物资源的种类、分布与栖息地现状；了解海岛潮间带生物基本情况；了解海岛生态系统的结构、功能与服务，为海岛生态保护和合理开发利用提供基础资料。根据调查目的，如海岛生态系统评价、海岛保护与修复、海岛开发利用、监视监测计划等，有针对性、有重点地选择需要调查的海岛。

目前，我国现行的植物植被调查方法主要应用国家林业和草原局发布的《森林资源规划设计调查技术规程》和《林木物种资源调查技术规程（试行）》、生态环境部发布的《全国植物物种资源调查技术规定（试行）》和《生物多样性观测技术导则陆生维管植物》等。这些植物调查方法均为主要针对陆地植物的调查技术规程，我国的植被调查也多集中在陆地上。但是随着海岛开发利用日益增大，海岛环境破坏加剧，对海岛原生植被、海岛生态环境的调查和监测必将作为基础数据资料来指导海岛的开发、保护与管理。

海岛封闭的地理隔离属性、湿润的气候条件决定了其植被生态区系和分布特征同大陆植被存在差异。海岛面积相对小且位置分散，具有岛屿特有现象，包括可能分布着海岛独特的植物种类，这也构成了海岛植被的独有特色。此外，由于海洋环境的复杂多样性，尤其是海岛生境的特殊性，传统的陆域调查方法不能完全适用于海岛植物类群的调查。并且我国现有的研究工作主要集中在海岛概况的普查，对海岛植物种类、植被类型分布的调查研究较少，尤其缺乏基本的海岛植被调查的统一、规范、科学的调查方法与标准。目前，针对海岛的植被调查技术规程只有《海岛调查规范》《海岛调查技术规程》中部分章节有所涉及。

本项目期望通过设计和制定针对不同类型的海岛植被调查技术方案，找准海岛植被调查与陆地植被调查的不同之处或特色点，并依此开展海岛植被调查方式方法、路线、具体要求等的探究。以此尝试建立科学合理的方法，填补我国在海岛植物、植被调查技术方面的空白，规范海岛植物、植被的调查分析方法，为我国依法保护海岛植物物种、建立县级以上常态化海岛监视监测体系、进而评估海岛植被生态等提供技术支撑。

4.1 植被调查方案设计研究

海岛植被调查方案的设计是海岛植被调查的核心环节,其主要内容就是取样方法的选择。取样方法多种多样,调查采用什么方法取决于研究目的以及组成群落的种的形态、分布格局和调查时间长短。常用方法有代表性样地法、随机取样法、分层随机取样法、系统取样法等。海岛一般区域变化较大,有些地方可能不易到达,给调查取样带来了不便。从文献资料、技术规程中获知,陆域植被调查主要采用样线法、样方法、全查法、专家访谈法等,尤以样线法与样方法结合调查最为广泛,即利用法瑞学派的样线法或典型样地法结合英美学派的标准样方法进行调查。典型样地法在对一定区域植被全面踏勘的基础上,根据主观判断有意识地选出某些"典型"的、有代表性的地段,并设置若干大小能够反映群落种类组成和结构的样地(样区),记录其中的种类、数量、生长与分布情况等,具体指标包括植物资源种类、多优度、聚集度、盖度等;英美学派是在踏查的基础上选择群落地段,然后在其上设置标准样方进行调查,调查指标包括资源种类与数目、各层盖度、胸径、树高、横纵冠幅等。

由于海岛一般有主要山体,因此植被调查方案布设要结合海岛地形地貌进行。一般先根据前期遥感影像、地图资料等对所调查海岛的植被丰富区域及山体走向、坡面等有初步了解。海岛植被调查的特别之处在于其地理位置与面积、气候条件和植被分布等可能与大陆存在较大差异,在取样方法选择上、样方和样线的布设上可能相比陆域植被调查有其独特性。

4.1.1 样方样线布设原则

在实地海岛调查中发现,不同形态和面积的海岛,其调查路线的选取、样方位置的设置可能会有所差异。每个海岛都有自己的独特性,这也是所谓"典型性""代表性"的重要体现。为全面掌握一个海岛的植被资源现状、动态变化及立地环境条件,同时考虑到人力、财力和时间成本,在植被调查时需要事先对样地布设进行合理设计。建议从系统布点、全面调查和重点精查这3个层面开展海岛植物群落清查,以体现样地布设的全面性、代表性和典型性。

全面性指样地在空间上涵盖整个研究,布局均衡,能够反映研究区植被和环境的全貌;代表性指布点必须包含所有代表性的植物群落类型,是群落调查的主体内容;典型性指布点时应保证研究区内典型和特殊植物群落得到重点和细致的调查,为群落复查和长期监测服务。

首先，要进行踏查了解整个岛屿情况，再重点深入到具体群落，并设样点对照。按照大处着眼，小处着手；动态着眼，静态着手；全面着眼，典型着手的原则设置。其次，在海岛植被类型划分中应遵循植被群落外貌结构、种类成分、生境特点一致性的原则。另外，群落类型的划分要遵守种类成分、结构形态、外貌季相、生态特征、群落环境、外界条件这 6 个特征相接近的原则。

根据岛屿面积大小，通常将面积超过 2 500 km² 的海岛划分为特大岛，面积在 100~2 500 km² 的海岛划分为大岛，面积在 500 m²~5 km² 的海岛划分为中岛，面积在 500 m²~5 km² 的海岛划分为小岛，面积不足 500 m² 的为微型岛。我国特大岛只有台湾岛和海南岛，大岛有崇明岛、舟山岛、平潭海坛岛、玉环岛、金门岛等 20 个左右。其余均为中岛、小岛和微型岛。一般面积越大，环境条件越优越，群落的结构就越复杂，组成群落的植物种类也就越多。具体调查布设方法应考虑到调查内容、时间成本等因素。

4.1.2 样线布设研究

样线的位置和具体条数一般根据调查需求、地理信息及调查者经验来综合设定。调查需求影响着调查的精度，地理信息初步显示了海岛植被相对丰富的区域以及山体海拔、走向、坡面等情况，调查者的经验可以帮助迅速把握"代表性"和"典型性"原则。

4.1.2.1 样线设置位置

样线设置一般根据海岛的面积、形状、地形、地貌等特点沿山体布置 1 条至多条山脊样线及包含山脚、山腰在内的至少两条环形样线，以基本覆盖海岛的大部分植物资源与群落类型。山脊两侧一般是两个坡面（阴、阳坡），需要设置样线；独立于主山体的突出山头等需要设置山脊补充样线。一些大、中型海岛可能含有不止一种类型的岸线，如基岩岸线、砂质岸线、淤泥质岸线、生物岸线等，其附近可能分布有典型或特殊的砂生、盐生植物群落（图4-1），因此应在海岛海岸沿线设置数条补充调查样线。对与海岛零星分布的特殊植被群落进行小面积精查。

海岛多存在山地、沙滩等特殊地形，通过样线法开展资源调查时，会因山谷或陡坡的阻挡无法严格按照理论样线进行直线式行走。因此，可在理论样线附近布设实际样线进行调查，并借助 GPS 记录采样位置。利用样线法得到的数据结果显示，一定长度的样线即可满足物种统计的要求，当样线增加到一定长度时，所观测到的物种数能达到物种总数的 80% 以上。在实际沿样线进行调查过程中，当累计物种数

| 基岩生态类群 | 砂生生态类群 |
| 盐生湿地生态类群 | 海岸林生态类群 |

图 4-1　海岛特殊生态类群

趋于稳定后，剩余样线长度可按照踏查方法粗略查看，在植被生境发生较大变化时，可重新开始样线。

4.1.2.2　样线设置数量

最优样线设置一方面要求该样线上的物种能够代表整个岛屿的丰富程度，另一方面也要尽可能节约人力、物力及调查时间。根据统计分析调查样线上出现的物种数及植被类型占岛屿物种总丰富度的比例，可以知道一般来说要依据前期确定好的卫星遥感影像初定路线基本走完，包括尽可能覆盖整个山体的环绕山体基线及山脊线，全部进行行走调查。基本走完全部样线且连续行走 200 m 未见新物种时，方可以结束样线调查，此时获取的植物资源和植被类型数有较高的科学准确性和可靠性。

4.1.2.3　样线记录

调查行走过程中携带 GPS 记录实际样线轨迹，同时记录样线上 10~20 m 宽度的物种名称和该物种出现的位置，在山脊上考虑到阴阳坡，可以增加样线宽度（如 50~60 m），调查路径建议以 "V" 形样线曲折前进，尽可能最大限度地包含不同海拔梯度的植被类型。对样线上典型的、有代表性的群落类型进行调查，并对研究区域的地带性、特有、稀有、濒危以及有特殊用途和重要经济价值的群落进行精查。调查人员观察和记录的指标有植被类型、物种资源、优势度、聚集度、郁闭度等，并记录生境、填写表格。

4.1.3 典型样地布设研究

典型样地法是法瑞学派使用的调查方法，其特点是在对一个地区植被全面踏勘的基础上，根据主观判断有意识地选出某些"典型"的、有代表性的地段，即"群落片段"，在其中设置若干个大小足以能够反映群落种类组成和结构的样地（样区），记录其中的种类、数量、生长、分布等参数。

对海岛来说，首先要对岛体全部植被进行全面踏勘，充分考虑岛体不同位置、坡向、土壤类型等的综合生境特征，厘清海岛基本的高级植被型或生态类群，如山顶光照相对充分，一般是分布着森林群落；基岩山体底部附近可能分布有基岩生态类群等，通过踏查快速掌握整个海岛的地形地貌、土壤类型、植被类型与资源分布规律。在此基础上选取各类典型群落地段设置典型样地进行调查与记录。

4.1.3.1 典型样地设置原则

根据前述内容可以分析得知，典型样地的布设要遵循一定的原则，主要有以下几点。

①样地面积的大小必须包括群落片段内绝大部分种类，可反映这个群落片段种类组成的主要特征。

②样地内的植被应尽可能是均匀一致的，在样地内不应看到结构的明显分界线或分层的变化。

③群落片段内应具有一致的种类成分，突出表现为优势种的连续分布。

④样地的生境条件应尽可能一致。

典型样地记录法对于样方形状的要求并不严格，一般以方形为主，也可根据调查区域实际情况进行设置。在不同情况植被中采用不同形状的取样见图4-2。

4.1.3.2 典型样地一般描述

样地选定后，填写典型样地记录表对样地进行一般性描述（表4-1）。

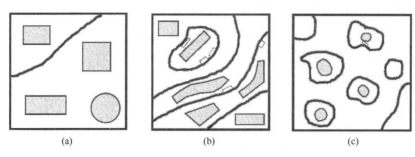

图 4-2　在不同情况植被中采用不同形状的取样

（a）群落面积很大（样方、样条、样圆）；（b）适合于小面积带状分布的样方形状；

（c）小面积的镶嵌群落，用多个局部取样达到整体取样

表 4-1　典型样地记录表

调查表 A			典型样地记录表				第　页 共　页	
野外样地号：	总编号：	群落地段估计面积：		样地面积：		日期：	调查人： 记录人：	
群落名称：					群落结构			
					层	高度/m	盖度/%	
地理位置：		N：	E：	地貌类型：	T1			
海拔：	坡向：	坡度：	表层岩石：	土壤类型：	T2			
生境条件及外在干扰：					S			
					H			
					M			
样地植物物种记录								
多盖聚生	植物名称			附注	多盖聚生	植物名称		附注

4.1.4　标准样方布设研究

标准样方法是许多美洲大陆生态学家常用的方法，也是我国植被调查中常用的方法，其特点是首先通过踏查，选择群落地段，然后在其上设置样方进行调查。这种方式可以较精确地估计这个群落地段，从而掌握该群落的数量特征，因此这种取

样方法在样方面积、形状和数量上都有严格的要求。

4.1.4.1 样方面积确定

样方面积要根据调查项目确定。若只调查各种植物的盖度，样方面积并不重要，甚至小到一个点或一段线段都可以；若要研究物种在群落中的分布格局，过大的样方无济于事，但也不能小到样方中只包括个别的个体。一般认为，样方面积最小也要两倍于体积最大种的平均值。表4-2为我国植被调查样方面积的建议。

表4-2 我国植被调查样方面积的建议

群落类型	样方面积/m²	群落类型	样方面积/m²
热带雨林、季雨林	2 500~10 000	竹林	100~200
南亚热带常绿阔叶林	800~1 200	灌丛、幼林	100~200
亚热带常绿阔叶林	400~800	高草	25~100
暖温带常绿落叶阔叶混交林	400~600	中草	16~25
温带落叶阔叶林，针阔混交林	200~400	矮草	1~4
北方针叶林	200~400	地衣、苔藓	0.1~1

采用"种-面积曲线"法确定最小样方面积。面积扩大的方法主要包括如下几种。

（1）从中心向外逐步扩大法：通过中心点 0 做两条相互垂直的直线。在两条线上依次定出距离中心点的位置。将等距的 4 个点相连后即可得到不同面积的小样方，在这些小样地中统计植物种类。

（2）从一点向一侧逐步扩大法：通过原点做两条直角线为坐标轴。在线上依次取距离原点的不同位置，各自做坐标轴的垂线分别连成一定面积的小样地，统计植物种类。

（3）成倍扩大样地面积法：按照图4-3中所示方法逐步扩大，每一级面积均为前一级的两倍。

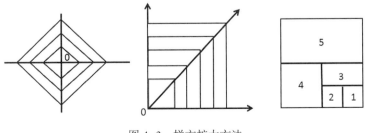

图4-3 样方扩大方法

对于海岛上出现的每一种群落类型，应设置样地进行调查，森林群落的最小样方面积为森林不小于 $100\ m^2$，建议值为 $10\ m\times10\ m\sim20\ m\times20\ m$ 的样方，灌木样方为不小于 $25\ m^2$，建议值为 $5\ m\times5\ m\sim6\ m\times6\ m$，草本样方为 $2.25\ m^2$，建议值为 $1\ m\times1\ m\sim2\ m\times2\ m$；与一般陆地森林群落调查取样面积（森林群落面积要求达到 $20\ m\times20\ m$，灌丛群落面积达到 $10\ m\times10\ m$ 或 $5\ m\times5\ m$，草地群落面积达到 $1\ m\times1\ m$）基本相似。

4.1.4.2 样方数量确定

样方数量理论上来说越多越好，但是取样过多则增加了工作时间与费用，造成浪费，违背了取样目的；但是取样过少就不能达到一个可靠的估计量，从而可能得出不准确或者错误的结论，这更不允许。统计学理论表明取样误差与取样数目的平方成反比，即如果要减少 1/3 的误差，就得增加 9 倍的取样数目。因此实际取样数目应该是力求花较少的人力、物力和时间取得最接近理想的效果。一个有效可行的方法是根据种数-样方数目曲线，其原理与确定样方大小时的"种-面积曲线"相似。植物种的数目最初随着样地数目的增加而迅速增多，随后增加减缓，直到一点后即使再增加样方数目，种数也极少增加或不再增加，这个转折点所对应的样地数目即为最少取样数目。一般每个样地应设置 3~5 个重复。

4.1.4.3 样方设置

调查样地（样方）的设置一般采用随机取样（或分层随机取样）或者系统布点取样来进行，这两种方法均可以达到全面调查研究区植物群落及其生境的目的。能保证样方的随确定样方的面积和数量后，采用随机方法或者系统布点方法来设置。

（1）在调查群落的一侧选一点，以此为原点建立 X 轴和 Y 轴的坐标，选用两组随机数值分别代表 X 和 Y，然后从坐标系上决定样方的位置，再在野外找出相应地点，野外决定地点可以用实测或步行，见图 4-4。

（2）选定样点后，把仪器放在样点的中心，水平向 0°，东北 45°，正东 90° 引方向线，量取相应的长度，即 4 点可构成所需大小的样方。

（3）针对不同的植物群落，样方面积和数量的最佳选取值不同，为计算适合海岛不同群落的样方面积和数量，具体设置如下：应设计表格每个样方进行详细调查，对象主要包括海岛的森林、灌丛、草丛以及人工栽培植被。一般对于森林群落，记录样地中出现的全部木本植物，对树高大于 1 m 的树木进行每木调查。调查内容包括胸径、树高、枝下高、叶下高、横纵冠幅等，并记录每株样木在样地中的位置坐标。英美学派的调查表见表 4-3。

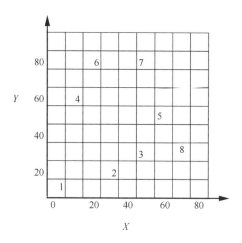

图 4-4　随机取样时用两组随机数字取样

表 4-3　英美学派植物群落调查表

样地编号：　　　　　　　　　　　　　　　　　调查时间：

中文名	拉丁名	立木编号	X 坐标	Y 坐标	树高/m	胸径/cm	基径/cm	枝下高/m	叶下高/m	横冠/m	纵冠/m	立木状况

调查单位：　　　　　　　　　　　　　　　　　调查员：

4.2　与植物相关环境调查要素研究

海岛生态系统是生物栖息地为海岛的一类特殊生态系统，它既不同于一般的陆地生态系统，又不同于以海水为基质的一般的海洋生态系统。根据地域范围、生态环境特征、由生态环境不同引起的生物群落差异性等因素，海岛生态系统可分为岛陆生态系统、潮间带生态系统和近海海域生态系统 3 个子系统。3 个子系统之间的相互关系极为密切，存在着能量流动与物质循环。与其他生态系统相比，海岛生态系统具有 5 大独特生态特征，即海陆两相性、结构独立完整性、生态脆弱性、资源独特性、动力两重性。

（1）岛陆子系统

岛陆子系统为海岛中的陆地部分，岛陆的面积一般较小，物种的丰富程度不及大陆，生物种类主要有植物、哺乳类、鸟类和昆虫等；其生态系统的结构和功能往往比陆地更为简单，易受自然灾害和人类活动的干扰和破坏，生态系统较为脆弱，恢复力也往往较弱。

（2）潮间带子系统

海岛的潮间带是指高潮线与低潮线之间的地带，在我国常常指海岸线与海图零米线之间的地带。潮间带是一个特殊的生态环境区域，处于海陆交汇区域，交替地暴露于空气和淹没于水中，它既受岛陆的影响，又受海水水文规律的支配，处于一个水陆相互作用的地带，是岛陆生态系统与近海生态系统相互连接的纽带，既是缓冲区，又是脆弱区。绝大多数潮间带水流和水位是动态变化的，因此潮间带生态系统既有水体系统的某些特征，如厌氧环境和藻类、脊椎动物和无脊椎动物；同时潮间带也具有微管束植物，其结构与陆地系统植物类似。潮间带濒临陆地，污染物容易在这里累积。潮间带生物资源丰富，不同类型的底质栖息着与之相适应的生物，形成各具特色的生物群落。

（3）近海子系统

海岛近海生态系统的范围定于自潮下带向下至陆架浅海区边缘，由于受岛陆与潮间带子系统的影响，其盐度、温度和光照的变化比外海的大。我国海岛周围海域受沿岸流、暖流和上升流的交汇作用，水体交换频繁、海水自净能力较强，有利于维持水质量的稳定。近海由于靠近岛陆，其营养盐较为丰富，初级生产力较高，是理想的栖息生长场所，有利于渔业资源的汇集，水生资源丰富多样。

4.2.1 与植物分布相关的环境要素

4.2.1.1 非生物岛陆环境要素

（1）岛陆土壤

地球环境由石圈、水圈、土壤圈、生物圈和大气圈构成，土壤位于该系统的中心，既是各圈层相互作用的产物，又是各圈层物质循环与能量交换的枢纽。土壤环境是指岩石经过物理、化学、生物的侵蚀和风化作用，以及地貌、气候等诸多因素长期作用下形成的土壤的生态环境。土壤环境是决定植物生长的关键因素。根据GB15618《土壤环境质量标准》，土壤环境的常规监测项目主要有 pH 值、阳离子交换量、总镉、总铬、总汞、总砷、总铅、总铜、总锌、总镍、六六六总量、滴滴涕总量等。土壤是岛陆植物赖以生存的基础，还需监测影响土壤肥力的项目，主要包括全盐量、硼、氟、氮、磷、钾等。

（2）地表水

地表水是指陆地表面上动态水和静态水的总称，亦称"陆地水"，主要包括河流、湖泊、沼泽、冰川等，是国家水资源的主要组成部分。海岛淡水资源是海岛开发利用和保护海岛环境的基础。其中地表水供水是海岛水资源的重要构成部分，查清海岛地表水水质状况与供水量、摸清淡水资源的开发利用与保护情况，对保护地表水水质、维护良好的岛陆生态系统十分重要。

地表水水质调查方法包括现场取样分析和实验室分析，现场取样调查分析参数包括水温、pH值、电导率以及色度、嗅和味、肉眼可见物等；实验室分析项目按照《地表水环境质量标准》（GB 3838—2002）执行，必测项目和选测项目见表4-4。

表4-4　地表水监测项目

监测对象	必测项目	选测项目
河流	溶解氧、高锰酸盐指数、化学需氧量、氨氮、总氮、总磷、铜、锌、硒、砷、汞、镉、铅、六价铬、石油类、硫化物	三氯甲烷、甲基汞等
湖泊、水库	溶解氧、高锰酸盐指数、化学需氧量、氨氮、总氮、总磷、铜、锌、硒、砷、汞、镉、铅、六价铬、石油类、硫化物	三氯甲烷、甲基汞、硝酸盐等

（3）地形地貌

通过地形地貌调查，可以获得该地区的第一手地貌资料，并对该地区的地貌特征、发育和分布规律做出合理判断，从而为农业生产、工程建设、海岛开发与保护等提供重要依据。

地形地貌的调查方法包括资料收集和野外调查。收集相关地形图、卫星照片、航空照片，以初步掌握调查地区的地貌轮廓、形态与成因类型、地貌与地质构造、山脉、丘陵、平原的大小和分布水系结构、山地丘陵坡度的变化情况。通过野外调查了解地层发育和分布特点、岩性和厚度变化，地质构造和新构造运动基本情况。并按地貌的成因类型，从大到小，分别叙述其形态、大小和分布规律、物质组成和结构、形成时代、影响因素、地貌组合特征和地貌分区。

4.2.1.2　潮间带

潮间带是指大潮期的最高潮位和大潮期的最低潮位间的海岸区域，是典型的两相地带。潮间带生境通常分为岩基海岸、沙滩、红树林、珊瑚礁和石沼等类型。潮间带是陆、海交汇处一个相当狭窄但具有很高生产力的区域，同时也是动物、植物、底质与海水相互作用的复杂系统。潮间带生物一般具有两栖性，具体表现为广温、广盐、耐干旱性、耐缺氧性等，还有节律性、分带性等生态特征。潮间带生物调查一般应包括水质、沉积物环境、生物这3个方面。

潮间带作为物质交换的重要区域，具有较强的污染物净化能力，潮间带沉积物的监测参数除有机碳、总氮、总磷、重金属（总铜、总铅、总锌、总铬、总镉、总汞、总砷）、有机污染（石油类）以外，还需增加有机污染（六六六总量、滴滴涕总量）调查。

潮间带生物调查主要调查项目包括生物种类、数量与分布情况，并依据调查结果计算潮间带生物的丰富度和多样性指数等指标。

4.2.1.3　近岸水域

近岸水域是海岛周边紧邻海岛的水域，其位置的特殊性决定了近岸水体会直接影响海岛海岸带的环境质量。近岸水体的温度、盐度以及污染物浓度等环境因子会直接改变海岸带区域植被的生长环境。近岸水体的调查项目主要包括水体质量、近岸水域沉积物质量和近岸水域生物生态 3 个方面的调查。

水质监测主要包括根据海洋调查的具体需要确定调查项目。常规调查要素一般包括 pH 值、温度、盐度、溶解氧及其饱和度、总碱度、活性磷酸盐、活性硅酸盐、硝酸盐、亚硝酸盐、铵盐等。

沉积物调查同潮间带沉积物调查一致，必测项目包括有机碳、总氮、总磷、重金属（总铜、总铅、总锌、总铬、总镉、总汞、总砷）、有机污染（石油类）等。根据调查项目的需要适当增加选测项目，如六六六总量、滴滴涕总量等。

生物生态调查包括叶绿素浓度、浮游植物、浮游动物、底栖生物的种类、数量与分布调查，并依据调查结果计算近岸水域生物的丰富度和多样性指数等指标。

4.2.2　非生物岛陆环境要素监测方法研究

根据海岛生态环境现状，进行环境现状分区，包括Ⅰ类海岛环境区（海岛原生状态良好、区域内没有环境污染、生态破坏等现象，海岛植被等资源没有发生退化的现象）；Ⅱ类海岛环境区（海岛生态受损的区域，具体根据生态受损的类型进一步划分，包括地形地貌受损、植被受损、土壤环境污染、水资源污染、地质灾害、外来物种入侵等）；Ⅲ类海岛环境区（海岛生态环境处于修复、恢复的区域）。目前，收集的示范海岛基础资料，包括大金山岛、庙岛，根据其特征，将其分为Ⅰ类海岛和Ⅱ类海岛，Ⅰ类海岛主要为原生状态良好的海岛（大金山岛），Ⅱ类海岛为开发利用较多的海岛（庙岛）。

4.2.2.1　岛陆土壤

根据示范海岛特殊的地理条件和环境特点，在充分研究陆域土壤监测方法的基础上，制定适用于Ⅰ类海岛和Ⅱ类海岛的站位布设、样品采集等岛陆土壤的调查方法。

（1）Ⅰ类海岛土壤环境监测

Ⅰ类海岛土壤监测的目的主要为摸清海岛土壤环境要素的背景值。

①监测单元

监测单元的划分以土类和成土母质母岩类型为主，海岛面积较小属于同一土类的，可划分到亚类或土属。

②布点方法

按调查的精度不同可从 1 km、2.5 km、5 km 中选择网距网格布点，根据实际情况可适当减小网格间距，适当调整网格的起始经纬度，避开过多网格落在河流或道路上，使样品更具代表性。

岛陆区域内的网格结点数即为土壤采样点数量。一般要求每个监测单元最少设 3 个点。

③野外选点

首先采样点的自然景观应符合土壤环境背景值研究的要求。采样点选在被采土壤类型特征明显的地方，地形相对平坦、稳定、植被良好的地点；坡脚、洼地等具有从属景观特征的地点不设采样点；住宅、道路、沟渠、粪坑、坟墓附近等处人为干扰大，失去土壤的代表性，不宜设采样点；采样点以剖面发育完整、层次较清楚、无侵入体为准；不在多种土类、多种母质母岩交错分布、面积较小的边缘地区布设采样点。

④样品采集

采样点可采表层样或土壤剖面。一般监测采集表层土，采样深度 0~20 cm，选择部分采样点采集剖面样品。剖面的规格一般为长 1.5 m，宽 0.8 m，深 1.2 m。挖掘土壤剖面要使观察面向阳，表土和底土分两侧放置。一般每个剖面采集 A、B、C 3 层土样。地下水位较高时，剖面挖至地下水出露时为止；山地丘陵土层较薄时，剖面挖至风化层。

（2）Ⅱ类海岛土壤环境监测

Ⅱ类海岛土壤监测的目的是摸清受人类活动和污染影响的土壤环境现状。

①监测单元

监测单元划分主要考虑不同的土地利用类型的土壤环境要素的差异，同一单元的差别尽可能地缩小。土地利用类型包括农田（旱地）、林地、草地、居民用地、未利用地等。

②布点方法

土壤监测单元布点采用放射状、均匀、带状布点法。每个土壤监测单元设 3~7 个采样区（采样点）。

③样品采集

农田（旱地）：一般农田土壤环境监测采集耕作层土样，种植一般农作物采 0~20 cm，种植果林类农作物采 0~60 cm。

林地：采集表层土，采样深度 0~60 cm。

草地：采集表层土，采样深度 0~20 cm。

居民用地：居民用地大部分土壤被道路和建筑物覆盖，只有小部分土壤栽植草木，本研究的居民用地土壤主要是指后者，由于其复杂性分两层采样，上层（0~30 cm）可能是回填土或受人为影响大的部分，另一层（30~60 cm）为人为影响相对较小部分。两层分别取样监测。

未利用地：采集表层土，采样深度 0~20 cm。

为了保证样品的代表性，减低监测费用，农田、林地和草地土壤采取采集混合样的方案。每个采样区范围以 200 m×200 m 左右为宜，每个采样区的样品为土壤混合样。混合样的采集主要有 4 种方法（图 4-5）：

a. 梅花点法：适用于面积较小，地势平坦，土壤组成和受污染程度相对比较均匀的地块，设分点 5 个左右；

b. 对角线法：适用于污灌农田土壤，对角线分 5 等份，以等分点为采样分点；

c. 蛇形法：适宜于面积较大、土壤不够均匀且地势不平坦的地块，设分点 15 个左右，多用于农业污染型土壤。各分点混匀后用四分法取 1 kg 土样装入样品袋，多余部分弃去；

d. 棋盘式法：适宜中等面积、地势平坦、土壤不够均匀的地块，设分点 10 个左右；受污泥、垃圾等固体废物污染的土壤，分点应在 20 个以上。

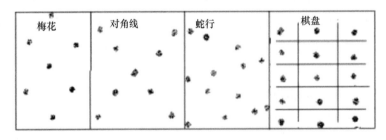

图 4-5　混合土壤采样点布设示意图

4.2.2.2　地表水

根据示范海岛的资料分析结果，判断海岛地表水的分布、规模。研究制定包括站位布设、样品采集方法等地表水的调查方法；监测断面在总体和宏观上须能反映水系或所在区域的水环境质量状况以及所在区域环境的污染特征，尽可能以最少的断面获取足够的有代表性的环境信息，同时还须充分考虑实际采样时的可行性和方便性；监测断面的设置数量，根据掌握地表水环境质量状况的实际需要，以最少的断面、垂线和测点取得代表性最好的监测数据。

1）河溪水质监测

（1）断面的布设

①对流域或水系要设立背景断面、控制断面（若干）和入海口断面。

背景断面须能反映水系未受污染时的背景值。要求：基本上不受人类活动的影响，远离居民区、工业区、农药化肥施放区及主要交通路线。原则上应设在水系源头处或未受污染的上游河段，如选定断面处于地球化学异常区，则要在异常区的上、下游分别设置。如有较严重的水土流失情况，则设在水土流失区的上游。

②控制断面用来反映某排污区（口）排放的污水对水质的影响。应设置在排污区（口）的下游，污水与河水基本混匀处。

③入海河口断面要设置在能反映入海河水水质并邻近入海的位置。

根据水体功能区设置控制监测断面，同一水体功能区至少要设置1个监测断面。断面位置应避开死水区、回水区、排污口处，尽量选择顺直河段、河床稳定、水流平稳，水面宽阔、无急流、无浅滩处。

④水系的较大支流汇入前的河口处，以及湖泊、水库、主要河流的出、入口应设置监测断面。

⑤有水工建筑物并受人工控制的河段，视情况分别在闸（坝、堰）上、下设置断面。如水质无明显差别，可只在闸（坝、堰）上设置监测断面。

（2）采样点位的确定

在一个检测断面上设置的采样垂线数与各垂线上的采样点数应符合表4-5、表4-6。

表4-5　河流（溪水）水质采样垂线数的设置

水面宽	垂线数	说明
≤50 m	1条（中泓）	垂线布设应避开污染带，要测污染带应另加垂线；确能证明该断面水质均匀时，可仅设中泓垂线；凡在该断面要计算污染物通量时，必须按本表设置垂线
50~100 m	2条（近左、右岸有明显水流处）	
>100 m	3条（左、中、右）	

表 4-6　采样垂线上的采样点数的设置

水深	采样点数	说明
≤5 m	上层 1 点	上层指水面下 0.5 m 处，水深不到 0.5 m 时，在水深 1/2 处；下层指河底以上 0.5 m 处；中层指 1/2 水深处；封冻时在冰下 0.5 m 处采样，水深不到 0.5 m 时，在水深 1/2 处采样
5~10 m	上、下层 2 点	
>10 m	上、中、下三层 3 点	

（3）样品采集

①采样前的准备

a. 确定采样负责人

主要负责制订采样计划并组织实施。

b. 制订采样计划

采样负责人在制订计划前要充分了解该项监测任务的目的和要求；应对要采样的监测断面周围情况了解清楚；并熟悉采样方法、水样容器的洗涤、样品的保存技术。在有现场测定项目和任务时，还应了解有关现场测定技术。

采样计划应包括：确定的采样垂线和采样点位、测定项目和数量、采样质量保证措施，采样时间和路线、采样人员和分工、采样器材和交通工具以及需要进行的现场测定项目和安全保证等。

c. 采样器材与现场测定仪器的准备

采样器材主要是采样器和水样容器。容器应做到定点、定项。采样器的材质和结构应符合《水质采样器技术要求》中的规定。

②采样方法

a. 采样器

聚乙烯塑料桶、单层采水瓶、直立式采水器、自动采样器。

b. 采样数量

采样量需考虑重复分析和质量控制的需要，并留有余地。

c. 在水样采入或装入容器中后，应立即按要求加入保存剂。

d. 油类采样：采样前先破坏可能存在的油膜，用直立式采水器把玻璃材质容器安装在采水器的支架中，将其放到 300 mm 深度，边采水边向上提升，在到达水面时剩余适当空间。

e. 注意事项

- 采样时不可搅动水底的沉积物。

- 采样时应保证采样点的位置准确。必要时使用定位仪（GPS）定位。

- 认真填写"水质采样记录表"，用签字笔或硬质铅笔在现场记录，字迹应端正、清晰，项目完整。

- 保证采样按时、准确、安全。

- 采样结束前，应核对采样计划、记录与水样，如有错误或遗漏，应立即补采或重采。

- 如采样现场水体很不均匀，无法采到有代表性的样品，则应详细记录不均匀的情况和实际采样情况，供使用该数据者参考。

- 测定油类的水样，应在水面至 300 mm 采集柱状水样，并单独采样，全部用于测定。并且采样瓶（容器）不能用采集的水样冲洗。

- 测溶解氧、生化需氧量和有机污染物等项目时，水样必须注满容器，上部不留空间，并有水封口。

- 如果水样中含沉降性固体（如泥沙等），则应分离除去。分离方法为：将所采水样摇匀后倒入筒形玻璃容器（如 1~2 L 量筒），静置 30 min，将不含沉降性固体但含有悬浮性固体的水样移入盛样容器并加入保存剂。测定水温、pH 值、DO、电导率、总悬浮物和油类的水样除外。

- 测定油类、BOD_5、DO、硫化物、余氯、粪大肠菌群、悬浮物、放射性等项目要单独采样。

2）湖塘水质监测

（1）垂线的布设

①湖（库）区的不同水域，如进水区、出水区、深水区、浅水区、湖心区、岸边区，按水体类别设置监测垂线。

②湖（库）区若无明显功能区别，可用网格法均匀设置监测垂线。

③监测垂线上采样点的布设一般与河流的规定相同，但对有可能出现温度分层现象时，应做水温、溶解氧的探索性试验后再定。

（2）采样点位的确定

湖塘监测垂线上的采样点的布设应符合表4-7的要求。

表 4-7　湖（塘）监测垂线采样点的设置

水深	分层情况	采样点数	说明
≤5 m		1 点（水面下 0.5 m 处）	分层是指湖水温度分层状况；水深不足 1 m，在 1/2 水深处设置测点；有充分数据证实垂线水质均匀时，可酌情减少测点
5~10 m	不分层	2 点（水面下 0.5 m，水底上 0.5 m）	
5~10 m	分层	3 点（水面下 0.5 m，1/2 斜温层，水底上 0.5 m 处）	
>10 m		除水面下 0.5 m，水底上 0.5 m 处外，按每一斜温分层 1/2 处设置	

（3）样品采集

同河溪水质监测的样品采集方法，此外，还应注意测定湖库水的 COD、高锰酸盐指数、叶绿素 a、总氮、总磷时，水样静置 30 min 后，用吸管一次或几次移取水样，吸管进水尖嘴应插至水样表层 50 mm 以下位置，再加保存剂保存。

3）井泉水质监测

对于自喷的泉水，可在涌口处直接采样。采集不自喷泉水时，将停滞在抽水管的水汲出，新水更替之后，再进行采样。

从井水采集水样，必须在充分抽汲后进行，以保证水样能代表地下水水源。

4）地表径流水质监测

对于 I 类海岛（原生态良好），在地表径流汇入河流、溪水、湖库、水塘和海域前设置采样点直接采样；对于 II 类海岛（开发利用较多），还需在地表径流通过人类活动区前后增设采样点。

4.2.2.3　地形地貌

收集示范海岛不同时期的地形地貌资料，研究针对不同特点的海岛地形地貌监测方法，包括典型海岛地形剖面特征、地貌类型及分布特征，以及海岛面积、海岸线。地形地貌的调查方法采用遥感监测结合现场验证和野外调查的方法。

（1）遥感监测

全面收集前人有关调查区和周围地区的地貌、地质和其他自然地理方面的文献、报告、图件等资料，收集最新带有 DEM 数字高程信息的卫星遥感数据，或利用航空遥感手段获取带有 DEM 数字高程信息的航空遥感数据。初步提取岛陆高程信息（采用黄海 85 高程或当地理论最低潮面高程基准），初步掌握调查地区的地貌轮廓、形态与成因类型、地貌与地质构造、地貌和其他自然地理环境之间的关系等情况，比如山脉、丘陵、平原的大小和分布水系结构、山地丘陵坡度的变化情况、各种外营力形成地貌类型的分布等。

（2）现场验证

开展现场调查验证，利用 DGPS 和照相机等记录地形点位置、高程及现场资料，填写《海岛岛陆地形地物现场记录表》（面积小于 500 m² 的海岛，特征点不少于 1 个；面积在 500 ~ 500 000 m² 的海岛，特征点不少于 5 个；面积大于 500 000 m² 的海岛，特征点不少于 1 个/100 000 m²；条件允许情况下应测量海岛最高点）。利用现场验证测量对遥感提取的高程进行校核和修正。

（3）野外调查

在调查区进行全面调查之前，选择几条贯穿全区的路线，先行踏勘。路线最好要跨越河谷、山地，经过地貌类型多、第四纪沉积物出露条件好的地区。在初步踏勘的基础上，开展全面观测调查。由许多人分成若干组进行，按照适当的距离布置观测路线和观测点。在调查过程中，对所观察的地貌现象要及时地做详细记录，对典型的点和剖面要拍照、画素描，并收集所需要的标本和化石。

在野外调查中确定观测点时，一般要选择地貌上有意义的地点，地貌特征或地貌类型最典型、坡度明显转折的地方。如阶地、河漫滩、裂点、分水岭、悬崖等。观测点的密度要视地貌复杂程度而定，在地貌类型复杂的地区可多布置一些点，在地貌类型简单的地区，观察点可以少一些。

根据遥感提取的高程数据及野外填绘的图件（地貌图、剖面图、素描图等），制作岛陆地形矢量数据，编绘海岛二维地形图。

（4）无人机调查

利用无人机调查获取的影像数据及视频数据可以进行海岸带、海岛的监视监测。利用 DOM 快速拼接软件将影像数据进行正射校正及快速拼接，可获得监视区域的高分辨率正射图像。无人机拍摄的视频可同步回传，能够实现对监视区域的实时监控。长期观测数据还可以用于河口、海岛侵蚀、岸滩变迁等的监测。

利用多光谱传感器获取的全色或多光谱影像，基于不同地物的反射光谱曲线差异，可以进行海岸带、海岛地表覆盖类型的识别，即区分地表水体、植被、沙土、建筑物等信息。可进一步用于海岛规划实施情况的监测。

利用激光雷达传感器获取的点云数据，可以反演出树木的冠层高度等信息。将多光谱与激光雷达数据相结合，在利用光谱信息、纹理信息的同时，还可以利用高度信息，能够进行更精细的地表覆盖类型识别，如区分植被当中的乔木、灌木、草地等。利用长期的观测数据，还可以利用植被的季节性变化特征进行时序分析。

利用无人挂载单镜头高精度相机,进行航空摄影测量,生产数字线划图、数字栅格图、正射影像、数字高程模型。利用无人机挂载激光雷达对海岛、海岸带进行扫描,获取点云数据,数据经处理成正射影像图、数字地形图、数字高程模型,进而推算坡度、坡向等信息。

4.3 海岛植物物种登记方法研究

海岛植物物种登记方法研究及结果。包括海岛植物物种调查登记制度制定、海岛植物物种多样性保护制度研究、海岛植物物种登记技术指南等。

4.3.1 海岛植物物种调查登记制度制定

目前,我国尚未针对海岛植物物种调查登记建章立制,因此该领域相关制度还处于空白阶段。海岛植物物种调查登记与全国人口普查登记、经济普查登记、污染源普查登记等类似,是一种为满足国家相关部门管理需求而开展的对我国海岛植物的普查登记。因此,对海岛植物物种调查登记制度的研究,首先从对现有的人口普查、经济普查、污染源普查等普查制度的分析总结入手,然后借鉴现有普查制度的体式,制定海岛植物物种调查登记制度大纲,最后根据海岛植物物种调查登记的管理需求和应用需求,草拟一份《海岛植物物种调查登记制度》。

从《全国人口普查条例》《全国经济普查条例》和《全国污染源普查条例》中,全国人口、经济、污染源普查登记的共同特征在于:调查组织的高度集中性,它是国家统一组织的,按国家法定的普查方案协调进行的专门性调查;普查对象登记的全面完整性,要包括中国境内全部人口、单位或污染源;登记时点的标准性,要按照严格规定的同一标准时刻进行登记。全国人口、经济、污染源普查登记的差异在于:人口普查登记的直接性,登记方法为普查员入户查点询问、当场填报,而经济和污染源普查登记需将数据收集后经过标准方法处理后,登记入库。对于海岛植物物种调查登记,同样应该具有调查组织的高度集中性、普查对象登记的全面完整性和登记时点的标志性,而数据登记时,应当与经济和污染源普查类型,数据收集后经过标准方法处理后,登记入库。

根据海岛植物物种调查登记的实际管理和应用需求,借鉴《全国人口普查条例》等现有国家普查制度,制定海岛植物物种调查登记制度,主要包括以下内容。

(1)第一章 总则

根据我国现行普查登记条例的标准体式,海岛植物物种调查登记制度总则需阐述制度制定的目的和依据,海岛植物物种调查登记的目的,组织实施的原则,经费来源,普查频率和标准时点等。

本制度是为了科学、有效地组织实施全国海岛植物物种普查，保障海岛植物物种普查数据的准确性、完整性和及时性，根据《中华人民共和国统计法》和《中华人民共和国海岛保护法》制定的。

开展海岛植物物种调查登记的目的，是为了全面掌握我国海岛植物物种数量、群落规模、分布、生存环境情况，了解海岛优势物种生存情况，建立健全海岛植物物种调查数据库和信息统计平台，为制定海岛开发利用和环境保护政策、规划提供依据。

海岛植物物种调查工作按照全国统一领导、部门分工协作、地方分级负责、各方共同参与的原则组织实施。

海岛植物物种调查所需经费，由中央和地方各级人民政府共同负担，并列入相应年度的财政预算，按时拨付，确保足额到位。

考虑到植物物种分为一年生和多年生，因此将海岛植物物种调查频率规定为每5年进行1次，考虑到一年之中夏季是植物生长最旺盛的季节，因此将调查的标准时点定为调查年份的8月31日。

（2）第二章　海岛植物物种调查的对象、内容和方法

海岛植物物种调查的对象是中华人民共和国境内全部海岛上的植物。

基于本项目的海岛植物调查和海岛植物物种登记框架研究，海岛植物物种调查内容包括植物物种信息和植物生长环境信息。

植物物种信息包括海岛植物分布、植物功能性状、适生物种和珍稀濒危物种，其中海岛植物分布调查内容主要包括植物群落分布、群落结构、植被覆盖度、物种多样性指数、优势种等；植物功能性状调查内容包括物种名称、拉丁名、多度（或多优度–聚集度）、株高、基径、胸径、冠幅、枝性状、叶性状和根性状等；以及是否适生物种、是否珍稀濒危物种等。

植物生长环境包括海岛岛陆和潮间带，首先调查所在海岛的基础地理信息，内容包括海岛名称、地理位置、面积等；其次岛陆环境调查内容包括海岛气候（降雨、风、光照、雾）、土壤类型、岛陆水体（河流、湖泊）、地形要素（坡度、坡向、海拔）、开发利用现状等；潮间带环境调查内容包括浮游动物、浮游植物、底栖动物、潮间带生物的物种组成、密度及多样性，潮间带底质类型等。

海岛植物物种调查采用全岛调查的方法，必要时可以采用样方法或样线法。

（3）第三章　海岛植物物种调查的组织实施

本章需规定调查组织实施的最高组织领导部门和地方各级领导部门和实施机构，规定调查实施人员的上岗条件、劳动报酬和职责等。

全国海岛植物物种调查领导小组负责领导和协调全国海岛植物物种调查工作。

全国海岛植物物种调查领导小组办公室设在国家海洋主管部门，负责全国海岛植物物种调查日常工作。

县级以上地方人民政府海岛植物物种调查领导小组，按照全国海岛植物物种调查领导小组的统一规定和要求，领导和协调本行政区域的海岛植物物种调查工作。县级以上地方人民政府海岛植物物种调查领导小组办公室设在同级海洋主管部门，负责本行政区域的海岛植物物种调查日常工作。

县级以上地方人民政府海洋主管部门和其他有关部门，按照职责分工和海岛植物物种调查领导小组的统一要求，做好海岛植物物种调查相关工作。

全国海岛植物物种调查方案由全国海岛植物物种调查领导小组办公室拟定，经全国海岛植物物种调查领导小组审核同意，报国务院批准。全国海岛植物物种调查方案应当包括：普查的具体范围和内容、普查方法、普查的组织实施以及经费预算等。拟定全国海岛植物物种调查方案，应当充分听取有关部门和专家的意见。

全国海岛植物物种调查领导小组办公室根据全国海岛植物物种调查方案拟定海岛植物物种调查表，报国家统计局审定。省、自治区、直辖市人民政府海岛植物物种调查领导小组办公室，可以根据需要增设本行政区域海岛植物物种调查附表，报全国海岛植物物种调查领导小组办公室批准后使用。

在调查启动阶段，全国海岛植物物种调查领导小组办公室应当划分县级海岛调查区。

调查指导员和调查员可以从国家机关、社会团体、企业事业单位借调，也可以从村民委员会、居民委员会或者社会招聘。借调和招聘工作由县级人民政府负责。国家鼓励符合条件的公民作为志愿者参与海岛植物物种调查工作。借调的调查指导员和调查员的工资由原单位支付，其福利待遇保持不变，并保留其原有工作岗位。招聘的调查指导员和调查员的劳动报酬，在调查经费中予以安排，由聘用单位支付。调查机构应当对调查指导员和调查员进行业务培训，并对考核合格的人员颁发全国统一的调查指导员证或者调查员证。

调查人员应当严格执行全国海岛植物物种调查方案，不得伪造、篡改调查资料。调查人员执行调查任务，不得少于 2 人。调查人员应当依法直接访问调查对象，有权登陆调查区内的海岛。

（4）第四章　数据处理和质量控制

海岛植物物种调查领导小组办公室应当按照全国海岛植物物种调查方案和有关标准、技术要求进行数据处理，并按时上报调查数据。海岛植物物种调查领导小组办公室应当做好海岛植物物种调查数据备份和数据入库工作，建立健全海岛植物物种信息数据库，并加强日常管理和维护更新。

海岛植物物种调查领导小组办公室应当按照全国海岛植物物种调查方案，建立海岛植物物种调查数据质量控制岗位责任制，并对调查中的每个环节进行质量控制和检查验收。海岛植物物种调查数据不符合全国海岛植物物种调查方案或者有关标准、技术要求的，上一级海岛植物物种调查领导小组办公室可以要求下一级海岛植物物种调查领导小组办公室重新调查，确保调查数据的一致性、真实性和有效性。

全国海岛植物物种调查领导小组办公室统一组织对海岛植物物种调查数据的质量核查。核查结果作为评估全国或者各省、自治区、直辖市海岛植物物种调查数据质量的重要依据。

海岛植物物种调查数据的质量达不到规定要求的，有关海岛植物物种调查领导小组办公室应当在全国海岛植物物种调查领导小组办公室规定的时间内重新进行海岛植物物种调查。

（5）第五章　数据发布、资料管理和开发应用

全国海岛植物物种调查公报，根据全国海岛植物物种调查领导小组的决定发布。地方海岛植物物种调查公报，经上一级海岛植物物种调查领导小组办公室核准发布。

海岛植物物种调查领导小组办公室应当建立海岛植物物种调查资料档案管理制度。海岛植物物种调查资料档案的保管、调用和移交应当遵守国家有关档案管理规定。

全国海岛植物物种调查领导办公室负责建立海岛植物物种调查资料信息共享制度。海岛植物物种调查领导小组办公室应当在海岛植物物种信息数据库的基础上，建立海岛植物物种调查资料信息共享平台，促进调查成果的开发和应用。

（6）第六章　表彰和处罚

对在海岛植物物种调查工作中做出突出贡献的集体和个人，应当给予表彰和奖励。

地方、部门、单位的负责人有下列行为之一的，依法给予处分，并由县级以上人民政府统计机构予以通报批评；构成犯罪的，依法追究刑事责任：

①擅自修改海岛植物物种调查资料的；

②强令、授意海岛植物物种调查领导小组办公室、调查人员伪造或者篡改调查资料的；

③对拒绝、抵制伪造或者篡改调查资料的调查人员打击报复的。

调查人员不执行调查方案，伪造、篡改调查资料，损坏、转移、私藏珍稀濒危植物物种，或者破坏海岛植物生境，导致海岛植物物种多样性降低的，依法给予处分。

海岛植物物种调查领导小组办公室、调查人员泄露在调查中知悉的调查对象商

业秘密的，对直接负责的主管人员和其他直接责任人员依法给予处分；对调查对象造成损害的，应当依法承担民事责任。

4.3.2 海岛植物物种多样性保护制度研究

4.3.2.1 我国现有海岛植物物种多样性保护相关制度

《中华人民共和国海岛保护法》中将海岛分为有居民海岛、无居民海岛和特殊用途海岛。有居民海岛上往往是人工种植的植被，其植物物种多样性主要受人类活动影响。无居民海岛的植物物种多样性受海岛本身的自然环境条件影响，主要风险源来自风暴潮、岛体滑坡、崩塌等自然灾害，但无居民海岛经批准可以进行开发利用，因此也可能受到人类活动的影响。特殊用途海岛的植物物种多样性根据海岛用途或多或少受人类活动影响。因此，无论是有居民海岛、无居民海岛，还是特殊用途海岛，都需要有相关制度来进行海岛植物物种多样性保护。

我国自2010年3月1日起施行《中华人民共和国海岛保护法》，其中第十七条规定"国家保护海岛植被……"；第二十四条规定"……有居民海岛及其周边海域应当划定禁止开发、限制开发区域，并采取措施保护海岛生物栖息地，防止海岛植被退化和生物多样性降低"；第三十二条规定"经批准在可利用无居民海岛建造建筑物或者设施，应当按照可利用无居民海岛保护和利用规划限制建筑物、设施的建设总量、高度以及与海岸线的距离，使其与周围植被和景观相协调"。

在2012年4月19日，由国务院批准，国家海洋局正式公布实施了《全国海岛保护规划》（以下简称《规划》）。这是继《中华人民共和国海岛保护法》之后，我国在推进海岛事业发展方面的又一重大举措，对于保护海岛及其周边海域生态系统，合理开发利用海岛资源，维护国家海洋权益，促进海岛地区经济社会可持续发展具有重要意义。该规划是引导全社会保护和合理利用海岛资源的纲领性文件，是从事海岛保护、利用活动的依据。《规划》中指出我国海岛保护工作面临的困难和问题，其中第一个问题即指出"海岛生态破坏严重。炸岛炸礁、填海连岛、采石挖砂、乱围乱垦等活动大规模改变海岛地形、地貌，甚至造成部分海岛灭失；在海岛上倾倒垃圾和有害废物，采挖珊瑚礁，砍伐红树林，滥捕、滥采海岛珍稀生物资源等活动，致使海岛及其周边海域生物多样性降低，生态环境恶化。"也提出了到2020年底"海岛生态保护显著加强。在现有保护区的基础上，新建10个自然保护区、30个海洋特别保护区，对10%的海岛实施严格保护；重要的生态栖息地纳入保护范围，基本遏制植被退化、生物多样性降低的局面；选择10~20个典型生态受损的海岛进行生态修复试点，逐步推广海岛生态修复经验，至规划期末，基本修复重要生态受损海岛；……"的规划目标。在海岛分类保护方面，提出了以下海岛植物物种多样性保护的相关要求：

"推进海岛的保护区建设。对有代表性的自然生态系统、珍稀濒危野生动植物物种天然集中分布区、高度丰富的海洋生物多样性区域、重要自然遗迹分布区等具有特殊保护价值的海岛及其周边海域，依法设立海洋自然保护区。"

"有居民海岛应当保护海岛沙滩、植被、淡水、珍稀动植物及其栖息地，优化开发利用方式，改善海岛人居环境。"

"加强生态保护。保护海岛生态系统、生物物种、沙滩、植被、淡水、自然景观和历史遗迹等，维护海岛及其周边海域生态平衡；积极开展海岛生态资源调查，实施海岛生态修复工程，建立海岛生态保护评价体系，严格执行海岛保护规划……"

"严格保护海岛地形、地貌，加强水资源保护和水土保持，提高植被覆盖率……"

"合理利用周边海域空间资源，尽量减少对海岛地形、地貌和原生植被等自然风貌的破坏，减少对海岛岸线的占用；建设造成岛体裸露及生态破坏的，应当予以修复……"

"农林牧业生产应当节约用水，保护海岛植被，促进水源涵养；引入外来物种应当经过科学论证，防止引进有害物种造成生态灾害；严格保护珍稀野生动植物资源，维护生态平衡；严格限制建筑物和设施建设。"

"保护海岛植被、淡水、沙滩、自然岸线、自然景观和历史遗迹及周边海域的红树林、珊瑚礁和海草床等。"

《规划》中还提出了10项重点工程，其中一个是"海岛典型生态系统和物种多样性保护"，该重点工程的工作目标是加强海岛典型生态系统和物种多样性保护，维护海岛生态特性和基本功能，重点保护具有典型生态系统和珍稀濒危生物物种资源的海岛。

从《规划》中可以看出，海岛植物物种多样性保护的重要方式是建立海洋自然保护区。在海洋自然保护区建设方面，国家海洋局早在1995年5月29日即发布了《海洋自然保护区管理办法》（以下简称《办法》）。《办法》开篇即指出，"海洋自然保护区是国家为保护海洋环境和海洋资源而划出界限加以特殊保护的具有代表性的自然地带，是保护海洋生物多样性，防止海洋生态环境恶化的措施之一"。

此外，国务院1994年发布的《中华人民共和国自然保护区条例》和1997年发布的《中华人民共和国野生植物保护条例》虽然不是针对海岛，但是对海岛生物多样性保护同样具有法律效力和指导作用。

4.3.2.2 海洋自然保护区建设成效

《海洋自然保护区管理办法》指出，"加强海洋自然保护区建设是保护海洋生物多样性和防止海洋生态环境全面恶化的最有效途径之一"。我国目前已建成许多国家级和地方级海洋自然保护区，下面以上海市金山三岛海洋生态自然保护区为例说明海洋自然保护区建立在海岛动植物多样性保护中所起的作用。

我国于1993年6月5日成立了金山三岛海洋生态自然保护区，金山三岛海洋生态自然保护区是上海市所辖范围内第一个自然保护区。该保护区坐落在上海市金山区，位于杭州湾北岸，距离大陆最近处不足5 km，由核心区和缓冲区组成。

大金山岛是海洋保护区的核心区，距大陆金山嘴6.2 km。该岛平面形态略呈菱形，中部宽阔，西部狭窄，最长处963 m，最宽处437 m，海岸线长2 390 m，面积0.229 km²，主峰高103.4 m，是上海市最高和最大的基岩岛。该岛与小金山岛和浮山岛都曾是陆上的弧丘，后因海面上升、海岸侵蚀后退而孤立于大海中。中华人民共和国成立后，1958年因海防需要，大金山岛由部队进驻，并在上面修筑了营房、坑道等设施。在保护区成立前部队已撤离，相关职能部门在部队遗留营房的基础上改建了保护区管理用房。

小金山岛和浮山岛是保护区中的缓冲区。小金山岛距大陆金山嘴4.1 km，该岛地势平坦，呈西北—东南走向，最长处450 m，最宽处247 m，主峰高32.5 m，海岸线长1 010 m，面积0.036 km²。浮山岛位于大金山岛南630 m的海面上，海岛外廓呈椭圆状，山体浑圆无峰，整个山体形态似乌龟，俗称"乌龟山"，古代亦称"王盘山"。浮山岛全长约290 m，最宽处183 m，面积0.031 km²，海岸线长1 260 m，最高处高30.8 m。浮山岛曾为部队靶场，岛上无乔木和灌木，20多年前为茅草覆盖，保护区建立后，岛上自然演替悄然进行，如今植被已郁郁葱葱。

金山三岛都为基岩岛，因所处区域、地质地貌和外力作用，海蚀、滑坡、崩塌等地质灾害较为普遍。据初步估计，大金山岛北岸塌方已约达1×10^4 m³。大金山岛时有岛体塌方、山体滑坡等灾害发生，造成国家二级保护植物舟山新木姜子消失，导致天竺桂和红楠的大树减少，威胁着常春油麻藤和八角枫等物种。塌方导致岛体面积缩小，植被生境变小，威胁岛域植被物种多样性。

自金山三岛成立保护区后，各类生态环境、物种多样性得到了极大的保护。针对大金山岛岛体塌方的地质灾害，相关职能部门开展了生态整治修复工程，对危岩区进行了危岩清除，对部分山体喷射混凝土，对岩石层进行裂缝填充，并新建了柔性防护网（图4-6）。目前，保护区内自然环境优良、生物种类繁多、自然植被保存良好，是上海地区野生植物资源最丰富的地方。该区主要保护对象为典型的中亚热带自然植被类型树种，常绿、落叶阔叶混交林，昆虫及土壤有机物，野生珍稀植物树种，近江牡蛎等。

图 4-6　大金山岛危岩区整治修复工程

根据《金山国家级海洋公园选划论证报告》（2017 年），在保护区建立 20 多年来，常绿树种的数量逐步增多，情况正在好转。3 种国家重点保护植物（野生香樟、天竺桂、舟山新木姜子）和 63 种上海大陆绝迹的植物得以保存，其中舟山新木姜子由于岛体崩塌导致唯一的一株灭失，已经补种成活。岛上常绿树的主要成分天竺桂（*Cinnamomum japonicum*）、红楠（*Machilus thunbergii*）、青冈（*Cyclobalanopsis glauca*）、柃木（*Eurya japonica*），它们的小苗众多，幼树也不少，尤其在北坡，正在形成小群落。长势最好的是天竺桂，已经有不少 2~3 m 高的小树。假以时日，有望演替至理想的状况。大金山岛的苔藓植物十分丰富，这得益于金山岛保护良好的自然植被。

图 4-7　大金山岛植被覆盖现状

大金山岛处于中亚热带和北亚热带交界处,气候温和湿润,四季分明,岛上植物以常绿、落叶阔叶混交林(图4-7)。从20世纪80年代开始,人类活动逐渐减少,为大型真菌的生长提供了一个良好的生存环境。常见型的菌类总量和种类大概保持不变,而稀有型的菌类数量和种类在逐年增加,大型真菌的种类多样性在大金山岛上逐渐体现。大金山岛的大型真菌随着环境的变化资源越来越丰富,在采集到的25种大型真菌标本中,具有药用价值的有13种。

相较于1993年度,大金山岛鸟类物种具体种类变化较大,与2011年度调查相比,夏季鸟类变化不明显,秋季鸟类变化较大,有多样性增加趋势。可能原因在于,该岛植被的变化近年来相对稳定,因此夏季鸟类较为稳定,而秋季由于涉及人类干扰较少、候鸟迁徙、大金山岛植被丰富,造成鸟类物种有增加趋势。

4.3.3 海岛植物物种登记技术指南制定

目前,我国海岛植物物种调查登记不仅缺少配套制度,也缺少技术规范或标准,调查人员只能凭借自身经验开展调查工作,调查结果登记五花八门,难以整合。因此在海岛植物物种调查登记制度和多样性保护制度研究的基础上,为指导海岛植物物种调查登记工作,本项目开展了海岛植物物种登记技术研究,并编制了《海岛植物物种登记技术指南(报批稿)》(以下简称《登记指南》)。

4.3.3.1 登记指南制定依据

登记指南的制定依据是《中华人民共和国海岛保护法》(以下简称《海岛保护法》)、《全国海岛保护规划》和《全国海岛保护工作"十三五"规划》。

《中华人民共和国海岛保护法》第十四条规定,"国家建立完善海岛统计调查制度。国务院海洋主管部门会同有关部门拟定海岛综合统计调查计划,依法经批准后组织实施,并发布海岛统计调查公报"。第十五条规定,国家建立海岛管理信息系统,开展海岛自然资源的调查评估,对海岛的保护与利用等状况实施监视、监测。第十九条规定,国家开展海岛物种登记,依法保护和管理海岛生物物种。

《全国海岛保护规划》在2012年4月19日由国家海洋局正式公布实施,是我国海岛保护与管理工作的依据之一。《全国海岛保护规划》的重点工程"海岛典型生态系统和物种多样性保护"中提出"加强海岛典型生态系统和物种多样性保护,维护海岛生态特性和基本功能,重点保护具有典型生态系统和珍稀濒危生物物种资源的海岛。……开展海岛物种登记,防止外来物种入侵"。

依据《海岛保护法》和《全国海岛保护规划》,在"十二五"期间,我国首次完成了全国海岛地名普查,摸清了我国海岛数量;实施了远岸岛礁调查;建立了国家海岛数据库；建立并实施了海岛统计调查制度；基本建立了海岛保护规划体系。

《全国海岛保护工作"十三五"规划》主要任务之一"保护海岛生态系统"中提出，强化海岛生态空间保护，保护海岛生物多样性，分步开展海岛生态本底调查，摸清重点海岛生物多样性；开展海岛物种登记，建立物种数据库和重要物种基因库，构建海岛生物物种信息共享平台，发布我国海岛珍稀濒危和特色植物清单；重点工程之一"海岛生态本底调查与物种登记试点工程"提出，在"十二五"工作和本底调查基础上，全面收集有关海岛调查成果，按照统一标准进行整编和同化处理，形成数据集和数据库；……开展海岛自然区划示范和部分海岛植物物种登记。

4.3.3.2 登记指南制定原则

（1）以生态保护为导向，以地理信息为载体

海岛植物物种登记工作需与国家生态文明建设思想相统一，树立尊重自然、顺应自然、保护自然的生态文明理念，以生态保护为导向。同时以地理信息为载体，构建海岛植物物种信息地理大数据，提高数据的可用性和实用性，以便于进一步研究海岛植被型、群系和分布特征，进一步确定控制海岛植被分布的关键因子，构建植被型分布与气候关系模型。基于地理信息实现海岛、植物、人类三者之间的生态互联，更好地服务于生态保护与管理。

（2）兼顾植物自然属性与环境要素

海岛植物物种登记需遵循兼顾植物自然属性与环境要素的原则，登记内容应尽量全面，不仅包括植物本身的功能性状、群落组成等自然属性信息，还包括植物生长必需的日照、气温、降水、土壤等条件，植物生长所在地的地形地貌特征，乃至标志人类活动的土地利用现状等环境要素信息，但登记实施过程中需注意资料或数据的可获得性。

（3）逐级审核，保证质量

从登记成果标准化、正确性和科学性角度出发，登记成果应逐级审核，保证质量。海岛植物物种登记信息由登记部门或人员标准化处理并录入系统后，首先开展登记成果的自查工作。待自查通过后，提交质量管理部门或人员开展质量审查。依据自查或审查结论采取相应的后续措施。

4.3.3.3 物种登记框架研究

基于前两章的研究，梳理海岛调查中海岛植物物种及其生存环境的调查要素，分析确定纳入海岛植物物种登记信息系统框架的内容。

（1）海岛植物物种调查要素分析

针对海岛植物本身，调查内容包括海岛植物分布、植物功能性状、适生物种、珍稀濒危物种、入侵物种，其中海岛植物分布要素主要包括植物群落分布、群落结构、植被覆盖度、物种多样性指数、优势种等；植物功能性状要素包括物种名称、拉丁名、多度（或多优度-聚集度）、株高、基径、胸径、冠幅、枝性状、叶性状和根性状等；是否适生物种、是否珍稀濒危物种、是否入侵物种等；同时单独考虑海岛生态系统中较为特殊的红树林、海草床和盐沼植物，在一般植物功能性状之外，考虑红树林呼吸根和支柱根情况，海草床枝茎高度、密度和繁殖情况，盐沼植被带宽度等。

（2）海岛植物生存环境调查要素分析

从空间上划分，海岛植物的生存空间可分为海岛岛陆、潮间带和周边水体，各个空间的环境调查登记要素各有不同。首先海岛调查登记要素包括海岛名称、地理位置、面积、海岛气候（气温、降水、常风向等）、开发利用现状、自然灾害情况等；其次岛陆环境调查登记要素包括土壤类型、岛陆水资源、地形要素（坡度、坡向、海拔）等；潮间带和周边水体目前较难区分界线，因此统一登记水环境和沉积物环境，其中水环境包括水温、盐度、悬浮物、溶解氧、无机盐、活性磷酸盐、总有机碳等，沉积物环境包括高程、中值粒径、总有机碳、硫化物、总氮、总磷、氧化还原电位等。

（3）登记要素筛选

充分考虑海洋保护区选划、海岛使用论证、海洋倾倒区选划、海洋军事国防等活动的基础数据需求，以及交通、旅游、林业、渔业、能源、国防等部门的海岛开发、保护和管理的需求。从需求出发，参考相关的调查标准规范，筛选需纳入海岛植物物种登记框架的要素。

（4）登记信息系统框架研究

由于海岛植物物种登记不仅登记植物本身的要素，还需登记其生存环境的要素，而其生存环境是海岛岛陆、潮间带和周边水体"三位一体"的，因此研究一种基于地理信息系统（GIS）技术的在空间上覆盖海岛岛陆、潮间带和周边水体的"三位一体"的登记信息系统框架。登记信息系统框架在空间上由大到小分层次设计，分别是海岛层→环境层→植被层，详见图4-8。按照层级，首先以具体调查的海岛为第一层级，登记内容包括行政隶属、海岛分类、户籍人口和基础地理信息（位置、面积、高程、近岸距离、岸线长度等）；第二层级为环境层，登记内容为岛陆环境信息（土地利用现状、地形、底质类型、植被类型、植被覆盖度、气温、降水及风等）、潮间带调查结果（潮间带基本介绍、断面调查站位及调查数据等）、附近水体调查结果（调查站位信息、调查数据资料）；第三层级为植被层，登记内容包括群落（海岛群落信息、群落组成信息）、名录（海岛名称、科、属、种、拉丁学名、生长型等）、功能性状（比枝长、叶稠密度、胡伯尔值等）。

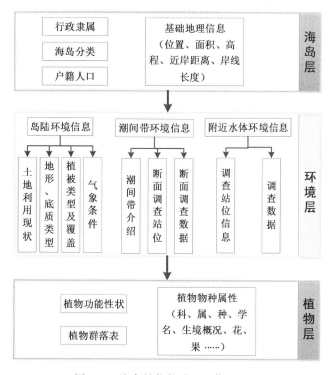

图 4-8　海岛植物物种登记信息框架

4.3.3.4　登记指南主要内容

登记指南主要内容包括：术语和定义、基础信息登记、登记信息数据库建设、数据入库及质量控制、信息更新等。其中基础信息登记明确了登记对象、内容、工作流程和成果形式。

登记指南制定的目的是，通过海岛植物物种调查登记，全面掌握我国海岛植物物种数量、群落规模、分布、生存环境情况，了解海岛优势物种生存情况，珍稀和濒危植物物种分布、健康状况以及致危因子，建立健全海岛植物物种信息登记系统，为制定海岛开发利用和海岛珍稀和濒危植物保护相关政策、规划提供依据，实现对海岛植物物种资源的有效管理和保护。

登记对象、内容的确定遵循"兼顾植物自然属性与环境要素"的原则，并且在登记内容中注意海岛地理位置、植物分布位置、样方位置等地理信息的采集，符合"以生态保护为导向，以地理信息为载体"的原则。海岛植物物种登记的对象包括海岛维管束植物及其生长环境。登记内容包括：①海岛的基本信息；②海岛植物的生长环境信息；③海岛植物信息。登记内容的具体要素设置遵循科学、必要、可获取的原则，并设计了相应的信息登记表。信息来源为全国范围内的海岛植物物种调查等。登记工作流程和各级成果形式详见登记指南。

登记信息数据库建设明确了数据库基本规定和数据库内容。数据库应具备数据导入、导出、格式转换、查询、统计、修改、删除等功能。针对前述登记内容，建立相应的登记信息数据库表，可包括但不限于：海岛基础信息数据表、潮间带及周边水体环境信息数据表、植物物种基本信息数据表、植物群落类型数据表、植物群落信息数据表、乔木层植物物种数据表、灌木层植物物种数据表、草本层植物物种数据表、红树林植物物种数据表、盐沼植物群落数据表、海草床植物群落数据表、入侵植物种群信息数据表、珍稀和濒危植物种群信息数据表、植物功能性状数据表。

数据入库及质量控制规定海岛植物物种数据入库和日常管理宜由专人负责，规定相关资料、数据的备份和保存方式，登记成果在时效性、可靠性、合理性、标准化4个方面的质量控制要求。

信息更新主要规定了不同登记信息的更新频率。

4.4 小结

通过对海岛植被调查方案及植物物种登记方法进行研究，分析总结如下。

（1）海岛多存在山地、沙滩等特殊地形，通过样线法开展资源调查时，会因山谷或陡坡的阻挡无法严格按照理论样线进行直线式行走。因此可在理论样线附近布设实际样线进行调查，并借助GPS的轨迹记录功能精确记录实际样线长度。利用样线法得到的数据结果显示，一定长度的样线即可满足物种统计的要求，当样线增加到一定长度时，所观测到的物种数能达到物种总数的80%以上。实际沿样线进行调查过程中，在累计物种数趋于稳定后，剩余样线长度可按照踏查方法粗略查看，在植被生境发生较大变化时，可重新开始样线。

（2）海岛山地一般属于低山丘陵，海拔不高，山脊线两侧坡面的植被类型受气候影响程度较陆地山地较小，因此沿坡面两侧一定宽度的样线调查，能同时兼顾山体两侧的植被信息。对于山脊不明显的海岛山体，沿山体两侧的环形样线能够最全面地反映植被组成；而对于山脊较长，较为明显的山体，除了沿山体两侧的环形样线外，山脊样线对调查结果起到了很好的补充作用；此外，由于沙滩是不同于山地的一种海岛特殊土地类型，可能分布着特有的草本植物，在进行海岛调查时，必须要沿海岛沙滩分布设置样线。

（3）对于海岛上出现的每一种群落类型，应设置样地进行调查，森林群落的最小样方面积为森林不小于 100 m², 建议值为 10 m×10 m ~ 20 m×20 m 的样方, 灌木样方为不小于 25 m², 建议值为 5 m×5 m ~ 6 m×6 m, 草本样方为 2.25 m², 建议值为 1 m×1 m ~ 2 m×2 m; 与一般陆地森林群落调查取样面积 (森林群落面积要求达到 20 m×20 m, 灌丛群落面积达到 10 m×10 m 或 5 m×5 m, 阜地群落面积达到 1 m× 1 m) 基本相似。每个样地应设置 3~5 个重复。

（4）针对我国在海岛植物物种登记领域相关标准规范的空白, 研究制定了《海岛植物物种登记技术指南》（报批稿）, 规范了海岛植物物种登记的登记对象、内容、工作流程、成果形式, 以及数据库建设、数据入库及质量控制、信息更新等内容, 可为海岛植物物种登记工作提供技术参考, 有利于摸清海岛植被资源"家底", 进行统一管理和科学保护。

第5章 海岛生态综合评价方法研究

5.1 海岛生态综合评价理论体系研究

5.1.1 生态系统健康评价

"健康"的概念最早源于医学，表征人体及生物体的状况。20世纪40年代初，"健康"一词由医学引入自然生态学系统研究领域，并逐渐衍生出"自然健康"和"土地健康"等涉及自然系统健康的概念，但均未有明确的定义。直到20世纪80年代末，在全球环境日益恶化、生态系统普遍退化的大背景下，"生态系统健康"这一概念被提出。加拿大生态学教授David Rapport（1989）首次提出了生态系统健康的内涵，他认为：生态系统健康是指一个生态系统所具有的稳定性和可持续性，即在时间上具有维持其组织结构、自我调节和对胁迫的恢复能力。Costanza（1992）把生态系统健康的概念完整归纳为：健康是生态内稳定现象；健康是没有疾病；健康是多样性或复杂性；健康是稳定性或可恢复性；健康是具有活力或增长的空间；健康是系统要素间的平衡。我国学者肖风劲和欧阳华（2002）在总结前人经验的基础上，对生态系统健康归纳了7个特征：①不受对生态系统有严重危害的生态系统胁迫综合征的影响；②具有恢复力，能从自然的或人为的正常干扰中恢复过来；③在没有或几乎没有投入的情况下，具有自我维持能力；④不影响相邻系统，也就是说，健康的生态系统不会对别的系统造成压力；⑤不受风险因素的影响；⑥在经济上可行；⑦维持人类和其他有机群落的健康。

借鉴生态系统健康的概念，海岛生态系统健康侧重指海岛生态系统内部的自然健康状态，强调结构的完整性、功能的稳定性以及系统的维持性。海岛生态系统健康评价的主要方法有指示物种法和指标体系法。本研究认为指标体系法综合了多项指标来反映生态系统的过程，从生态系统的结构、功能演替过程、生态服务和产品服务的角度来度量生态系统健康，强调了生态系统提供人类的服务，及其与区域环境的演变关系。因此，本研究采用指标体系法开展海岛生态系统健康评价研究。

5.1.2 生态风险评价

生态风险评价是随着经济高速发展，引发一系列的环境危机的条件下产生，并且越来越受到人们的重视。1992 年，美国国家环保局（Environmental Protection Agency，EPA）对生态风险评价进行了定义："对由于一种或多种应力（物理、化学和生物应力等）接触的结果而发生的或正在发生的负面生态影响概率的评价过程"（EPA，1992）。相关国家都在风险评价领域开展了一系列的工作表明，生态风险是在生态系统中，由于一种或多种应力（物理、化学以及生物应力等）作用而导致某些负面生态效应发生的可能性。随着人类经济和社会的发展，人类活动越来越多地影响了海洋生态系统，造成海洋生物的栖息地丧失、破碎化及物种种群数量下降，生态风险评价越来越多地被运用在评估人类活动对海洋生态及海洋生物的影响，特别是人类活动对近岸海域生态系统的影响。

生态风险有两个基本特征：其一，发生的不确定性；其二，造成后果的危害性。不确定性是针对风险因子的随机性、累积作用以及协同作用情况而言；危害性是针对风险因子给生态系统造成的长期的、甚至不可恢复的损害以及由此产生的对人类和其他生物生存质量的影响而言。基本的生态风险评估概念模型为：$R = f(P, C)$，其中，R 为风险指数，P 和 C 分别为风险发生的概率和造成的后果。

总体来看，生态风险评价可以分为 3 个等级的评估，第一级别是定性分析，主要用于威胁因子识别；第二级别是半定量分析，主要是在有一些科学数据基础上开展的分析；第三级别是定量分析，对数据要求较高。本研究中的海岛生态风险评价隶属于生态系统尺度的风险评价，拟借鉴美国国家环保局提出的风险评价框架，针对海岛生态系统的特点和海岛生态评价的需求进行改进和简化，兼顾评价数据的可获得性，通过第一级别和第二级别的生态风险评价得到海岛生态系统的风险等级，从而提出一套具有实用性的海岛生态风险评价指标体系和模型方法，用于判断海岛生态风险的大小和分布。

5.2 海岛植被现状评价

5.2.1 指标体系

基于海岛植被现状的调查基础，在植被物种和生态系统等不同尺度上筛选出具有代表性的指标，构建的指标体系具体见表 5-1，进而开展海岛植被的现状评价，并分析受损海岛植被的主要影响因素。

表 5-1 海岛植被现状评价指标体系

目标层 A	准则层 B	指标层 C	指标说明
海岛植被现状	形态结构 B$_1$	群落结构（C$_1$）	反映植被（草本、灌木、乔木）的结构层次
		覆盖度（C$_2$）	反映植被面积占比
		物种多样性指数（C$_3$）	反映植被多样性的程度
		自然度（C$_4$）	反映植被质量和生态状况
		特有植物物种重要值*（C$_5$）	反映海岛独立环境会出现特有种
	可持续性 B$_2$	天然更新等级（C$_6$）	反映植被自然更新能力
		土层厚度等级（C$_7$）	反映植被根系生长环境
		腐殖质层厚度*（C$_8$）	反映土壤肥力
		植物耐盐碱能力*（C$_9$）	反映植被对海岛盐碱土壤的适应能力
		平均降水量（C$_{10}$）	反映海岛植被水分来源
		植物抗风能力（C$_{11}$）	反映植被对海岛大风环境的适应能力
	干扰性 B$_3$	入侵物种危害（C$_{12}$）	反映入侵物种的危害程度
		病虫害（C$_{13}$）	反映植被受到病虫害影响程度
		土壤盐度（C$_{14}$）	反映海岛土壤盐碱化程度
		年平均大风指数（C$_{15}$）	反映海岛大风灾害影响程度

注：* 为可选指标。

5.2.2 指标计算

5.2.2.1 植被群落结构

植被群落结构根据植物结构层次划分为 5 个等级，具体等级为：

Ⅰ级：单一的草本地被植物；

Ⅱ级：群落层次简单，只有一到两层，各层中类型单一；

Ⅲ级：群落层次丰富度一般，至少有两层，但各层中类型较单一；

Ⅳ级：群落层次丰富，属于乔灌草式复层结构，各层中的类型较多样；

Ⅴ级：群落层次非常丰富，属于乔灌草式复层结构，各层由丰富多样的类型构成。

5.2.2.2 自然度

自然度根据植被受干扰程度和保持原始状态的情况划分为 4 级，具体等级为：

Ⅰ级：人为干扰很大，演替逆行处于极为残次的次生植被阶段或天然植被几乎破坏殆尽，难以恢复的逆行演替后期；

Ⅱ级：人为干扰较大，植被处于后期的次生群落；

Ⅲ级：有明显人为干扰的天然植被或处于演替中期次生群落；

Ⅳ级：原始或受人为干扰影响很小而处于基本原始的植被。

5.2.2.3 特有物种植物重要值

特有物种植物重要值（IV）计算方法如下：

$$IV = \frac{RA + RF + RD}{3} \tag{5-1}$$

式中：RA 为特有种多度，RA＝特有物种株数/所有物种总株数；RF 为特有相对频度，RF＝特有物种频度/所有物种的频度；RD 为特有种相对优势度，RD＝特有物种的胸高断面积/所有物种的胸高断面积。

5.2.2.4 土层厚度

土层厚度根据土壤的表土层（A 层）和心土层（B 层）厚度确定，具体土壤厚度等级划分如表 5-2 所示。

表 5-2 土壤厚度等级划分

厚度级	（A 层+B 层厚度）/cm	
	亚热带	暖温带、温带、寒温带
厚层土	>80	>60
中层土	40~79	30~59
薄层土	<40	<30

5.2.2.5 植物耐盐碱能力

植物耐盐碱能力划分为 4 个等级：

Ⅰ级：敏感，当土壤盐分小于 2.5 时，叶片未出现或很少出现盐害症状；

Ⅱ级：中等敏感，当土壤盐分为 2.5~4.5 时，叶片未出现或很少出现盐害症状；

Ⅲ级：中等耐盐，当土壤盐分为 4.5~8 时，叶片未见任何盐害症状；

Ⅳ级：耐盐，当土壤盐分大于 8 时，叶片未见任何盐害症状。

5.2.2.6 年平均大风指数

年平均大风指数（F_W）计算方法如下：

$$F_W = \frac{D_W}{365} \qquad (5-2)$$

式中：D_W 为风力大于 8 级的年平均日数。

5.2.2.7 定量指标赋值

采用定性和定量相结合的方法对评价指标进行计算，各项具体指标的具体计算方法以及其他无法定量计算的评价指标根据实际调查的数据进行分级（表5-3）。根据各评价指标分级情况，进行赋值，并采用隶属函数法进行标准化计算。

$$I = \frac{F_{\max} - F_{\min}}{B_{\max} - B_{\min}}(X - B_{\min}) + F_{\min}（参考标准与对应分值呈正向变化） \quad (5-3)$$

$$I = F_{\max} - \frac{F_{\max} - F_{\min}}{B_{\max} - B_{\min}}(X - B_{\min})（参考标准与对应分值呈反向变化） \quad (5-4)$$

式中：I 为评价因子的分值；X 为评价因子量值；$B_{\max}$ 和 $B_{\min}$ 分别为因子参考标准的最大值和最小值；$F_{\max}$ 和 $F_{\min}$ 分别为参考标准对应分值的最大值和最小值。

表5-3 海岛植被现状评价因子的分级标准与赋值

指标	级别 I	II	III	IV	V	依据
群落结构	单一草本	简单	一般	丰富	非常丰富	1
覆盖度/%	[0, 20)	[20, 40)	[40, 60)	[60, 80)	[80, 100]	1
物种多样性指数	[0, 0.2)	[0.2, 0.4)	[0.4, 0.6)	[0.6, 0.8)	[0.8, 1]	2
自然度	干扰很大难以恢复	干扰较大次生群落	受干扰的天然植被	原始或受人为影响小处于基本原始的植被		1
特有物种重要值	[0, 0.2)	[0.2, 0.4)	[0.4, 0.6)	[0.6, 0.8)	[0.8, 1]	2
天然更新等级/（株/hm²）	[0, 500)	[500, 2 500)		[2 500, +∞)		2
土层厚度等级	薄层土	中层土		厚层土		2
腐殖质层厚度/cm	[0, 2)	[2, 5)		[5, +∞)		2
植物耐盐碱能力	敏感	中等敏感	中等耐盐	耐盐		3
平均年降水量/mm	[0, 100)	[100, 200)	[200, 400)	[400, 750)	[750, +∞)	
抗风能力	倒伏率高	倒伏率较低，断梢倾斜严重	倒伏少、断梢、倾斜一般	没有倒伏		
入侵物种危害	严重且普遍发生	严重，但危害范围较小	较轻，但危害范围较大	较轻，且危害范围较小	基本不发生危害	4
病虫害	严重且普遍发生	严重，但危害范围较小	较轻，但危害范围较大	较轻，且危害范围较小	基本不发生危害	
土壤盐分	[8, +∞)	[4.5, 8)	[2.5, 4.5)	[1, 2.5)	[0, 1)	
年平均大风指数	[0.8, 1]	[0.6, 0.8)	[0.4, 0.6)	[0.2, 0.4)	[0, 0.2)	
赋值	[0, 20)	[20, 40)	[40, 60)	[60, 80)	[80, 100]	

1. 森林植被状况监测技术规范；2. 森林资源规划设计调查技术规定；3. 王文卿和陈琼, 2013；4. 赵小雷等, 2014。

5.2.3 指标权重

本研究采用了专家咨询法的主观赋权法来确定各项指标权重，最终确定了各层及各项指标的权重，具体见表5-4。

表5-4 海岛植被现状准则层、指标层及其权重

准则层	权重	指标层	权重
结构形态 B_1	0.4	群落结构 C_1	0.20
		覆盖度 C_2	0.20
		物种多样性指数 C_3	0.20
		自然度 C_4	0.20
		特有植物物种重要值 C_5	0.20
可持续性 B_2	0.3	天然更新等级 C_6	0.17
		土层厚度等级 C_7	0.17
		腐殖质层厚度 C_8	0.16
		植物耐盐碱能力 C_9	0.16
		平均降水量 C_{10}	0.17
		植物抗风能力 C_{11}	0.17
干扰性 B_3	0.3	入侵物种危害 C_{12}	0.25
		病虫害指数 C_{13}	0.25
		土壤盐度 C_{14}	0.25
		年平均大风指数 C_{15}	0.25

5.2.4 综合指数

海岛不同类型植被现状评价结果由综合指数值（S）反映，计算公式为

$$S = W_{str}I_{str} + W_{sust}I_{sust} + W_{int}I_{int} \qquad (5-5)$$

式中：I_{str} 为结构形态指数；I_{sust} 为可持续性指数；I_{int} 为干扰性指数；W_{str} 为结构形态权重；W_{sust} 为可持续性权重；W_{int} 为干扰性权重。

结构形态指数 I_{str} 计算公式为

$$I_{str} = \sum_{i=1}^{n=5} W_i I_i \qquad (5-6)$$

式中：I_i 分别为群落结构、覆盖度、物种多样性指数、自然度和特有物种重要值 5 项指标的分值；W_i 为各指标权重。

可持续性指数 I_{sust} 计算公式为

$$I_{susst} = \sum_{i=1}^{n=6} W_i I_i \qquad (5-7)$$

式中：I_i 分别为天然更新等级、土层厚度等级、腐殖质层厚度、耐盐碱能力、平均降水量和抗风能力 6 项指标的分值；W_i 为各指标权重。

干扰性指数 I_{int} 计算公式为

$$I_{int} = \sum_{i=1}^{n=4} W_i I_i \qquad (5-8)$$

式中：I_i 为入侵物种危害、病虫害指数、土壤盐度和年平均大风日数 4 项指标的分值；W_i 为各指标权重。

采用极差标准化的方法，将海岛植被综合指数值转化为等级值，建立评判集与标准化值的概念关联。采用等间距法将海岛植被综合指数值划分为 5 个等级，将 0~100 的连续尺度之间隔 20 由小到大分为 5 级：0~20，20~40，40~60，60~80 和 80~100，分别对应于植被现状处于很差、差、中、良、优 5 种状态，由此确定待评价海岛植被处于何种状态，具体见表 5-5。

表 5-5　海岛植被状态分级

级别	对应分值	植被状态描述
优	[80，100]	植被未受损，植被覆盖率高，群落结构组成与结构稳定；更新能力强，可持续性强；无明显外部压力干扰
良	[60，80)	植被轻微受损，植被覆盖率较高，群落结构组成与结构稳定基本稳定；更新能力较强，可持续性较强；受到轻微外部压力干扰
中	[40，60)	植被一定程度受损，植被覆盖率一般，群落结构组成与结构发生一定程度改变；更新能力不强，可持续性一般；受到一定程度的外部压力干扰
差	[20，40)	植被较重程度受损，植被覆盖率低，群落结构组成与结构发生较大程度改变；更新能力弱，可持续性差；受到较大程度的外部压力干扰
很差	[0，20)	植被严重受损，植被覆盖率很低，群落结构组成与结构不稳定；更新能力很弱，可持续性很差；受到严重的外部压力干扰

5.3 海岛生态系统健康评价

5.3.1 指标体系

本研究基于海岛生态系统概念，遵循可获取性、代表性和综合性原则，从环境质量、生物生态和景观生态 3 个大方面构建了完整的指标体系，共包含 19 个二级指标和若干个三级指标，具体见表 5-6。

表 5-6　海岛生态系统健康评价指标体系

一级指标	二级指标		三级指标	单位	表征意义
环境质量	岛陆环境质量	土壤质地	砂质土、黏质土、壤质土	无量纲	可反映岛陆土方肥力
		土壤环境质量	pH 值、电导率、有机质、重金属等	mg/kg	可反映岛陆土壤环境质量和污染状况
		地表水环境质量	溶解氧、化学需氧量、氨氮、总磷、总氮、石油类和重金属等	mg/L	可反映岛陆地表水环境质量和污染状况
	潮间带环境质量	沉积物环境质量	有机碳、硫化物、石油类、和重金属等	mg/kg	可反映潮间带沉积物环境质量和污染状况
		海洋生物（贝类）质量	粪大肠菌群、石油烃、麻痹性贝毒和重金属等	mg/kg	可反映潮间带生物环境质量和污染状况
	近海环境质量	海水环境质量	溶解氧、化学需氧量、无机氮、活性磷酸盐、石油类、六六六、滴滴涕、重金属和透明度	mg/L	可反映海域水环境质量和污染状况
		水体富营养化	化学需氧量、无机氮、活性磷酸盐	无量纲	可反映海域水环境富营养状况

一级指标	二级指标	三级指标	单位	表征意义
生物生态	岛陆生物生态	植被覆盖率	植被类型、分布面积	%	可反映岛陆植被分布覆盖状况
		野生维管束植物丰富度	种类数	种	可反映岛陆植物种类数和多样性
		野生动物丰富度	种类数	种	可反映岛陆动物种类数和多样性
	潮间带生物生态	底栖生物多样性指数	种类数、生物量	无量纲	可反映潮间带底栖生物群落及其栖息环境状况
		典型生境（珊瑚礁、红树林或海草床）	种类、面积、覆盖度、面积或覆盖度变化率	%	可反映典型生态系统状况
	近海生物生态	叶绿素 a	含量	mg/m³	可反映水体中初级生产力以及浮游植物生物量
		大型底栖生物多样性指数	种类数、生物量	无量纲	可反映近海底栖生物群落及其栖息环境状况
		游泳生物多样性指数	种类数、生物量	无量纲	可反映近海游泳生物群落及其栖息环境状况
	通用指标	入侵物种	危害面积及程度	无量纲	可反映本地种和生物多样性受侵扰程度
		珍稀濒危物种（或关键物种）	种类及数量变化	%	可反映物种在生态系统中的关键地位和特殊生态价值
景观生态	景观结构	自然性	景观类型比例指数	%	可反映人类活动对生态景观的侵扰程度
		破碎度	斑块密度、破碎化指数	无量纲	可反映人类活动对景观的干扰程度

5.3.2 指标计算

5.3.2.1 环境质量方面

环境质量方面评价可采用单因子评价法和综合评价法相结合的方法，其中：

单因子评价法采用公式（5-9）计算：

$$P_i = \frac{C_i}{S_i} \tag{5-9}$$

式中：P_i 为环境质量指数；C_i 为 i 因子在环境中的浓度值；S_i 为 i 因子的环境质量标准值。

环境质量综合指数评价法（以海水水质为例）采用公式（5-10）计算：

$$WQI = \frac{1}{n} \sum_{i=1}^{n} P_i \qquad (5-10)$$

式中：WQI 为环境质量综合指数；P_i 为第 i 种因子的单因子环境质量指数；n 为所有参评的海水水质因子的项数。

富营养化指数采用公式（5-11）计算：

$$EI = \frac{COD \times DIN \times DIP}{1\,500} \qquad (5-11)$$

式中：EI 为富营养化指数；COD 为海水中化学需氧量含量（mg/L）；DIN 为海水中无机氮含量（mg/L）；DIP 为海水中活性磷酸盐含量（mg/L）。

5.3.2.2 生物生态方面

植被覆盖率采用公式（5-12）计算：

$$C = S/TS \times 100 \qquad (5-12)$$

式中：C 为植被覆盖率；S 为所有植被类型分布的面积之和；TS 为评价区域的土地面积。

海洋生物多样性指数采用公式（5-13）计算：

$$H' = - \sum_{i=1}^{s} (w_i/w) \log_2 (w_i/w) \qquad (5-13)$$

式中：H' 为多样性指数；S 为样本种数；w_i 为第 i 种的生物量；w 为样本总生物量。

5.3.2.3 景观生态方面

自然性采用公式（5-14）计算：

$$P(\%) = A/TA \times 100 \qquad (5-14)$$

式中：P 为景观自然构成比例；A 为自然景观类型的总面积；TA 为景观总面积。

破碎度指数采用公式（5-15）计算：

$$FN = (n_i - 1)/A_i \qquad (5-15)$$

式中：FN 为景观破碎化指数；n_i 为 i 类斑块的数量；A_i 为 i 类斑块的面积。

5.3.3 指标权重

为科学地制定各项指标的评价标准，在尽可能多地参考已正式颁布实行的国家、行业和地方标准以及国内外学者的相关研究成果的基础上，制定出适宜海岛生态系统健康评价的相关标准。各项指标的具体评价标准可参考马志远等（2017）编著的《中国海岛生态系统评价》一书中的第三章相关内容。

不同评价指标对目标层的贡献大小不一，这种评价指标对被评价对象影响程度的大小，称为评价指标的权重，它反映了各评价指标属性值的差异程度和可靠程度。本研究采用专家咨询法的主观赋权法定权，研究期间向全国多位生态学领域的专家发放了"海岛生态系统健康评价指标权重"调查问卷，通过对专家的打分结果进行统计分析，得到一级指标和二级指标的权重值，三级指标采用等权重，即同级指标下的所有参评要素被认为对目标层的贡献大小一致，具体权重分配见表5-7。

表 5-7 海岛生态系统健康评价一级指标和二级指标权重分配

一级指标	权重	二级指标	权重
环境质量	0.34	岛陆土壤质地	0.18
		岛陆土壤环境质量	
		岛陆地表水环境质量	0.22
		潮间带沉积物环境质量	0.15
		海洋生物（贝类）生物质量	0.19
		近海海域水环境质量	0.26
		水体富营养化	
生物生态	0.42	植被覆盖率	0.25
		野生维管束植物丰富度	
		野生动物丰富度	
		潮间带生物多样性指数	0.22
		叶绿素 a	0.19
		大型底栖生物多样性指数	
		游泳生物多样性指数	
		入侵物种	0.19
		典型生境（珊瑚礁、红树林或海草床）	0.15
		珍稀濒危物种（或关键物种）	
景观生态	0.24	自然性	0.81
		破碎度	0.19

5.3.4 健康指数

为了更加直观地评价海岛生态系统健康状况，本研究引入海岛生态系统健康指数（IEHI）概念，辅助表征海岛生态系统状况是否健康，生态系统健康指数 IEHI 采用公式（5-16）计算：

$$IEHI = W_{env}I_{env} + W_{bio}I_{bio} + W_{land}I_{land} \qquad (5-16)$$

式中：IEHI 为海岛生态系统健康指数；I_{env} 为环境质量指数；I_{bio} 为生物生态指数；I_{land} 为景观生态指数；W_{env} 为环境质量权重；W_{bio} 为生物生态权重；W_{land} 为景观生态权重。

环境质量指数 I_{env} 采用（5-17）式计算：

$$I_{env} = \sum_{i=1}^{n=7} W_i I_i \qquad (5-17)$$

式中：I_{env} 为环境质量指数；I_i 分别为土壤质地、土壤环境质量、地表水环境质量、潮间带沉积物环境质量、潮间带生物质量、海水环境质量和水体富营养化 7 项指标的分值；W_i 为各指标权重。

生物生态指数 I_{bio} 采用（5-18）式计算：

$$I_{bio} = \sum_{i=1}^{n=10} W_i I_i \qquad (5-18)$$

式中：I_{bio} 为生物生态指数；I_i 分别为植被覆盖率、野生维管束植物丰富度、野生动物丰富度、底栖生物多样性指数、典型生境（珊瑚礁、红树林或海草床）、叶绿素 a、大型底栖生物多样性指数、游泳生物多样性指数、入侵物种和珍稀濒危物种（或关键物种）10 项指标的分值；W_i 为各指标权重。

景观生态指数 I_{land} 采用（5-19）式计算：

$$I_{land} = \sum_{i=1}^{n=2} W_i I_i \qquad (5-19)$$

式中：I_{land} 为景观生态指数；I_i 为景观自然性和破碎度 2 项指标的分值；W_i 为各指标权重。

采用等间距法将海岛生态系统健康状况指数划分为 5 个等级，将 0～100 的连续尺度之间隔 20 由小到大分为 5 级：即 0～20、20～40、40～60、60～80 和 80～100，分别对应于生态系统处于病态、不健康、亚健康、健康、很健康 5 种状态，由此确定待评价海岛生态系统健康状况处于何种状态，海岛生态系统健康状态分级具体见表 5-8。

表 5-8　海岛生态系统健康状态分级

级别	对应分值	生态系统健康状态描述
很健康	$IEHI$ 为 [80，100]	环境质量优越，基本未受到污染；生物多样性高，生物群落的组成与结构稳定，特有种或关键种保育情况良好；景观自然性高，景观格局结构与功能稳定；生态系统健康，服务功能可持续发挥
健康	$IEHI$ 为 [60，80)	环境质量较好，受到轻微污染；生物多样性较高，生物群落的组成与结构基本稳定，特有种或关键种保育情况较好；景观自然性较高，景观格局结构与功能较稳定；海岛受到轻微程度的外部压力干扰，生态系统较健康，服务功能正常发挥
亚健康	$IEHI$ 为 [40，60)	环境质量中等，已受到了一定程度的污染；生物多样性一般，生物群落的组成与结构发生了一定程度的改变，特有种或关键种种密度有一定幅度的减小；景观自然性中等，景观格局结构与功能发生了一定程度的改变；海岛受到一定程度的外部压力干扰，生态系统亚健康，服务功能尚正常发挥
不健康	$IEHI$ 为 [20，40)	环境质量较差，已受到了较重程度的污染；生物多样性较低，生物群落的组成与结构发生了较大程度的改变，特有种或关键种种群密度较大幅度的减小；景观自然性较低，景观格局结构与功能发生了较大程度的改变；海岛受到较大程度的外部压力干扰，生态系统不健康，服务功能发挥受限
病态	$IEHI$ 为 [0，20)	环境质量恶劣，已受到了严重的污染；生物多样性很低，生物群落的组成与结构不稳定，特有种或关键种急剧减少或濒临灭绝；景观自然性较低，景观格局结构与功能不稳定；海岛受到严重的外部压力干扰，生态系统极不健康，且在短期内难以恢复，服务功能严重退化或丧失

5.4　海岛生态风险评价

5.4.1　单元分区

5.4.1.1　海岛生态系统分区

根据地域范围、生态环境特征、由生态环境不同引起的生物群落差异性等因素，将海岛生态系统分为 3 个子系统，即岛陆生态系统、潮间带生态系统以及近海海域生态系统。

岛陆生态系统指海岛的陆地区域，范围以海岛海域的高潮线为分界线向陆一侧，具备陆地生态系统特点。

潮间带生态系统指海岛多年平均高潮线和多年平均低潮线之间的区域。潮间带是一个特殊的生态环境区域，处于海陆交汇地带，兼有海洋生态系统和陆地生态系统的特点，具有其独特的结构和功能，是近海与陆地生态系统物质交换的联结纽带。由于受海洋潮汐作用，潮间带生态系统长期交替的暴露于空气和淹没于海水之中，其生态系统既受岛陆生态环境因子的影响，又受近海水文规律的支配。

近海海域生态系统指位于海岛潮间带多年平均低潮线与外海之间的海域，其向海域延伸的范围可以依据研究需要来确定。参考我国 20 世纪 90 年代初的全国海岛资源综合调查研究成果，海岛近海海域的范围从多年平均低潮线至 20～30 m 等深线。海岛近海海域光照充足、温度适宜、海底构成复杂，再加上陆地营养物质输运以及波浪和潮汐作用的影响，形成了营养盐充足、初级生产力高、海洋生物物种丰富的生态特征，是海岛生态系统最活跃的区域。

5.4.1.2 生态风险评价分区

海岛生态系统可分为岛陆生态系统、潮间带生态系统和近海海域生态系统 3 个子系统。在《海岛海岸带卫星遥感调查技术规程》（国家海洋局 908 专项办公室，2005）中植被分类系统的基础上，结合海岛植物物种多样性保护的研究需要，将海岛植被类型划分为落叶阔叶林、落叶灌丛、草丛、农田、沼生水生植被 5 大类型植被；对海岛非植被区，根据土地利用特征，则将其划分为城乡建设地和裸露地两大类型；依据欧洲海岸带系统项目（CSE）、彭本荣的近海生态系统分类体系（Wilson et al.，2005；彭本荣，2005），结合本研究需要将潮间带生态系统和近海海域生态系统分为海草床、珊瑚礁、红树林、近海海洋、岸滩 5 大类型，具体见表 5-9。在海岛生态系统单元分区识别过程中，类型划分如有重叠，则以保证主导类型的生态独特性和完整性作为分区划界依据，对重叠区域进行合并。

表 5-9　海岛生态系统单元分区类型划分

序号	子系统	海岛单元分区
1		落叶阔叶林
2		落叶灌丛
3		草丛
4	岛陆生态系统	农田
5		沼生水生植被
6		城乡建设地
7		裸露地

序号	子系统	海岛单元分区
8	潮间带生态系统、近海海域生态系统	海草床
9		珊瑚礁
10		红树林
11		近海海洋
12		岸滩

5.4.2 风险识别

海岛所面临的风险源发生是多元的，既包括了全球性生态问题和自然灾害，如气候变化、海洋酸化、海平面上升以及台风、风暴潮和赤潮等，也包括了各种人类活动，如土地开发、海洋工程、围填海、海水养殖和资源开采等。因此，在对风险源进行分析的时候，应当从多角度、多范围收集整理与风险源相关的资料，并构建各评价单元的风险识别矩阵（表 5-10）。

表 5-10　风险识别矩阵

X/Y	X_1	X_2	⋯	X_n
Y_1	X_1Y_1			
Y_2		⋯		
⋮			⋯	
Y_n				X_nY_n

其中，X_i 表示风险源 i，如存在此风险源则 $X_i=1$；Y_j 表示风险受体，如存在此受体则 $Y_j=1$；X_iY_j 表示第 i 类风险将对第 j 类受体产生影响。

根据风险识别矩阵，取其中识别结果为 1 的要素进行归纳，可获得风险组合的集合：$R=\{X_iY_j=1\}$。

在本研究中，考虑到海岛生态系统的特征和评价方法的普适性，共筛选了 18 类风险源和 9 类风险受体，用于构建海岛生态风险识别矩阵，具体见表 5-11。

表 5-11 海岛生态风险识别要素清单

海岛生态风险子系统	风险源（编号+名称）	风险受体（编号+名称）
岛陆	X_1 水库建设	Y_1 土壤
	X_2 耕作种植	Y_2 植被
	X_3 交通道路	
	X_4 居住聚集	
	X_5 工业生产	
潮间带或近海海域	X_6 滩涂养殖	Y_3 浮游植物
	X_7 岸滩下蚀	Y_4 浮游动物
	X_8 海平面上升	Y_5 大型底栖动物
	X_9 渔业基础设施建设	Y_6 珊瑚礁
	X_{10} 围海养殖	Y_7 红树林
	X_{11} 港口建设	Y_8 海草床
	X_{12} 船舶工业	
	X_{13} 油气开采	
	X_{14} 海水污染	
	X_{15} 沉积物污染	
岛陆、潮间带和近海海域	X_{16} 生物入侵	Y_9 珍稀濒危物种
	X_{17} 风暴潮	
	X_{18} 旅游开发	

5.4.3　风险值计算

以各评价单元内的风险集合为基础进行风险值计算，取集合内每对风险组合的评价结果最大值作为每一个单元分区的风险值：

$$Risk = \mathrm{Max}(D_i \cdot C_j) \qquad (5-20)$$

式中：$Risk$ 为评价单元风险度的大小；D_i 为风险源 i 可能造成的危害大小；C_j 为不同风险受体指标 j 的敏感性。采用经无量纲化的指标来表征 D_i 和 C_j，D_i 和 C_j 的值可对照风险评价标准表进行查询和评价。

5.4.4 风险源指标及其评价标准

对应识别出的风险源 X_i，建立了 18 个海岛生态风险源指标，采用干扰度指数、环境质量标准、侵蚀监测规范、模糊数学统计法等建立评价参考标准，具体见表 5-12。

表 5-12 海岛生态风险源指标评价

子系统类型	指标	分级	得分	评价依据
岛陆	D1 人工水库干扰度	—	0.3	文献查询（刘引鸽等，2011；肖琳等，2014；孙永光等，2014），专家打分
	D2 果园田地干扰度	—	0.65	
	D3 交通用地干扰度	—	0.95	
	D4 居民点干扰度	—	0.95	
	D5 工业用地干扰度	—	0.99	
潮间带	D6 滩涂养殖干扰度	—	0.63	
	D7 岸滩下蚀速率/（cm/a）	≤-15	1.0	海岸侵蚀灾害监测技术规程（试行）
		-15~-10	0.8	
		-10~-5	0.6	
		-5~-1 或>1	0.4	
		-1~1	0.2	
	D8 海平面上升速率/（mm/a）	≥9	0.8	国家海洋局统计资料
		6~9	0.5	
		≤6	0.2	
潮间带或近海海域	D9 渔业基础设施用海干扰度	—	0.99	文献查询（孙永光等，2014）
	D10 围海养殖干扰度	—	0.80	
	D11 港口用海干扰度	—	0.98	
	D12 船舶工业用海干扰度	—	0.95	
	D13 油气开采用海干扰度	—	0.98	
	D14 海水水质等级	劣Ⅳ类	1.0	国家海水水质标准（GB 3097—1997）
		Ⅳ类	0.8	
		Ⅲ类	0.6	
		Ⅱ类	0.4	
		Ⅰ类	0.2	
	D15 沉积物质量等级	劣Ⅲ类	1.0	海洋沉积物质量（GB 18668—2002）
		Ⅲ类	0.75	
		Ⅱ类	0.5	
		Ⅰ类	0.25	

子系统类型	指标	分级	得分	评价依据
岛陆、潮间带和近海海域	D16 生物入侵	—	0.5	—
	D17 风暴潮平均增水 /cm	≥450	0.75	国家海洋局，文献（石先武等，2015）
		300~450	0.5	
		150~300	0.25	
		0~150	0	
	D18 旅游开发	国家认定的风景名胜区	0.8	文化和旅游部、国家海洋局
		海洋公园或建设有一定规模的永久性旅游设施	0.5	
		区域内存在旅游活动	0.2	

5.4.5 风险受体指标及其评价标准

对应识别出的风险受体 Y_j，建立了 9 个海岛生态风险受体指标，各项指标的评价参考标准具体见表 5-13。

表 5-13 海岛生态风险受体指标评价

子系统类型	风险受体指标	分级	得分	指标来源
岛陆	C1 土壤侵蚀敏感性	裸地	1.0	生态环境部《生态功能分区技术规范》
		荒漠、一年一熟粮作	0.75	
		稀疏灌木草原、一年二熟粮作、一年水旱两熟	0.5	
		阔叶林、针叶林、草甸、灌丛和萌生矮林	0.25	
	C2 岛陆植被敏感性（覆盖度百分比）	<20%	0.8	
		20%~50%	0.6	
		50%~70%	0.4	
		>70%	0.2	

子系统类型	风险受体指标	分级	得分	指标来源
潮间带或近海海域	C3 浮游植物多样性	≤1	0.7	文献（Newman et al., 2000；蔡立哲等，2002；陈彬等，2006）
		1~3	0.5	
		≥3	0.1	
	C4 浮游动物多样性	≤1	0.7	
		1~3	0.5	
		≥3	0.1	
	C5 大型底栖动物多样性	≤1	0.7	
		1~3	0.5	
		≥3	0.1	
	C6 珊瑚礁	—	1.0	—
	C7 红树林	—	0.8	—
	C8 海草床	—	1.0	—
岛陆、潮间带和近海海域	C9 珍稀濒危物种	已知或被认为经常性地生活有相当数量的珍稀濒危物种	1.0	《中国国家重点保护野生植物名录》《国家重点保护野生动物名录》《中国水生野生动物保护名录》《中国物种红色名录》、未列入名录但具有独特性或者地方代表意义的物种
		已知或被认为生活有正在或即将衰退的某些特色种或者生境关键种的一定量个体	0.75	
		在区域内偶现重要物种的少量个体	0.5	
		无重要物种分布	0	

5.4.6 风险等级划分

在风险值计算的基础上，对风险值进行标准化处理至［0，1］之间，采用等间距法对风险进行 5 级划分，分别对应极高、高、中、低、极低 5 个风险等级，其中中级以上风险可认为已进入风险预警范畴（表 5-14）。

表 5-14 风险值与风险分级标准

风险等级	分级标准				
标准化分值	0~0.2	0.2~0.4	0.4~0.6	0.6~0.8	0.8~1.0
风险状态	极低	低	中	高	极高
风险等级	深绿 优良级	浅绿 稳定级	黄色 预警级	橙色 预警级	红色 预警级

5.5 示范案例

以大金山岛、北长山岛等为范例进行评价等级划分。

5.5.1 海岛概况

金山三岛位于上海市南翼、杭州湾北岸水域，属于杭州湾北岸岛群，地理坐标为 30°41′—30°42′N、121°24′—121°25′E，由大金山岛、小金山岛、浮山岛组成，总面积 0.315 km²，其中大金山岛面积 0.229 km²，海岸线长 2.4 km。

金山三岛在行政区域上隶属上海市金山区管辖，金山区下辖 1 个街道（石化街道）、1 个工业区（金山工业区）和 9 个镇（朱泾镇、枫泾镇、张堰镇、亭林镇、吕巷镇、廊下镇、金山卫镇、漕泾镇、山阳镇）。上海市人民政府于 1991 年 10 月正式批准建立金山三岛海洋生态自然保护区［《上海市人民政府关于同意建立市级金山三岛海洋生态自然保护区的批复》（沪府〔1991〕52 号）］，该保护区建设主要依托的是山阳镇，该镇陆地面积 42 km²，常住人口 3.6 万人。

5.5.1.1 气候特征

杭州湾北岸岛群位于亚热带北缘，属亚热带湿润气候区，东亚季风盛行区。受冬夏季风交替影响，四季分明，光照条件好，无霜期长，气候温和湿润，降水充沛。年平均气温 15.9℃，平均降水量 1 017.1 mm，年降水集中在 6—9 月，平均风速 4.7 m/s，冬季盛行西北风，夏季盛行东南风。

5.5.1.2 地质地貌

大金山岛岛陆为侵蚀剥蚀低丘陵地貌。山体呈东偏向南，山脊线明显，基本位于山体中部，将大金山岛分为较陡的北坡和较缓的南坡。微地貌单元包括山脊、山顶、山坡、鞍部、断裂谷、构造峰、滑塌体、岬角、人工平台等。岛陆基岩为灰色-深灰色火山岩，主要分为两大类，即火山角砾岩和中性火山熔岩。

大金山岛海岸地貌分为侵蚀-堆积地貌，细分为高潮侵蚀地貌、中潮侵蚀-堆积地貌、低潮堆积地貌。高潮侵蚀地貌环大金山岛分布，其上限为平均大潮高潮线，下限与相对平缓的砾石滩或岩滩相连。中潮侵蚀-堆积地貌环大金山岛分布，分为砾石滩和岩滩两种地貌单元。砾石滩为堆积地貌，广泛分布于大金山岛西侧、南侧和北侧大部分岸段，滩面平缓。岩滩主要分布在东侧，滩面坡度变化大。低潮滩为砂砾和泥沙堆积地貌单元，位于水下。

5.5.1.3 海洋水文

杭州湾北岸岛群海域潮汐属非正规半日潮。年平均潮位为 190 cm，多年变幅为 9 cm。常年平均潮差为 389 cm，年平均潮差最大为 406 cm（1979 年），最小为 378 cm（1967 年、1970 年）。平均落潮历时为 7 时 1 分，平均涨潮历时为 5 时 24 分。大金山岛南、北两侧涨、落潮流受岛屿和水下深槽的地形影响，北侧涨、落潮流向与岸线走向基本一致，而南侧涨潮时受大金山岛和浮山岛的深槽影响，流向与岸线有较大夹角。

5.5.1.4 海岛土壤

大金山岛属全新第五次埋藏山体，因远离大陆，受人类影响较小，基本保持原始状态，经多次海水进退，特别是近 6 000 年来的风化及海流作用，在花岗岩、砂页岩上发育了褐色的土壤。由于岛体小，土壤的垂直和平面上变化不足，因此南北坡的水、热、气稍有区别，且北坡土壤原始状态保持较完好，其土壤的基本特征较完整。

5.5.1.5 海岛植被

在植物区系上，大金山岛位于泛北植物区，中国-日本森林植物亚区华东地区。大金山岛的植被类型为常绿、落叶阔叶混交林。常绿树群落最重要的是青冈、红楠群落。它们主要位于岛的东北角，群落外貌深绿色，树冠浑圆，郁闭度为 0.7~0.9，林下腐殖质丰富。落叶树群落类型较多，主要有野桐群落、黄檀群落、朴树群落、椿叶花椒群落、麻栎群落等。野桐群落为全岛面积最大的群落，在南北坡都有，尤其在南坡发育良好。

5.5.1.6 海洋生物

叶绿素：杭州湾北岸岛群海域叶绿素 a 年均值为 0.98 μg/L，季节变化范围为 0.22~4.73 μg/L，夏季最高，冬季略低于夏季，春季最低。

浮游植物：杭州湾北岸岛群海域共记录浮游植物 4 门 40 属 94 种（含变种），其中硅藻 33 属 85 种，甲藻 4 属 6 种，蓝藻 2 属 2 种，绿藻 1 种。主要优势种为中肋骨条藻和琼氏圆筛藻。浮游植物密度春季均值为 30.2×10^4 个/m³，夏季均值为 8.10×10^4 个/m³，秋季均值为 20.30×10^4 个/m³，冬季均值为 18.50×10^4 个/m³。

浮游动物：杭州湾北岸岛群海域浮游动物共记录 13 类 76 种，其中桡足类

22 种，水母类 20 种，浮游软体类 5 种，糠虾类和毛颚类各 4 种，端足类 3 种，被囊类和多毛类 2 种，其余涟虫类、樱虾类、磷虾类、枝角类各 1 种；另外还有浮游幼体 10 种。浮游动物密度年均值为 94.04 个/m³，变化范围为 3.62~488.50 个/m³，生物量年均值为 229.09 mg/m³，变化范围为 5.77~2 016.63 mg/m³。

底栖生物：杭州湾北岸岛群海域底栖生物共记录 25 种，其中多毛类 16 种，占总种数的 64%；甲壳动物 4 种，占总种数的 16%；软体动物 2 种，占总种数的 8%；棘皮动物 1 种，占总种数的 4%；其他类 2 种。杭州湾北岸岛群海域底栖生物的密度年均值为 33 个/m²，变化范围为 5~155 个/m²；生物量年均值为 0.186 g/m²，变化范围为 0.047~2.005 g/m²。

5.5.1.7 海洋灾害

杭州湾北岸岛群区域出现的灾害性天气主要有热带气旋（台风）、强冷空气（寒潮）、暴雨、龙卷风和大雾。热带气旋影响在每年的 5—11 月均可发生，但主要集中在 7—9 月（占总数的 89%），其中以 7 月下旬至 8 月下旬为最多，共有 53 次，占全年影响次数的半数以上。入秋后，随着冷高压势力和活动频繁，杭州湾北部岛群从 9 月到翌年 4 月常有冷空气入侵，出现强烈降温、霜冻、雨雪和大风天气，是冬半年最主要的灾害天气。此外，金山三岛海域由于水体浑浊，透明度小，未发现赤潮、绿潮和病原体灾害，但在大金山岛岛陆发现有外来入侵生物"一枝黄花"入侵现象。

5.5.1.8 主要生态问题

环境污染逐步加剧。金山三岛陆域环境受周边企业、船舶污水烟气排放的漂移影响，空气质量受到较大影响，其中二氧化硫、氮氧化物等污染物的增加，一方面会直接造成一些空气质量敏感种（如地衣、苔藓等）的消失，另一方面则会造成土壤酸化，影响植被生长安全。受海域环境大背景控制，金山岛周边海域的富营养化指数为 1.43，属于富营养化水平，其中无机氮和活性磷酸盐为主要污染因子，测值分别为 0.992 mg/L 和 0.082 mg/L，远超四类海水水质标准。

受外来物种威胁严重。由于近年来在大金山岛进行了一系列的开发工程，如山顶雷达和营房馆舍的修建、道路的整修、码头的建造等，造成外来植物入侵，如在大金山岛岛陆发现有"一枝黄花"泛滥，对岛上原有植物群落构成严重威胁。此外，猕猴已由最初放养的 99 只发展至目前的近 200 只，猕猴的食料只能靠吃树的嫩枝、嫩叶来满足，给大金山岛域生态系统带来较大的威胁。

受自然灾害影响岛体塌方严重。金山三岛濒江临海的地理位置常常使其遭受来自海洋和陆地的多种自然灾害侵袭，主要包括地质灾害和气象灾害（台风、风暴潮）。金山三岛因所处区域、地质地貌和外力作用，海蚀、滑坡、崩塌等地质灾害较为普遍。海蚀灾害在金山三岛上均有发生，因大金山岛较为陡峻、节理发育，如遇台风暴雨诱发，会有滑坡、崩塌发生，北坡尤甚，据初步估计，大金山岛北岸塌方约达 10 000 m³。

5.5.2 植被评价

5.5.2.1 植被调查结果

通过对大金山岛植被群落实地调查，将大金山岛分为 12 个典型植被样地进行统计，各项植被状况评价指标调查结果见表 5-15。

5.5.2.2 综合指数结果

通过隶属函数法将各项指标进行归一化处理后，根据海岛植被现状评估方法计算得到 12 个不同样地的结构形态、可持续性和干扰性指数，进而计算获得大金山岛植被现状综合指数，具体结果见表 5-16。

从评价结果可以看出：大金山岛 12 个样地群落以花竹（P12）、野桐（P3、P4）群落综合指数较低，分别为 0.66、0.68 和 0.74，其中花竹样地（P12）群落被认为是大金山岛的入侵物种（艾清，2013），表明该群落结构简单、物种多样性差是其植被综合指数低的原因，野桐样地（P3、P4）群落天然更新能力不足，而 P3 样地物种多样极差；香樟（P9）、红楠（P7）、野桐-青冈（P1）和麻栎（P11）样地群落植被综合指数高于 0.8，表明该群落植被轻微受损，植被覆盖率较高，群落结构组成与结构稳定基本稳定，受到轻微外部压力干扰；大金山岛植被综合指数为 0.78，总体来看，植被轻微受损，植被覆盖率较高，群落结构组成与结构稳定基本稳定，虽受到轻微外部压力干扰，但更新能力和可持续性均较强。

表5-15 大金山岛植被现状调查结果

准则层	指标层	野桐-青冈 P1	野桐-黄连木 P2	野桐 P3	野桐 P4	椿叶花椒 P5	黄连木 P6	红楠 P7	青冈 P8	香樟 P9	麻栎 P10	麻栎 P11	花竹 P12
结构形态	群落结构	4.00	2.00	2.00	2.00	3.00	3.00	4.00	4.00	4.00	3.00	2.00	1.00
	覆盖度	0.60	0.90	0.85	0.85	0.80	0.65	0.60	0.55	0.70	0.50	0.85	0.80
	物种多样性指数	0.63	0.52	0.02	0.57	0.88	0.73	0.86	0.62	0.84	0.65	0.71	0.19
	自然度	2.00	3.00	3.00	4.00	2.00	2.00	4.00	3.00	4.00	3.00	4.00	3.00
可持续性	天然更新等级	3.00	2.00	1.00	1.00	2.00	2.00	2.00	3.00	3.00	2.00	2.00	2.00
	土层厚度等级	3.00	1.00	3.00	2.00	3.00	2.00	3.00	1.00	1.00	1.00	2.00	2.00
	耐盐碱能力	4.00	4.00	3.00	3.00	3.00	4.00	4.00	4.00	3.00	4.00	4.00	3.00
	平均年降水量	6.00	6.00	6.00	6.00	6.00	6.00	6.00	6.00	6.00	6.00	6.00	6.00
	抗风能力	4.00	4.00	3.00	3.00	3.00	4.00	4.00	4.00	4.00	4.00	4.00	4.00
干扰性	入侵物种危害	5.00	5.00	3.00	3.00	3.00	3.00	3.00	3.00	5.00	5.00	5.00	1.00
	病虫害指数	5.00	5.00	5.00	5.00	5.00	5.00	5.00	5.00	5.00	5.00	5.00	5.00
	土壤盐度	4.00	4.00	4.00	4.00	4.00	4.00	4.00	4.00	4.00	4.00	4.00	4.00
	年平均大风指数	0.84	0.84	0.84	0.84	0.84	0.84	0.84	0.84	0.84	0.84	0.84	0.84

不同样地群落

表 5-16 大金山岛植被现状评价指数

群落类型	结构形态指标				可持续性指标					干扰性指标				结构形态指数	可持续性指数	干扰性指数	群落综合指数	大金山岛植被综合指数
	C1	C2	C3	C4	C5	C6	C7	C8	C9	C10	C11	C12	C13					
花竹 P12	0.25	0.80	0.19	0.75	0.67	0.67	0.75	1.00	1.00	0.20	1.00	0.80	0.84	0.20	0.25	0.21	0.66	0.78
野桐 P3	0.50	0.85	0.02	0.75	0.33	1.00	0.75	1.00	0.75	0.60	1.00	0.80	0.84	0.21	0.23	0.24	0.68	
野桐 P4	0.50	0.85	0.57	1.00	0.33	0.67	0.75	1.00	0.75	0.60	1.00	0.80	0.84	0.29	0.21	0.24	0.74	
黄连木 P6	0.75	0.65	0.73	0.50	0.67	0.67	1.00	1.00	1.00	0.60	1.00	0.80	0.84	0.26	0.26	0.24	0.77	
麻栎 P10	0.75	0.50	0.65	0.75	0.67	0.33	1.00	1.00	1.00	1.00	1.00	0.80	0.84	0.27	0.24	0.27	0.78	
野桐-黄连木 P2	0.50	0.90	0.52	0.75	0.67	0.33	1.00	1.00	1.00	1.00	1.00	0.80	0.84	0.27	0.24	0.27	0.78	
椿叶花椒 P5	0.75	0.80	0.88	0.50	0.67	1.00	0.75	1.00	0.75	0.60	1.00	0.80	0.84	0.29	0.25	0.24	0.79	
青冈 P8	1.00	0.55	0.62	0.75	1.00	0.33	1.00	1.00	1.00	0.60	1.00	0.80	0.84	0.29	0.26	0.24	0.79	
麻栎 P11	0.50	0.85	0.71	1.00	0.67	0.67	1.00	1.00	1.00	1.00	1.00	0.80	0.84	0.31	0.26	0.27	0.84	
野桐-青冈 P1	1.00	0.60	0.63	0.50	1.00	1.00	1.00	1.00	1.00	0.60	1.00	0.80	0.84	0.27	0.30	0.27	0.85	
红楠 P7	1.00	0.60	0.86	1.00	0.67	1.00	1.00	1.00	1.00	1.00	1.00	0.80	0.84	0.35	0.28	0.24	0.87	
香樟 P9	1.00	0.70	0.84	1.00	1.00	0.33	0.75	1.00	1.00	1.00	1.00	0.80	0.84	0.35	0.25	0.27	0.87	

5.5.3 健康评价

5.5.3.1 环境质量方面

（1）岛陆土壤

根据上海市海洋局 2014 年 10 月编制的《上海市金山三岛保护与开发利用规划研究报告》，金山三岛上分布的自然土壤类型简单，只有 1 个亚类（黄棕壤）和 1 个土属（山黄泥）。土层比较深厚，一般在 40~60 cm。土壤养分含量较高，表层有机质含量高达 3.5%~7.8%，全氮为 0.3%~0.4%，水解氮为 $400 \times 10^{-6} \sim 580 \times 10^{-6}$，全磷为 0.11%~0.161%。大金山岛土壤环境总体良好，较为湿润，土质肥沃，养分充足，有机质含量较高，对碱和重金属缓冲性能较好，但是土壤酸性有微量加剧趋势，重金属总潜在生态系数相对较低，属于轻微生态危害。据此，可计算得出大金山岛岛陆土壤环境质量分值为 85 分。

（2）岛陆淡水

大金山岛、小金山岛与浮山岛都曾是陆上的弧丘，因海平面上升、海岸被侵蚀，后退而孤立于大海之中。该岛四周受波浪侵蚀，形成海蚀平台、海蚀眭、海蚀柱等地貌形态。岛上有两处水井，面积 10~20 m²，深 4.5 m。此外，在山腹坑道内有两处泉水，水呈酸性，水中硫、铁含量较高。

（3）近岛海域水环境质量

根据国家海洋局东海预报中心于 2017 年 3 月编制的《金山三岛及邻近海域生态环境调查评价研究报告》，选取了位于金山三岛邻近海域的站位数据进行分析评价，评价内容包括水温、pH 值、盐度、溶解氧、悬浮物、化学需氧量、石油类、无机氮、活性磷酸盐、硫化物、铜、铅、锌、镉、汞、铬、砷等常规化学要素。金山三岛附近海域海水中 pH 值、溶解氧、铜、镉、铬、砷和粪大肠菌群等因子均符合一类海水水质标准；化学需氧量、生化需氧量、石油类、铅、锌和汞个别站位略超一类海水水质标准，但符合二类海水水质标准；无机氮和活性磷酸盐受海域环境大背景控制，为主要污染因子，测值分别为 0.992 mg/L 和 0.082 mg/L，远超四类海水水质标准，通过计算得到该海域的富营养化指数为 1.43，属于富营养化水平。据此，可以计算得出大金山岛近岛海域海水环境质量分值为 78.75，水体富营养化指数分值为 0，各指标得分具体见表 5-17。

表 5-17 大金山岛近岛海域水环境质量要素测值及计算分值

	DO	石油类	COD	无机氮	活性磷酸盐	硫化物	总汞
测值/（mg/L）	6.91	0.015	0.79	0.992	0.082	0.000 17	0.000 039
指标得分	81.46	91	92.1	0	0	99.90	76.6
	铅	铜	锌	镉	总铬	砷	
测值/（mg/L）	0.000 9	0.001 05	0.007 17	0.000 098	0.002 1	0.003 283	
指标得分	94.6	96.85	95.70	99.41	99.37	96.72	
综合得分	78.75						

（4）近岛海域沉积环境质量

根据国家海洋局东海预报中心于 2017 年 3 月编制的《金山三岛及邻近海域生态环境调查评价研究报告》，选取了位于金山三岛邻近海域的站位数据进行分析评价。调查结果显示，该海域沉积环境中有机碳含量为 0.96 mg/kg，石油烃含量为 24.40 mg/kg，铜含量为 15.40 mg/kg，铅含量为 23.00 mg/kg，锌含量为 91.80 mg/kg，镉含量为 0.14 mg/kg，铬含量为 55.40 mg/kg，汞含量为 0.02 mg/kg，砷含量为 7.04 mg/kg。各项因子均符合《海洋沉积物质量》（GB 18668—2002）一类沉积物质量标准，表明该海域沉积物质量保持在良好状态。据此，可以计算得出大金山岛近岛海域沉积环境质量分值为 88.71，各指标得分具体见表 5-18。

表 5-18 大金山岛近岛海域沉积环境质量要素测值及计算分值

	石油烃	有机碳	铜	铅	锌	镉	铬	汞	砷
测值/（mg/kg）	24.40	0.96	15.40	23.00	91.80	0.14	55.40	0.02	7.04
指标得分	98.54	85.60	86.84	88.48	81.65	91.60	79.21	97.00	89.44
综合得分	88.71								

（5）生物质量

根据上海市海洋局 2014 年 10 月编制的《上海市金山三岛保护与开发利用规划研究报告》，对金山三岛海域采集的近江牡蛎生物质量评价结果显示，六六六和滴滴涕测值分别为 0.005 28 mg/kg 和 0.004 93 mg/kg，符合第一类生物质量标准；汞、砷测值分别为 0.083 7 mg/kg 和 1.34 mg/kg，符合第二类生物质量标准；铅测值为 3.29 mg/kg，符合第三类生物质量标准；其余 4 项（石油烃、铜、锌、镉）超出第三类生物质量标准，其中铜测值为 1 950 mg/kg，超标最高，超标倍数达到 18.5。据

此，可以计算得出大金山岛近岛海洋生物质量分值为 35.74，各指标得分具体见表
5-19。

表 5-19　大金山岛近岛海域生物质量要素测值及计算分值

	石油烃	铜	铅	锌	镉	汞	砷	六六六	滴滴涕
测值/（mg/kg）	24.40	1 950	3.29	2 540	8.85	0.083 7	1.34	0.005 28	0.004 93
指标得分	0	0	27.10	0	0	49.78	67.45	92.08	85.21
综合得分	35.74								

5.5.3.2　生物生态方面

（1）岛陆植被

在植物区系上，大金山岛位于泛北植物区，中国-日本森林植物亚区，华东地
区。虽然大金山岛在上海可称为植物最丰富的地方，但面积小、山不高、地形较简
单，加上自古以来人类活动频繁，对植物的影响很大，植物种类与苏南丘陵、浙北
山区相比要简单得多。2012 年调查共发现种子植物 63 科 129 属 161 种。综合 20 多
年来的物种调查结果，全岛有可靠记录的种子植物共有 66 科 162 属 215 种，绝大
部分都是单种属。根据大金山岛遥感解译结果，大金山岛岛陆植被覆盖率为
98.72%，据此，可以计算得出大金山岛岛陆植被分值为 98.72。

（2）岛陆动物

大金山岛上爬行动物物种丰富，其中两栖动物 2 种，分别为泽蛙（Rana limno-
charis）和金绒蛙（Rana plancyi），爬行动物 6 种，分别为铅山壁虎（Gekkohokouen-
sis）、蓝尾石龙子（Eumeceselegans）、宁波滑蜥（Scincellamoesta）、王锦蛇
（Elaphecarinata）、黑斑蛙（Rananigromaculata）、北草蜥（Takydromusseptentriona-
lis）。2012 年昆虫资源调查结果显示，共记录昆虫纲 14 目 61 科 106 种、蛛形纲
1 目 7 科 12 种、多足纲 1 目 1 科 1 种。2012 年鸟类资源调查结果显示，共记录到鸟
类 28 种，隶属 4 目 13 科，其中鹗、燕隼等 4 种为国家二级保护鸟类。鸟类群落以
林鸟为主，共 27 种，占所有种类的 96%，其中又以雀形目鸟类最多，为 22 种，占
总数的 78.5%，其中优势物种有红头长尾山雀、白头鹎、黄腰柳莺等。

（3）潮间带生物

根据国家海洋局东海预报中心于 2017 年 3 月编制的《金山三岛及邻近海域生态
环境调查评价研究报告》，金山三岛潮间带为典型的岩礁潮间带类型。2016 年秋季
对大金山北侧断面（T1）和大金山南侧断面（T2）的调查结果显示，共记录潮间带

生物共计6门25种，其中节肢动物门12种，软体动物7种，其余为环节动物、腔肠动物、脊索动物及海藻类，优势种为近江牡蛎、齿纹蜒螺和中间拟滨螺；北侧断面（T1）潮间带生物总平均栖息密度为552.0个/m^2，总平均生物量为8 193.224 g/m^2，南侧断面（T2）潮间带生物总平均栖息密度为832.0个/m^2，总平均生物量为8 717.128 g/m^2；两个调查断面潮间带生物丰富度分别为0.89和0.77，均值为0.83；均匀度分别为0.69和0.66，均值为0.68；生物多样性指数分别为0.96和0.82，均值为0.89。据此，可以计算得出大金山岛潮间带生物生态分值为17.75。

（4）近岛海域生物

根据国家海洋局东海预报中心于2017年3月编制的《金山三岛及邻近海域生态环境调查评价研究报告》，2016年秋季对金山三岛邻近海域进行了海域生物生态现状调查，调查内容包括叶绿素a、浮游植物、浮游动物、底栖生物。

周边海域表层海水中叶绿素a的变化范围为0.24~0.65 mg/L，平均值为0.41 mg/L，据此，可以计算得出大金山岛近岛海域叶绿素a含量分值为14.80。

周边海域共鉴定出浮游植物6门45属84种。网采浮游植物的密度范围为6.162 5×10^4~6.537 1×10^6个/m^3，平均值为1.326 5×10^5个/m^3；水采浮游植物的密度范围为0.822 1×10^4~6.560 7×10^4个/m^3，平均值为2.161 8×10^4个/m^3。整个调查海域网采浮游植物多样性指数均值为2.83，均匀度均值为0.65，丰富度均值为1.04，据此，可以计算得出大金山岛近岛海域浮游植物分值为94.90。

周边海域共鉴定浮游动物4大类27种，中、小型浮游动物密度范围为35~4 757个/m^3，均值为826个/m^3。多样性指数平均值为1.64；均匀度指数均值为0.55，丰富度指数均值为0.76，据此，可以计算得出大金山岛近岛海域浮游动物分值为59.2。

（5）游泳生物

根据上海市海洋局2014年10月编制的《上海市金山三岛保护与开发利用规划研究报告》，周边海域拖网渔获物共鉴定生物种类30种，包括鱼类15种、虾类9种、蟹类4种、虾蛄类1种、贝类1种。游泳生物群落结构指数中多样性指数（重量）平均为1.01，均匀性指数平均为0.25，丰富度指数平均为1.24，据此，可以计算得出大金山岛近岛海域游泳动物分值为40.03。

（6）外来物种

由于近年来在大金山岛进行了一系列的开发工程，如山顶雷达和营房馆舍的修建、道路的整修、码头的建造等，造成外来植物入侵，如在大金山岛岛陆发现有"一枝黄花"泛滥，对岛上原有植物群落构成严重威胁，据此，可以计算得出大金

139

山岛入侵物种分值为 65。

5.5.3.3 景观生态方面

通过对大金山岛 2016 年遥感卫星图像进行解译分析，参照 GB/T 21010—2007
《土地利用现状分类》以及《海岛海岸带卫星遥感调查技术规程》（国家海洋局 908
专项办公室，2005），依据植被类型、土地类用方向、景观功能等将研究区景观划
分为 9 类，具体见表 5-20。然后利用 ARCGIS 软件进行计算和统计，得到了各土地
类型的面积以及景观生态指数，同时绘制了遥感影像土地利用分类图。

表 5-20　全国重点海岛土地利用分类

一级类	二级类	三级类
自然景观	林地	有林地、经济林、保护林、特种林、灌木林地、疏林地、未成林造林地、迹地、苗圃等
	草地	天然草地、海滨草地、山坡草地、人工草地、荒草地
	岛陆水体湿地	河流及溪流水面、河流滩地、内陆湖泊水面、内陆湖泊滩涂、内陆沼泽湿地、水库水面、芦苇地、盐碱地、沼泽地等
	潮间带滩涂	岩滩、泥滩、生物滩、砾石滩涂等
	其他土地	沙地、裸土地、裸岩石砾地等
半自然景观	耕地	水田、望天田、水浇地、旱地、畜禽饲料地、设施农业用地、农田水利用地、田坎、晒谷场等用地、农村道路等
	园地	果园、桑园、茶园、橡胶园、龙眼园、荔枝园、柑橘园、其他园地等
	养殖盐田	水生动物养殖塘池、盐田等
人工景观	建设用地	商业用地、金融保险用地、餐饮旅馆业用地、其他商服用地、工业用地、采矿地、仓储用地、公共基础设施用地、瞻仰景观休闲用地、机关团体用地、教育用地、科研设计用地、文体用地、医疗卫生用地、慈善用地、城镇单一住宅地、城镇混合住宅地、农村宅基地、空闲宅基地、铁路用地、公路用地、民用机场、河港码头用地、管道运输用地、街巷、海滨大道、水工建筑用地、军事用地、使领馆用地、宗教用地、监教场所用地、墓葬地、已开发但未利用土地等

根据大金山岛海岛土地利用分类结果可以看出，该岛景观组成相对单一，林地
面积约 21.05 hm²，占全岛总面积的 60.59%；潮间带滩涂面积约 13.42 hm²，占全
岛总面积的 38.62%；建设用地面积约 0.27 hm²，占全岛总面积的 0.79%。大金山
岛仍以自然景观为主，占全岛总面积的 99.21%，人工景观占全岛总面积的 0.79%。
从景观结构指数来看，大金山岛景观破碎化指数为 0.17，多样性指数为 0.71，均匀
度指数为 0.65。据此，可以计算得出大金山岛景观结构自然性分值为 99.21，破碎

化指数分值为 87.05。

5.5.3.4 海岛生态系统健康评价

根据海岛生态系统健康评价指标体系中各层级指标的权重以及计算方法，可以计算得到各级指标的具体分值以及大金山岛海岛生态系统健康评价指数（表5-21，表5-22）。

表 5-21　大金山岛海岛生态系统健康评价各指标测值及得分

一级指标	二级指标	三级指标	测值	得分
环境质量	岛陆环境质量	土壤质地	黄棕壤，土质肥沃，养分充足，无量纲	75
		土壤环境质量	潜在生态系数 36.85	85
	潮间带环境质量	沉积物环境质量	有机碳、石油类和重金属等	有机碳 0.96%，石油烃 24.4 mg/kg，铜 15.4 mg/kg，铅 23.0 mg/kg，锌 91.8 mg/kg，镉 0.140 mg/kg，铬 55.4 mg/kg，汞 0.020 mg/kg，砷 7.04 mg/kg	88.71
		海洋生物（贝类）质量	石油烃、重金属等	六六六 0.005 28 mg/kg，滴滴涕 0.004 93 mg/kg，汞 0.083 7 mg/kg，砷 1.34 mg/kg，铅 3.29 mg/kg	35.74
	近海环境质量	海水环境质量	溶解氧、化学需氧量、无机氮、活性磷酸盐、石油类、硫化物、重金属	溶解氧 6.91 mg/L，COD0.79 mg/L，无机氮 0.992 mg/L，活性磷酸盐 0.082 mg/L，石油类 0.015 mg/L，硫化物 0.000 17 mg/L，汞 0.000 039 mg/L，铅 0.000 9 mg/L，铜 0.001 05 mg/L，锌 0.007 17 mg/L，镉 0.000 098 mg/L，铬 0.0021 mg/L，砷 0.003 282 mg/L	78.75
		水体富营养化	化学需氧量、无机氮、活性磷酸盐	1.43，属富营养化	0

一级指标		二级指标	三级指标	测值	得分
生物生态	岛陆生物生态	植被覆盖率	岛陆植被覆盖率	98.72%	98.72
		野生植物丰富度	种类数	种子植物 161 种, 大型真菌 15 种, 地衣植物 3 种, 苔藓植物 62 种, 蕨类植物 13 种	80
		野生动物丰富度	种类数	两栖爬行类 8 种, 昆虫 119 种, 鸟类 16 种	70
	潮间带生物生态	底栖生物多样性指数	种类数、生物量	0.89	17.75
	近海生物生态	叶绿素 a	含量	0.37 mg/m³	14.8
		浮游植物多样性指数	种类数、细胞密度	2.83	94.9
		浮游动物多样性指数	种类数、生物量	1.64	59.2
		游泳生物多样性指数	种类数、生物量	1.01	40.3
	通用指标	入侵物种	危害面积及程度	入侵物种较多, 尤其是猕猴已有 200 多只, 对生态健康带来一定影响。此外, 还有加拿大 "一枝黄花"、牛膝、喜旱莲子草、匍匐大戟等外来植物, 对本地种造成了一定程度的危害	50
景观生态	景观结构	自然性	自然景观比例	99.21%	99.21
		破碎度	破碎化指数	0.17	87.05

表 5-22　大金山岛海岛生态系统健康评价一级指标和二级指标权重及得分

一级指标	权重	得分	二级指标	权重	得分
环境质量	0.336	54.867	土壤质地	0.1	75
			土壤环境质量	0.134	85
			沉积物环境质量	0.208	88.71
			海洋生物（贝类）质量	0.248	35.74
			海水环境质量	0.11	78.75
			水体富营养化	0.2	0

一级指标	权重	得分	二级指标	权重	得分
生物生态	0.425	51.813	植被覆盖率	0.1	98.72
			野生植物丰富度	0.1	80
			野生动物丰富度	0.091	70
			潮间带底栖生物多样性指数	0.26	17.75
			叶绿素 a	0.056	14.8
			浮游植物多样性指数	0.056	94.9
			浮游动物多样性指数	0.055	59.2
			游泳动物多样性指数	0.056	40.3
			入侵物种	0.226	50
景观生态	0.239	97.831	自然性	0.815	99.21
			破碎度	0.195	87.05

从二级指标来看，水体富营养化得分最低，仅 0 分，说明大金山岛周边海域已表现出一定程度的富营养化；海洋生物质量、底栖生物多样性、叶绿素 a、浮游植物多样性和游泳动物多样性得分不高，均低于 60 分，说明大金山岛潮间带和近岸海域生物种类不多，多样性水平不高；自然性和植被覆盖率指标分值较高，均超过 90 分，说明大金山岛植被等自然景观保存较好，自然性较高。

从一级指标来看，受水环境质量影响，环境质量方面得分 54.87；受潮间带底栖生物多样性、部分近海海域生物多样性较低以及外来物种干扰影响，生物生态方面得分 51.81；自然景观保存较为完整，景观生态方面得分 97.83。

大金山岛生态系统健康指数为 63.84，处于"健康"状态。总的来说，大金山岛生态系统环境质量较好，受到轻微污染；生物多样性较高，生物群落的组成与结构基本稳定，特有种或关键种保育情况较好，但受到一定程度外来物种的影响；景观自然性较高，景观格局结构与功能较稳定；海岛受到轻微程度的外部压力干扰，生态系统较健康，服务功能正常发挥。

5.5.4　风险评价

5.5.4.1　岛陆评价单元

（1）风险识别

通过大金山岛岛陆评价单元风险源识别，建立岛陆评价单元风险识别矩阵（表 5-23）。

表 5-23 大金山岛岛陆评价单元风险识别矩阵

	X_1 水库建设	X_2 耕作种植	X_3 交通道路	X_4 居住聚集	X_5 工业生产	X_6 滩涂养殖	X_7 岸滩下蚀	X_8 海平面上升	X_9 渔业基础设施建设	X_{10} 围海养殖	X_{11} 港口建设	X_{12} 船舶工业	X_{13} 油气开采	X_{14} 海水污染	X_{15} 沉积物污染	X_{16} 生物入侵	X_{17} 风暴潮	X_{18} 旅游开发
Y_1 土壤	0	0	0	1	0	0	1	0	0	0	0	0	0	0	0	0	1	1
Y_2 植被	0	0	0	1	0	0	1	0	0	0	0	0	0	0	0	1	1	1
Y_3 浮游植物	0	0	0	0	0	0	0	0	0	0	0	0	0	0	0	0	0	0
Y_4 浮游动物	0	0	0	0	0	0	0	0	0	0	0	0	0	0	0	0	0	0
Y_5 大型底栖动物	0	0	0	0	0	0	0	0	0	0	0	0	0	0	0	0	0	0
Y_6 珊瑚礁	0	0	0	0	0	0	0	0	0	0	0	0	0	0	0	0	0	0
Y_7 红树林	0	0	0	0	0	0	0	0	0	0	0	0	0	0	0	0	0	0
Y_8 海草床	0	0	0	0	0	0	0	0	0	0	0	0	0	0	0	0	0	0
Y_9 珍稀濒危物种	0	0	0	0	0	0	0	0	0	0	0	0	0	0	0	1	1	1

（2）建立风险集合

根据风险识别矩阵，计算得到大金山岛岛陆评价单元存在 6 对风险组合，形成大金山岛岛陆评价单元风险集合如下：

$$R = \{X_{17}Y_1, X_{17}Y_2, X_{17}Y_9, X_{18}Y_1, X_{18}Y_2, X_{18}Y_9\}$$

（3）集合风险值计算

对照海岛生态风险源指标评价表和海岛生态风险受体指标评价表，得到大金山岛岛陆风险源和风险受体指标值，并根据风险度公式进行计算，具体结果见表 5-24 至表 5-26。根据评价结果，大金山岛岛陆评价单元风险值为评价单元风险值为 0.375，为低风险，可以认为其岛陆生态系统处于较稳定状态，发生风险的可能性较小。

表 5-24　大金山岛岛陆生态风险源指标评价结果

风险源	风险源指标	评价值
X_4 居住聚集	D_4 居民点干扰度	0.95
X_7 岸滩下蚀	D_7 岸滩下蚀速率/（cm/a）	0.6
X_{16} 生物入侵	D_{16} 生物入侵	0.5
X_{17} 风暴潮	D_{17} 风暴潮平均增水/cm	0.5
X_{18} 旅游开发	D_{18} 旅游开发	0.5

表 5-25　大金山岛岛陆生态风险受体指标评价结果

风险受体	风险受体指标	评价值
Y_1 土壤	C_1 土壤侵蚀敏感性	0.25
Y_2 植被	C_2 岛陆植被敏感性	0.2
Y_9 珍稀濒危物种	C_9 珍稀濒危物种	0.75

表 5-26　大金山岛岛陆评价单元生态风险评价结果

风险源指标　　　风险受体指标	D4 居民点干扰度	D7 岸滩下蚀速率/（cm/a）	D16 生物入侵	D17 风暴潮平均增水/cm	D18 旅游开发
	0.95	0.6	0.5	0.5	0.5
C_1 土壤侵蚀敏感性	0.25	0.237 5	0.15	—	0.125
C_2 岛陆植被敏感性	0.2	0.19	0.12	0.1	0.1
C_9 珍稀濒危物种	0.75	—	—	0.375	0.375
$Risk = \text{Max}\ (D_i \times C_j)$	$Risk = 0.375$				

5.5.4.2　潮间带及近海海域评价单元

（1）风险识别矩阵

通过大金山岛潮间带及近海海域评价单元风险源识别，建立评价单元风险识别矩阵（表 5-27）。

表 5-27 大金山岛潮间带及近海海域评价单元风险识别矩阵

	X_1 水库建设	X_2 耕作种植	X_3 交通道路	X_4 居住聚集	X_5 工业生产	X_6 滩涂养殖	X_7 岸滩下蚀	X_8 海平面上升	X_9 渔业基础设施建设	X_{10} 围海养殖	X_{11} 港口建设	X_{12} 船舶工业	X_{13} 油气开采	X_{14} 海水污染	X_{15} 沉积物污染	X_{16} 生物入侵	X_{17} 风暴潮	X_{18} 旅游开发
Y_1 土壤	0	0	0	0	0	0	0	0	0	0	0	0	0	0	0	0	0	0
Y_2 植被	0	0	0	0	0	0	0	0	0	0	0	0	0	0	0	0	0	0
Y_3 浮游植物	0	0	0	0	0	0	0	1	1	0	0	0	0	1	1	0	1	1
Y_4 浮游动物	0	0	0	0	0	0	0	1	0	0	0	0	0	0	1	0	1	1
Y_5 大型底栖动物	0	0	0	0	0	0	0	1	0	0	0	0	0	1	1	0	1	1
Y_6 珊瑚礁	0	0	0	0	0	0	0	0	0	0	0	0	0	0	0	0	0	0
Y_7 红树林	0	0	0	0	0	0	0	0	0	0	0	0	0	0	0	0	0	0
Y_8 海草床	0	0	0	0	0	0	0	0	0	0	0	0	0	0	0	0	0	0
Y_9 珍稀濒危物种	0	0	0	0	0	0	0	0	0	0	0	0	0	0	0	0	0	0

（2）建立风险集合

根据风险识别矩阵，计算得到大金山岛潮间带及近海海域评价单元存在 21 对风险组合，形成大金山岛潮间带及近海海域评价单元风险集合如下：

$R = \{X_8Y_3, X_8Y_4, X_8Y_5, X_9Y_3, X_9Y_4, X_9Y_5, X_{11}Y_3, X_{11}Y_4, X_{11}Y_5, X_{14}Y_3, X_{14}Y_4, X_{14}Y_5, X_{15}Y_3, X_{15}Y_4, X_{15}Y_5, X_{17}Y_3, X_{17}Y_4, X_{17}Y_5, X_{18}Y_3, X_{18}Y_4, X_{18}Y_5\}$

（3）集合风险值计算

对照海岛生态风险源指标评价表和海岛生态风险受体指标评价表，得到大金山岛潮间带及近海海域风险源和风险受体指标值，并根据风险度公式进行计算，具体结果见表 5-28 至表 5-30。根据评价结果，大金山岛潮间带及近海海域评价单元风险值为 0.56，为中风险，可以认为其潮间带及近海海域生态系统具有一定的风险，需要预防可能发生的生态问题。

表 5-28　大金山岛潮间带及近海海域生态风险源指标评价结果

风险源	风险源指标	评价值
X_8 海平面上升	D_8 海平面上升速率/（mm/a）	0.2
X_{14} 海水污染	D_{14} 海水水质等级	0.8
X_{15} 沉积物污染	D_{15} 沉积物质量等级	0.25
X_{17} 风暴潮	D_{17} 风暴潮平均增水/cm	0.5
X_{18} 旅游开发	D_{18} 旅游开发	0.5

表 5-29　大金山岛潮间带及近海海域生态风险受体指标评价结果

风险受体	风险受体指标	评价值
Y_3 浮游植物	C_3 浮游植物多样性	0.5
Y_4 浮游动物	C_4 浮游动物多样性	0.5
Y_5 大型底栖动物	C_5 大型底栖动物多样性	0.7

表 5-30　大金山岛潮间带及近海海域评价单元生态风险评价结果

风险源指标 / 风险受体指标	D8 海平面上升速率/（mm/a）	D14 海水水质等级	D15 沉积物质量等级	D17 风暴潮平均增水/cm	D18 旅游开发
	0.2	0.8	0.25	0.5	0.5
C_3 浮游植物多样性	0.5	0.1	0.4	0.125	0.25

风险源指标　　　　　　　风险受体指标	D8 海平面上升速率 / (mm/a)	D14 海水水质等级	D15 沉积物质量等级	D17 风暴潮平均增水 /cm	D18 旅游开发
	0.2	0.8	0.25	0.5	0.5
C_4 浮游动物多样性	0.5	0.1	0.4	0.125	0.25
C_5 大型底栖动物多样性	0.7	0.14	0.56	0.175	0.35
$Risk = \mathrm{Max}\ (D_i \times C_j)$	$Risk = 0.56$				

5.6 小结

本章从海岛植被形态结构、可持续性和干扰性等方面，系统建立了海岛植被现状指标体系和评价方法；从岛陆、潮间带、周边海域 3 个子系统组成的海岛生态系统完整性出发，系统构建 3 个海岛生态子系统健康评价指标体系和评价方法；通过梳理海岛生态系统面临的主要风险和风险源，确定了风险受体，系统建立了海岛生态系统风险评价指标体系和评价方法。并将上述方法在大金山岛进行了示范应用，取得了较好的效果，为研究我国海岛生态系统综合评价理论和方法体系提供了方法借鉴和科学支撑。各部分评价的主要结论如下。

（1）植被现状评价

大金山岛植被综合指数为 0.78，植被状况良好，轻微受损，植被覆盖率较高，群落结构组成与结构稳定基本稳定；更新能力较强，可持续性较强；受到轻微外部压力干扰。大金山岛植被受损的主要原因为：野桐群落天然更新能力差、物种多样性差、还受花竹的入侵影响；花竹群落被认为是大金山岛的入侵植被，对群落结构和物种多样性等多有影响，会造成群落的逆向演替。针对这些问题，可采取相应的保护措施：对野桐群落进行相应的林分改造，根据大金山岛植被自身特点，推荐采用青冈与野桐混种的形式；控制花竹的扩散，在条件许可的情况下可采用相樟、红楠、青冈等物种代替花竹。

（2）海岛健康评价

大金山岛生态系统健康指数为 63.84，处于"健康"状态。总的来说，大金山岛生态系统环境质量较好，受到轻微污染，但水体中无机氮和活性磷酸盐是主要污染因子，呈现一定程度的富营养化；生物群落的组成与结构基本稳定，但生物多样性一般；特有种或关键种保育情况较好，但受到一定程度外来物种的影响；景观自然性较高，景观格局结构与功能较稳定；海岛受到轻微程度的外部压力干扰，生态系统较健康，服务功能发挥正常。

（3）海岛风险评价

大金山岛岛陆评价单元风险值为评价单元风险值为 0.375，为低风险，岛陆生态系统处于较稳定状态，发生风险的可能性较小；潮间带及近海海域评价单元风险值为 0.56，为中风险，潮间带及近海海域生态系统具有一定的风险，需要预防可能发生的生态问题。

（4）存在的问题

在进行海岛植被现状评价、健康评价和风险评价过程中，指标体系虽然构建得较为系统，但仍存在部分指标数据缺失情况，只是在相关文献和专家经验基础上开展分级评价，这在一定程度上影响了评价结果的准确性。但如果经过多年的数据累积后，即可以开展长时间序列的趋势性评价，这样对海岛生态系统的评价结果则显得更具参考价值。

第6章 海岛适生植物物种筛选及栽培技术研究

6.1 海岛适生植物筛选与培育理论体系研究

我国大多数海岛生态环境恶劣,海岛生态系统单一,盐碱、海雾、强风、土壤瘠薄等恶劣的自然环境是植物生长的瓶颈,植物易生长发育不良。因此,海岛生态系统在自然和人为干扰下极易退化,且退化后其生物、土壤和水分条件很难重建与修复。为解决海岛由于生境恶劣,植被修复难度大,适宜海岛植被修复的抗逆植物种苗缺乏,改善和修复海岛生态环境,完善海岛植被修复物种选择体系等问题,开展抗逆生理实验,确定海岛植被修复的适生种就成了至关重要的一步。

目前,在进行海岸带与海岛绿化时,不少工程盲目照搬内陆园林绿化模式或使用海岸环境适应能力较差的植物种类,导致绿化植物死亡、后期管护成本高、景观效果差等问题。因此,有计划、有针对性、有组织地全面普查海岛耐盐植物,深入开发乡土耐盐植物资源,筛选出具有开发利用前途的海岛植物,是发展盐土农业和提升滨海园林景观的基础。耐盐植物包括盐生植物与耐盐的非盐生植物。耐盐植物具有较强的抗盐能力,可以在盐渍环境中良好生长,而盐生植物是指生长在土壤溶液单价盐含量在 70 mmol/L 以上的生境中能够生长并完成生活史的一类植物。据赵可夫等调查统计,中国目前有盐生植物 502 种,隶属于 71 科 218 属。耐盐园林植物筛选的最终目的是合理开发利用。通过咨询相关专家以及各方面文献资料的查阅,确定耐盐园林植物的开发利用价值,包括耐盐性指标、观赏性指标和适应性指标,采用 5 分制为不同指标进行分别打分,然后将 3 个指标的分值之和作为评价标准,对耐盐园林植物进行综合评价,为耐盐园林植物的开发利用提供筛选依据。

(1)耐盐性评价标准

植物的耐盐能力评价是耐盐植物引种、育种和筛选的基础,是植物形态适应和生理适应的综合体现。但是,不同的树种,由于其生物学特性不同,其耐盐的能力也是不同的。根据植物是否被海水浸淹以及距海水的远近,可将植物的耐盐程度分为 3 个等级:5 分为强耐盐,这类植物主要分布在潮间带被潮水间歇性淹没的淤泥

150

海滩地段，此段长期或间歇性被海水淹没，土壤含盐量高；3 分为中度耐盐，这类植物主要分布在只有大潮或特大潮才能淹到的地段，此段海滩逐渐升高，受潮水影响较小，土壤含盐量已有所下降，但含盐量仍较高；1 分为轻度耐盐，这类植物主要分布在潮上带的地段，特大潮水也无法到达的地段，土壤已逐渐处于脱盐或半脱盐状态，土壤含盐量较低。

（2）观赏性评价标准

观赏性评价的方法如下，被子植物主要对其外形、花、果各方面进行的综合评价，裸子植物主要从其外形、叶、孢子叶球、果等进行综合评价，蕨类植物主要从其外形、叶、孢子叶等进行综合评价，每种植物观赏价值根据综合评级结果分为 3 个等级：5 分为株形优美、花大色艳或孢子美丽；3 分为株形优美，花果或孢子观赏价值较小；1 分为株形一般，花果或孢子观赏价值小。

（3）适应性评价标准

植物的分布范围和生境是植物成功引种的基础，因此适应性评价主要包括对植物分布范围和生境的评价，一般而言，植物分布范围越广其生境多样性就越高。根据植物在野外的分布范围和生境特征，并查阅相关文献资料，可将植物的适应性分为 3 个等级：5 分为野外分布广，生境多样性高，对土质要求不严，普通光、温、水、土即可；3 分为野外较常见，生境多样性较高，对某一生态因子有一定要求；1 分为野外不常见，对生境要求苛刻，对土质要求比较苛刻，对多个或某一个生态因子要求高。最后结合耐盐性、观赏性、适应性 3 个指标进行综合评价，筛选出其中总分值在 9 分以上的种类。

某些海岛由于特殊的地理环境，风大、扬沙等恶劣的自然条件尤为突出。以福建的海岛平潭为例，风害是平潭城市绿化的一个主要问题，特别是秋冬季节的东北风，寒冷且持续时间长，并夹带盐分，对绿化植物造成严重的危害。因此，在绿化植物种类的选择上应根据受风害程度影响的大小对不同区域做特殊要求。《粤东滨海城市绿化树种抗风性评价与筛选》中，以灾后风害恢复原景观的修复投入比例综合专家咨询确定权重，采用改良加权评分法分析城市绿化树种的抗风性，最后划分为 4 个抗风级别。Ⅰ级树种抗风性较强，可作临海绿地、主干道、空旷公共绿地等风口地带的首选树种；Ⅱ级树种抗风性一般，在中心风力 12 级以下的热带气旋袭击中受害较轻，如凤凰木，不耐受强台风，但台风与强热带风暴则对其影响不大，因此，这类树种可主要应用于内城区（非临海）主干道、新建区次干道等次风口地带绿化；Ⅲ级树种抗风性较差，提倡应用于内城区的次干道或居民区的小路等非风口地带绿化，也可作小区、庭园的遮阴、美化树种；Ⅳ级树种基本上不抗风，但都具备较强的观赏性，提倡只作为庭园树种适量发展，并于台风季节及时加强防护。

我国大多数海岛淡水资源匮乏，土壤保水能力差，海岛特别是迎风坡风力大，水分蒸发快，严重影响海岛植被修复的成效。植物的生长过程对缺水十分敏感，轻微的水分胁迫就能使生长缓慢或停止。干旱条件下一般选择种植较耐旱的植物，耐旱植物具有忍受干旱而受害最小的特性。按照植物生长环境的不同，根据对植物干旱处理方法的不同，抗旱性鉴定方法可分为 3 种：土壤干旱法、大气干旱法和高渗溶液法。其中，土壤干旱法通过控制盆栽或大田栽培作物的土壤含水量而造成植株水分胁迫来鉴别作物抗旱性，操作简单方便，结果直观。李云飞等即利用盆栽称重控水法制造土壤干旱以研究干旱胁迫对紫叶矮樱的影响。选择抗旱植物的同时，在缺水地区，还需要合理安排灌溉方式、灌溉量及灌溉时间，尽可能地提高水资源利用率以维持植物的水分平衡。除此之外，采用一定保水措施来减少水分的流失是必要的。保水剂是利用强吸水性树脂制成的高分子聚合物，具有特殊的保水节水性能，起到抑制土壤水分蒸发，防止水土流失的作用。Santos 等和杨永辉等都证实保水剂能增加土壤水分入渗率，且在改善土壤物理结构方面效果显著。地面覆盖可以起到削弱太阳辐射、调节土壤温度、控制土壤水分蒸发从而提高土壤水分利用率的作用。目前，地面覆盖方法中研究最多的是地膜覆盖和秸秆覆盖对旱区作物的生长影响，施加保水剂方法中研究最多的也是不同保水剂对旱区作物生长、造林成活率的影响，而保水剂和地面覆盖在海岛植被修复中的应用未见报道。前人还没有对木麻黄、台湾相思和夹竹桃 3 种植物的耐旱能力进行过研究比较，本研究通过土壤干旱法鉴定这 3 种植物的抗旱性，并试验施加保水剂和覆盖凋落物两种保水方法的效果，可为海岛植被修复的耐旱植物筛选和修复过程中工程措施的选择提供参考。

　　不同的筛选方法得出的结果具有差异性，必须对这些指标的交互作用加以深入综合分析，从而提高抗逆性鉴定的准确性和可靠性。海岸带园林植物资源的筛选，可为沿海防护林建设和滨海盐碱地绿化提供适宜的园林植物，对滨海地区生态系统的恢复和提高起到积极的促进作用。

6.1.1　海岛适生植物保存理论体系研究

　　适生植物种类众多，其种质资源也是极其丰富的。种质资源是指选育新品种的基础材料，包括各种植物的栽培种、野生种的繁殖材料以及利用上述繁殖材料人工创造的各种植物的遗传材料。种质资源库是指以植物种质资源为保护对象的保存设施。至 1996 年，全世界已建成了 1 300 余座植物种质资源库，在我国也已建成30 多座植物种质资源库。依据保存种质保存方法的不同，可以分为传统的植物种质资源保存方法、离体培养保存方法和超低温保存方法。

　　传统的植物种质资源保存方法主要有原生境保存和异生境保存两种。原生境保存顾名思义就是在植物原来的生态环境下就地保存和繁殖，因此被看作植物的"天然基因库"。除了农业社区保存外，还有建立自然保护区以及国家公园等更为科学的方式。原生境保存的种质资源多是天然的和未经人工选择的，分布面大，生境各异，遗传变异极为丰富，因此它们常被用来保护整个生态系统或整个物种的生物多样性。例如，从 1978 年以来，南岳树木园对南岳衡山的珍稀濒危保护植物进行了多项试验用以保存当地的濒危植物。在选择海岛植物时也可以选择当地生存良好的濒危植物，一方面可以保护当地的生态，另一方面也保护了当地的生态及生物多样性，例如，当地生长良好且具有良好抗风效果的抗风桐、海岸桐、榄仁树，灌木有草海桐、银毛树等。

异生境保存是指在植物原产地以外的地方保存和繁殖植物，如以保存完整植物为主的植物园或种质资源圃和保存种子为主的种子库。早在占代中国和地中海国家的私人药圃或者苗圃就有搜集植物种子或者引种的记录。又如现代的台湾相思，主要通过中国林科院与国外有关单位交换种子。一般先进行种子品质鉴定，然后用沸水烫种或硫酸拌种处理种子，于沙床催芽，营养袋育苗，于园内定植保存，每件种质栽植 16 株以上，株行距为 3 m×3 m 或 2 m×3 m，挖坎造林，坎 60 cm×60 cm×40 cm，每坎放钙镁磷 500 g，造林后铲草施肥 2 年，每年 1~2 次，定期观测林木生长发育情况。又如，鹅掌楸其种质资源的保存方法主要有种子繁殖、嫁接和扦插，但是由于其结实率和发芽率过低且扦插成活率低，因此更多运用的是嫁接法进行种质资源保存。

离体培养保存就是利用组织培养技术获得特定培养材料，如细胞、组织、器官等进行种质保存的方法。种质离体培养保存就是通过改变培养物生长的外界环境条件，使其生长降至最小限度，以达到保存种质的目的。若要选用具备稳定性遗传、成活率高、再生能力强的培养物，则需选择顶端分生组织分化程度小、倍性一致、含有顶端分生组织的各种器官（茎尖、芽、根）以及离体小植株为植物种质资源离体培养保存的材料。离体培养技术是中短期保存植物种质的重要手段，目前主要应用在不育型树种、高度杂合的木本植物、稀有或濒危植物及热带植物种质的保存方面。比如，木麻黄植物微繁殖技术是 20 世纪 80 年代发展起来的新方法，主要是利用组织培养技术或纯培养技术来繁殖木麻黄。繁殖材料通常是木麻黄的幼组织，如枝条、枝芽、根芽、花芽、未成熟雌花和种子等。

超低温保存技术是在液氮（−196℃）甚至更低温度下长期保存植物种质资源的方法。目前，涉及超低温保存的材料有原生质体、悬浮细胞、愈伤组织、体细胞胚、合子胚、花粉胚、花粉、茎尖（根尖）分生组织、芽、茎段、种子等。超低温保存的缺点是植物细胞在保存过程中剧烈的温度变化可能会对植物细胞造成伤害，例如：

①由于冰晶的形成和生长对细胞造成的机械损伤；②温度的变化对细胞膜系统的结构和功能的损伤；③温度变化对细胞代谢酶生物活性的影响。因此超低温保存成功的关键就是避免升降温过程中冰晶形成和生长以及温度变化对细胞膜系统和代谢酶活性的影响。对于某些树种，例如油棕榈等，由于胚性培养物是唯一可用的离体培养材料，因此使用超低温保存的方法是比较方便可行的。又如，香果树运用其茎尖，芒果树、油橄榄运用其胚状体进行超低温保存。目前，超低温保存技术的普及率还比较低，但是这项技术对大范围保存种质资源具有重要意义。

6.1.2 海岛适生植物繁育和栽培技术理论体系研究

6.1.2.1 海岛适生植物繁育

面对生境脆弱、易受干扰的独特海岛生境，苗木的繁育既是海岛适生植物的栽植前提，也是海岛植被生态修复的基础，对于海岛适生植物的种植及应用推广都具有重要意义。

常见的繁殖方法有以下几种。

1）有性繁殖

（1）种子繁殖

产生的幼苗能较好地适应自然环境且繁殖系数大，种子质量的差异对后代有直接影响，高质量种子可培育出优良的苗木。用于繁殖的种子要具备质量佳、遗传特性优良、发芽率高的特点。在种植前，根据植株特点和所处地区气候确定播种时期，做好种子处理工作、土地准备工作并根据植株特点因地制宜选择作畦方式，在种子发芽前解决种子休眠问题；种植时，要适当扩大各单株的营养面积，使植株营养体得以充分生长。同时，根据需要和生长时期，施以氮、磷、钾肥，保证种子的有效利用率。

一般一二年生草本植物常采用种子繁殖，如草坪播种，在海岛播撒草籽时，种子质量应达到《林木种子质量分级》（GB 7908—1999）的要求。其他常见种子繁殖的海岛适生植物有槟榔、椰子、露兜簕、胎生红树植物等，用有性繁殖得到生长速度快的实生苗。

播种育苗新技术方面，如菌根化育苗：作用机制是菌根菌对宿主植物生长的促进、抗逆性和抗病性的增强，此方法具有提高苗木成活率、提高幼苗生长量（苗高、地茎等）等优点，适合造林育苗。

（2）杂交育种

将父母本杂交，再对杂交后代进行筛选，获得具父母本优良性状，且不含不良性状的新品种的培育方法。如柯玲俊等（2020）通过姜荷花的杂交育种实验研究，为姜荷花新品种选育积累群体基础。

（3）植物基因工程育种

以植物为受体的一种基因操作，采用基因克隆、遗传转化以及细胞、组织培养技术将外源基因转移并整合到受体植物的基因组中，并使其在后代植株中得以正确表达和稳定遗传，从而使受体获得新性状的技术体系。此方法在植物繁殖中主要体现在花色基因工程、植物抗逆性基因工程等的研究中。

2）无性繁殖

（1）扦插繁殖

利用植株特定营养器官，借助自身遗传特性以及组织再生能力，最终形成完整植株的方法。扦插苗可节约成本，且培育速度快，可大量生产育苗，是育苗常用方式，但根系浅，环境适应性差。扦插中应及时供应插条足够的水分以提高成活率，必要时准备大棚等温室设备，同时，还要做好环境增湿、降温及插条的激素处理等，以确保扦插成功。目前的扦插新技术有全光照自动间歇喷雾扦插新技术、营养袋喷雾扦插育苗等。

在海岛适生植物的繁育中，扦插育苗技术的研究具有重要意义。如普陀樟和舟山新木姜子种子繁育变异多，导致苗木品质参差不齐，且抗逆性差异大，当普陀樟选择 DBH≥20 cm 的母株插穗，顶部带顶芽、基部平切，带 4 个叶片，用 100 mg/L 的 ABT+IBA 或 GGR+IBA 浸泡 9 h 后在木屑+河沙中扦插；舟山新木姜子选择DBH≥20 cm 的母株插穗，顶部无顶芽、基部平切，带 4 个叶片，用 400 mg/L 的 IBA 或 ABT 浸泡 6 h 后在木屑+珍珠岩中扦插；采用上述处理方案，普陀樟成活率可达95%，舟山新木姜子成活率可达80%（高浩杰，2017）。海岛植物中常采用扦插育苗方式的有：竹类、柃木、滨柃、厚叶石斑木、赤楠、钝齿冬青、草海桐、苦郎树、黑木相思等。

（2）嫁接繁殖

将植株的芽或枝，利用嫁接技术嫁接到其他根系植物上，通过技术措施使嫁接部分愈合，进而长成新的植物体。嫁接既能保持接穗的优良性状、又能利用砧木的有利特性，对于品种改良、经济价值的提高具有重要意义。常用于果树类、林木类、花卉的繁殖上。常用嫁接技术有：

①枝接法：分为靠接、劈接、插接 3 类。常用劈接，一般在春天树木未发芽前嫁接。先选取合适的砧木横切后，再顺着纹路通顺之处劈下，将准备好的芽接穗插入，用土掩埋好即可。

②芽接法：取接穗上一片芽，接到砧木上，靠芽苗成活。根据芽的形态，可分

155

为芽片接、管芽接等类型，最常用的是芽片接。最好在夏末时节，选取合适砧木并切口，深度最好不伤及木质部，保持切面平整，将带着木质部的芽放进切口中，使切口内壁与芽片贴紧并捆绑结实。

③靠接法：选择紧靠的 2 根枝条，分别削去相对面的相似面积树皮，贴紧两面并绑好即可。

目前也有很多新的嫁接新技术，如高位嫁接改冠换头育苗新技术、伐桩嫁接新技术等。

（3）压条繁殖

将枝条或者茎蔓埋到土里或者用土或其他潮湿性料包裹，待其生根后与母株隔离，成为新的植株的方法。常绿植物以雨季为宜，落叶植物多在冬季休眠期、早春或者秋季 8 月以后进行。木本花卉繁殖常用此法，如栀子花、茶花、夹竹桃、八仙哈等，其他植物如榕属、金橘、含笑等多采用此法。

（4）分株繁殖

将植株萌蘖枝、丛生枝、吸芽、匍匐枝等从母株上分割下来，另行栽植为独立新植株的方式。此方法成活率高，成苗快。分株时最好每株保持 3~4 个枝或芽，繁殖季节以春秋两季最适宜。可用于生命力比较旺盛的树木，尤其适用于灌木类树木如丛生性强的花灌木还有萌蘖力强的宿根花卉。根系不发达的树木分株时，不可将根系分得太细，以免降低成活率。应用如君子兰、吊兰、虎皮兰、孢子生殖的卤蕨、尖叶卤蕨红树植物。

（5）根茎育苗

将横走的根茎按一定长度或节数分若干小段，每段保留 3~5 个芽，从而成长为新植株的方法。如肾蕨、薄荷的繁殖等。

（6）胚轴苗繁殖

在种植前处理胚轴苗、根茎或类似繁殖体的方法。如红树植物的胚轴苗繁育，将红树植物胚轴苗的下胚轴与一固定杆用捆绑带捆绑后，构成向下部延伸的种植体，种植时直接将种植体往泥滩上插入，简单易行。该技术可有效地提高红树造林成活率，并扩大造林范围，在较低潮滩种植的红树林成活率达 90%以上（厦门大学，2005）。

（7）离体繁殖

离体繁殖又称植物快繁。利用植物组织培养技术对外植体进行离体培养，短期内获得遗传性一致的大量再生植株的方法，具有繁殖效率高、培养条件可控性强占用空间小、管理方便、便于种质资源保存及可持续性利用的特点。

考虑到传统的繁殖方式具有繁殖速度较慢，繁殖周期长并且种子的收集具有季节依赖性，扦插繁殖则对母株的要求较高等缺点，同时为了种质资源保存以及可持续的利用，梁韩枝（2018）通过常态芽上的不定芽诱导与扁平化茎段上的不定芽诱导这两条途径建立了一个高效的单叶蔓荆离体快速繁殖方案。

3）其他育苗方式

（1）瓶外生根

试管苗生根与驯化有机地结合起来，有效缩短育苗周期，节约生产成本，提高移栽成活率。根据基质不同可分为基质培、水培、气雾培。环控大棚进行试管苗瓶外生根育苗以及推行瓶外生根标准化生产将成为未来试管苗瓶外生根的发展趋势。

（2）控根快速育苗新技术

这是一种以调控苗木根系生长为核心的新型育苗技术，通过增根、控根、促生3个方面实现其功能，该技术由控根育苗容器、复合基质、控根培育管理3部分组成。其控根苗盘分为培育幼苗和大苗两大类。可以用来培育大龄苗木、缩短生长期、还为侧根气剪提供条件。

随着对海岛适生植物研究的深入，对很多植物在繁殖技术上已经进行了较为系统的全面研究，如李大周（2012）建立水生植物繁育基地筛选出16种适合在海南生长的水生植物，采用播种和分株两种方式进行繁殖，逐步形成具有生产水生植物种苗的能力，总结了一套成熟的栽培技术，为大范围地推广提供了优良种质资源；如舟山新木姜子形成种子播种、扦插繁殖、截干埋根的繁育技术体系。

常见的育苗方式有以下5种。

（1）容器苗

利用各种容器培育的苗木。如黑松采用容器苗具有节省种子、苗期短、节约圃地、成活率高等特点。红树植物多采用容器袋栽苗，定植成活率高，不易被海浪冲毁。其中，胎生类常用营养袋直接育苗，如秋茄、木榄、红海榄、桐花树、白骨壤等；种子类则先作苗床育苗，后移栽入袋培养，如海桑属红树、海漆等。

（2）苗床育苗

比如苗圃、大棚等。出圃育苗：繁育品种纯正和高质量的苗木人工模拟自然条件，电脑控制，有排灌设施，能适应机械化操作，无严重病虫害和自然灾害。中国现有的红树林苗圃可归纳两大类型：旱地设施苗圃和潮滩苗圃，后者又可分为红树林滩涂苗圃、光滩苗圃、基围塘苗圃和米草滩涂苗圃。

（3）林下栽培

利用植物生长特性，选择合适品种在适应林地进行育苗，不仅节约土地，还能丰富林地垂直层次。如席飞飞等（2017）在火龙果、荔枝为主的经济林下，培育鸡血藤幼苗，发现火龙果树下成活率可达95%。

（4）无土栽培

以水、草炭或森林腐叶土、蛭石等介质作植株根系基质固定植株，植物根系直接接触营养液的栽培方式。可分为水培、雾培、基质栽培。其优点是使营养液成分便于控制，易调节，育苗生长发育好，质量高。如选用经子代测定或经无性系测定的优良木麻黄母树，利用合适的小枝进行水培育苗，能快速繁育并保持母体速生、抗性强的优良品质，是目前沙地防护林迹地更新的最有效的途径（林默爱，2005）。

（5）组织培养苗

在无菌条件下，植物体的植物器官、组织、细胞，以及原生质体，培养在人工配置的培养基上，给予适当培养条件，使其成长为完整植株的方式。温伟文等（2013）在广东梅州利用黑木相思组培苗和扦插苗进行种植试验研究，确定其是速生丰产绿化树种，有很好的利用价值，在与梅州地区有相似气候条件的区域可以广泛种植。

为提升海岛适生植物苗木栽植后的存活率，建议可以采取以下措施。

①就近育苗或引种培育。就近育苗可节约成本，且相似的土壤环境有利于提高苗木存活率。

②移植前进行抗逆性锻炼。如采取抗旱、抗盐、抗盐雾锻炼等措施，以提高植物的成活率。

③带土球苗的成活率远高于裸根苗。

④菌根化育苗能提高植物对海岛生境的适应能力。

6.1.2.2 海岛适生植物栽培技术理论体系研究

海岛是人类开发海洋的远涉基地和前进支点，是第二海洋经济区，在国土划界和国防安全上也有特殊重要地位。因其生境的特殊性，常规的园林植物栽植技术并不完全适用。相较于内陆绿化，海岛淡水资源缺乏、土壤贫瘠、外来物种入侵、盐雾大和海风侵袭等问题都严重阻碍海岛植物的群落演替和发展，因此，需要在实践操作过程中不断改良种植技术。研究表明，栽植耐盐植物可以不同程度降低滨海盐碱地的土壤含盐量、增加养分含量，显著改变群落结构且提高生物多样性。因此，需归纳整理现行的海岛植物适用的种植栽培技术，修复生态环境，实现滨海景观的进一步建设。

1）植物筛选

在城市盐碱地园林植物栽培中应当优先选择种植耐盐碱的乡土树种。经过长期的自然选择及物种演替，具有适应性强，对当地的极端气温和洪涝干旱等自然

158

灾害具有良好的适应性和抗逆性。在以乡土树种为基调树种的前提下，适量引进其他耐盐性植物，丰富绿化结构和层次，提升城市绿化质量。常见的海岛适生植物乔木有：黑松、木麻黄、台湾相思、南洋杉、红千层等；灌木：滨柃、芙蓉菊、柽柳等；草本：厚藤、海刀豆、鬼针草、薹草等。林映霞等（2019）提出台湾相似造林必须首先对幼苗进行严格的筛选。每棵幼苗要达到 15 cm 以上的高度，直径 0.3 cm 以上，至少有 3 片叶子。李桂华（2016）提出杉木较为适合在海岛轻度盐碱地上生长，采取原土移栽的方式，西府海棠、合欢、刺槐、竹柳等也有较高的成活率。

2）整地处理

岩质海岸，尤其是远离陆地的海岛，由于常年受海风的猛烈吹袭，植被大多稀疏低矮，坡度险陡，土层浅薄干燥。整地不当，会造成地表径流土壤冲刷，影响幼树成活和生长。在场地整理时应减少对土壤结构的破坏，尽量保留原有的大树、沙丘、山石或其他良好的环境资源。许基全等（2016）采用小块状开垦整地，先将开垦区块的植被连根挖掘后叠放在开垦穴的下方，起挡土拦水作用，开垦整地大小为 40 cm×40 cm 的小块状即可，深度要求达到 25 cm 左右。在盐碱地栽种区域地下铺设隔离层可有效控制地下水上升速度，防止地下水蒸发后的反盐。目前常用的隔离材料为炉灰渣、麦糠、秸秆、锯末、树皮等。在栽种区域先挖一个深度为 2 m 的土坑，坑四周用塑料薄膜进行封闭然后铺设厚度为 25 cm 左右的炉灰渣和 5 cm 左右的麦糠和秸秆等植物组织。

3）土壤改良

土壤的酸碱性、含盐量、微量元素含量对植物的生长都有着重要的影响，海岛土壤盐碱化严重，致使植物根系很难吸收土壤中的水分及其他营养成分，出现植物生理干旱等问题，严重影响区域内植物的生长健康状态。种植前应先检测种植土的 pH 值，pH 值的范围为 5.0～5.5，如果 pH 值超出可种植范围，应考虑改良土壤。可以选用先进的土壤改良剂，添加进土壤中，并进行充分的搅拌，改善土壤的结构，提高其持水性。

（1）开挖沟渠法

根据盐碱地的分布特点，进行划区分块，开挖沟渠，分主干沟（宽 30 m、深 3 m）、副干沟（宽 7 m、深 1.5 m）与支沟（宽 1.5 m、深 0.6 m），沟构相连，并与外河流相通，使盐碱地灌水有来源、排水有出路，达到区域脱盐的目的。

（2）机械深翻法

对沿海滩涂盐碱地采用机械深翻（深度 30 cm），再平整土地，通过单行做畦减小土壤水分蒸发面积。畦两侧开沟，方向以排水流畅为好。

（3）化学改良法

黄腐酸对 Na^+ 的吸附作用明显，可以显著降低盐碱中的 Na^+ 含量。研究表明，泥炭和黄腐酸混合物可以降低土壤盐分、提高土壤质量。姚强等（2020）针对滨海盐碱地设计大田实验，结果表明，腐殖酸、脱硫石膏、菌渣等原料间的协同效应对滨海盐碱地具有良好改良效果。张琪晓等（2012）在舟山多个海岛的农田里同时施用微生物肥和有机肥，结果表明，微生物肥中所含有的多种微生物可加速植物残留体的腐化和纤维素的降解，增加土壤有机质含量，微生物肥料可增加土壤有机质含量，促进土壤团粒结构的形成，提高保水、保肥能力。研究表明，用聚马来酸酐改良过的盐碱土可以提高种子的发芽率，可以作为土壤的改良剂。

（4）挖坑填沙法

对于盐碱比较严重的土地，最好按照行距、株距挖坑，坑的规格一般约为 40 cm×40 cm×40 cm（长×宽×深）左右，将坑内的盐碱土壤起出后，再填入沙土，浇水后再栽植。

（5）灌溉法

栽植前一年要灌足冬水，栽植后及时浇水，这样可避免盐碱危害。

4）植物种植

植物种植要充分考虑海岛的气候、温度、湿度等具体环境，通常春季种植，避免冬季东北风盛行且温度较低时间种植，最好选择雨水多，环境湿度较大时种植，可以提高苗木成活率。黑松一般播种时间宜早不宜晚，土壤完全解冻后即可播种，一般在 3 月上中旬较为合适。曹利祥等（2011）研究发现，木麻黄种子秋季播种出芽率较春季高，但是幼苗在冬季会伤损，存苗率明显小于春播。沿海防护林采用不同树种混交对增强防护林的防风效果有利，对防护林树种及林下套种树种的成活率及生长量均有显著提高。海岛如若大面积造林则可以考虑混交林模式。木麻黄和台湾相思混交林试验表明，两种树重混交后根系交错，可以阻挡海风，隔绝沙尘，并且能改良土壤，增加土壤肥力，提高林分蓄积量，改善海岛自然生境。随着木麻黄和湿地松混交行数比例增大，生长效益和防护效益逐渐增加，以木麻黄与湿地松 3∶3 带状混交模式最高。

6.1.2.3 海岛适生植物养护管理理论体系研究

（1）水分管理

海岛海风大，使苗木蒸腾作用加剧，苗木水分散失加快，不利于苗木成活，水分对海岛植物来说非常必要。浇种子时期浇水时间应在清晨和傍晚，要避开温度较高的中午时分，晴天种植树木时进行大量浇灌，大雨天时要做好排水工作，以保证植物良好生长。浇水量的控制要得当，只要土壤表面湿润即可，直到种子幼苗破土。幼苗出土后 1 周，要及时喷洒多菌灵，然后再喷洒清水洗掉，频率为每周 1 次，持续 1 个月即可，以降低幼苗立枯病发生概率。根据土壤干湿情况适时浇水，浇水既能冲刷随土壤毛细管上升的盐分，降低土壤的渗透压，又能使植物补充水分。可以采用淋灌和喷灌，在下午或者傍晚浇水。海岛植物浇灌方面的养护应遵循"大水压碱，小水引碱"的原则。可合理使用一些辅助技术，例如，在种植过程中喷施营养液、保水剂、生根剂、抗蒸腾剂等。台湾相思、木麻黄和夹竹桃的保水剂施加量与土壤质量比例为 1∶500 时，植物存活率长势明显提高。

（2）地面覆膜

适当利用废弃的有机物或种植地被植物覆盖土面，可以起到减少水分蒸发，抑制土壤返碱，减少地面径流，增加土壤有机质含量的作用。覆盖材料有农作物秸秆、树叶、树皮等。可用扎成排状的稻草或塑料膜覆盖在树周围，覆盖厚度 10 cm 左右，可有效防止水分蒸发，抑制土壤盐渍化。最好对种植地的植物进行表面土层覆盖，在树木周围一圈留出一块空白处，其他地方种植耐盐碱的植物，从而起到抑制盐分的作用。

（3）肥料管理

土壤盐碱化是一个世界性的难题，魏艳艳等（2019）对浙江无居名海岛土壤养分进行调查，研究发现，浙江海岛土壤主要为酸性土，有机质质量分数较低，全氮、全磷质量分数较高，全钾质量分数处于中等水平。调查发现，福建海岛土壤有机质含量不高，风沙土、潮土和滨海盐土，有机质更为贫乏，土壤 N 素普遍缺乏，P、K 素水平较为丰富，保肥供肥能力弱。周静等（2003）将中部沿海陆域与海岛土壤进行对比，海岛土壤盐基饱和度、粉粘比、粘粒的硅铝率及硅铁铝率分别比相邻陆域土壤高；而土体红化率和自然粘化率则比相邻陆域土壤低。针对海滩耐盐植物，施用有机肥料不仅能改善土壤结构、提高土壤保肥能力、增添土壤中植物生长所需养分而且有机肥料在腐熟过程中产生的酸能中和土壤中的盐碱。此外，有机肥料产生的有机酸还能够部分中和土壤的碱性。海岛植物由于其特殊性，通常在 3 月上中旬进行第 1 次追肥，每 667 m^2 施尿素 20 kg、过磷酸钙 30 kg；6 月底至 7 月初雨季来临前进行第 2 次追肥，每 667 m^2 施尿素 30 kg 或碳铵 100 kg 加过磷酸钙 30 kg；8 月底至 9 月上中旬可追施氯化钾 20 kg。

（4）工程防护

重视植物选择的同时也要注意工程防护措施，利用围网，建筑物等减弱风沙，在沿海地区受东北风影响较大区域设立风障和盐雾网相结合阻挡减弱季风影响，常见的有网绳、树枝、竹条、木板等材料编织而成的网篱状风障。透风率 15% 的风障，防风效能达到 89%，适合设置为堆沙风障，透风率 30% 与 45% 的风障可在堆沙风障后设置为防风风障。海岛风速大、风力强，在树木后期养护管理中，应当重视植物支撑，一般选用竹竿、镀锌钢管、支撑杆。支撑方式有 "n" 字支撑、三角支撑、四角支撑、特殊支撑，支撑杆的设置方向、支撑高度、支撑杆倾斜角度、绑扎形式、牵拉物长度尽量统一。支撑位不可过低，在树干 1/3~1/2 处，以提高树干整体的牢固性以及抗风沙性能。树干扎缚处，必须夹垫厚的透气软物，否则树体随风晃动，常导致镀锌钢丝嵌入干皮内，支撑处干皮磨损，病菌易于破损处侵入并发病，造成树势衰弱甚至死亡。此外，支撑设置方向、支撑高度、支撑杆倾斜角度要合理，支撑必须稳定牢靠，不偏斜、不吊桩。

（5）病虫害防治

在园林植物后期养护中，防治病虫害也是其中重要一环。陈晓钦（2020）对福建省东南沿海突出部进行调查，出现频率较高的虫害有禾沫蝉、茶袋蛾、黑翅土白蚁、松突圆蚧、松墨天牛、木麻黄毒蛾等，且春夏季是病虫害的高发期，夏季温度和降水是病虫害适生分布区的重要环境影响因子。黑松作为海岛造林常用树种常见的病虫害如松毛虫、日本松干蚧、松梢螟，一般通过诱捕杀虫、根部埋药、农药杀虫 3 种方式来防治。黑松幼苗在 5—6 月易发生立枯病，因此在苗木出齐后，每隔 15 d 应喷 1 次 150~200 倍的波尔多液，连续喷 3~4 次。沿海地区台湾相思的嫩叶、嫩梢和嫩果容易感染锈病，在造林技术上要合理控制栽植密度，保持通风透光，促使林木生长健壮，提高抗病力。茶袋蛾对木麻黄危害较大，常用的防治方法有人工摘除护囊、黑光灯诱杀雄成虫和药剂灭杀幼虫等。柽柳常见虫害如白眉蚧可以采用浓度为 40% 的氧化乐果乳油等消灭虫害；天牛可以人工捕捉或用绿色威雷 200 倍液喷杀。

6.2　适生植物物种特征与分布

为确保筛选具有较强的全面性、可靠性，对于可供筛选的海岛植物对象的选择主要依靠文献综述法及实地调查法。通过相关文献的检索查阅，对近百篇的国内外海岛植被多样性的相关研究文献进行分析，并结合实地调查，对诸如庙岛、连江部分岛屿、淇澳岛等岛屿进行植被多样性调查，调查内容主要是通过设置多个具有代表性的样方，调查其植物名称、分布、生境、主要群落类型等。文献资料方面，将中国海岛划分为庙岛群岛组、浙江海岛组、闽粤岛屿组、台湾岛组和海南岛组 5 组，并将海岛植物生态类群划分为砂生生态类群、盐生湿地生态类群、基岩生态类群、海岸林生态类群的优势种，后梳理总结出约 250 种海岛植物作为研究对象进行下一步的筛选。

6.3 适生植物评价体系构建与适生物种筛选

植物在生态系统中起到重要的枢纽作用，在维护生物多样性、土壤形成和改良、生态水文等方面都起到相当重要的作用。我国乃至世界都十分重视植物种类的筛选与评价。对于植物的筛选主要是对针对不同地貌部位植物适应性、抗逆性生理生化能力（耐贫瘠、抗风沙、耐旱、抗寒等）等方面，筛选适合该地生境的植物种类，然而，针对目前的植物筛选而言，又出现种类单一、多样性偏低、景观趋同等问题，缺乏可应用推广的野生树种，尤其是针对海岛这一特殊的、脆弱的生态环境下的乡土植物的筛选则更为匮乏。相关学者针对不同植物类型采取不同筛选方法，常见的筛选方法有层次分析法。

6.3.1 评价体系的构建

通过对相关文献的查阅，并结合海岛植物实际，设计出适用于海岛适生植物筛选的综合评价指标，通过德尔菲法（即专家集体评价法），请多位花卉、园林树木学、生态学、园林规划等方面专家通过意见征询的问卷调查方式对评价指标进行多次的评价计分，拓宽制定合理方案的思路，得出最终的价值评价指标（图6-1）。

（1）筛选评价指标阶段

具体而言，让各位专家对所提出的评价指标，按照重要程度进行打分，即"不重要""不太重要""一般重要""重要""很重要"等进行5分制评定，后对专家组所提出的不合理、不重要的指标进行删减、修改。经过多轮的专家意见征询，最

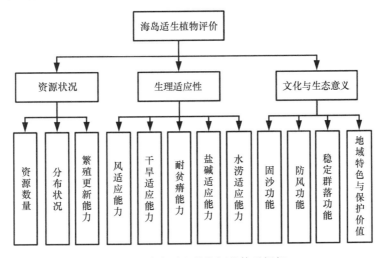

图 6-1 海岛适生植物评价体系框架

后调整为：评价体系分为1个目标层、3个约束层、12个指标层。目标层（A）为对海岛适生植物筛选价值综合评价；约束层（C），包括海岛植物资源状况（C_1）、生理适应性（C_2）、文化与生态意义（C_3）；指标层（P），隶属于约束层，包括12个指标。

（2）确定评价指标权重

构建海岛植物综合评价体系之后，向20位左右的花卉学、植物学等领域专家及该专业学生发放调查问卷对各指标进行两两比较，确定评价指标权重（表6-1）。

表6-1　海岛适生植物评价因子权重

目标层（A）	约束层（C）	权重值	标准层（P）	权重值	最底层（D）
海岛适生植物评价	C_1 资源状况	0.299 6	P_1 资源数量	0.113 9	待评价的适生植物物种 D_1，D_2 …，D_n
			P_2 分布状况	0.078 4	
			P_3 繁殖更新能力	0.107 3	
	C_2 生理适应性	0.365 0	P_4 风适应能力	0.139 2	
			P_5 干旱适应能力	0.055 2	
			P_6 耐贫瘠能力	0.055 5	
			P_7 盐碱适应能力	0.063 4	
			P_8 水涝适应能力	0.051 7	
	C_3 文化与生态意义	0.335 6	P_9 固沙功能	0.069 1	
			P_{10} 防风功能	0.078 6	
			P_{11} 稳定群落功能	0.134 4	
			P_{12} 地域特色与保护价值	0.053 5	

（3）量化处理指标

对约束层（C）内的12个指标进行赋分。各指标均采用5分制，可分为"强""较强""中""较弱""弱"等指标，具体海岛适生植物评价标准如表6-2所示。

表6-2　海岛适生植物评价标准

分值	评价赋分标准					备注
	5	4	3	2	1	
P_1 资源数量	丰富	较多	多	较少	少	物种种群密度
P_2 分布范围	极广	广	一般	较窄	窄	物种扩散的区域范围
P_3 繁殖更新能力	强	较强	中	较弱	弱	开花结果并繁殖子代的能力
P_4 风适应能力	强	较强	一般	较弱	弱	对风的适应程度
P_5 干旱适应能力	强	较强	一般	较弱	弱	对干旱的适应程度
P_6 耐贫瘠能力	强	较强	一般	较弱	弱	对土壤贫瘠的忍耐程度

分值	评价赋分标准					备注
	5	4	3	2	1	
P₇ 盐碱适应能力	强	较强	一般	较弱	弱	对盐、碱的适应程度
P₈ 水涝适应能力	强	较强	一般	较弱	弱	浸淹时间程度
P₉ 固沙功能	好	较好	一般	较差	较差	增大土壤湿度，固定流沙能力的强弱
P₁₀ 防风功能	好	较好	一般	较差	较差	减缓风速的能力
P₁₁ 稳定群落功能	好	较好	一般	较差	较差	构建稳定的植物群落
P₁₂ 地域特色与保护价值	具有特色	较有特色	一般	较差	没有特色	具有地域文化特色或为濒危保护植物

（4）评价阶段

由 125 名参与者（5 名园林学院的教师，5 名林学院教师，5 名公园管理者，10 名硕士研究生，100 名居民使用者）组成的评价系统，对 250 种左右的海岛植物各项指标进行逐一评价，通过最终得分高低，进行初步筛选适生植物（表 6-3）。

表 6-3　海岛适生植物评分结果

序号	植物种类	评分
1	黑松（*Pinus thunbergii*）	4.319 3
2	秋茄（*Kandeliaobovata*）	4.273 8
3	木麻黄（*Casuarina equisetifolia*）	4.070 4
4	柽柳（*Tamarixchinensis*）	3.845 0
5	厚藤（*Ipomoea pescaprae*）	3.737 9
6	肾叶打碗花（*Calystegiasoldanella*）	3.737 5
7	滨柃（*Euryaemarginata*）	3.700 8
8	单叶蔓荆（*Vitex rotundifolia*）	3.691 9
9	小叶榕（*Ficus concinna*）	3.603 7
10	黄槿（*Hibiscus tiliaceus*）	3.594 3
11	异叶南洋杉（*Araucaria heterophylla*）	3.571 4
12	海边月见草（*Oenothera drummondii*）	3.542 0
13	夹竹桃（*Nerium indicum*）	3.433 6
14	海杧果（*Cerberamanghas*）	3.416 6
15	台湾相思（*Acacia confusa*）	3.414 8
16	厚叶石斑木（*Rhaphiolepisumbellata*）	3.403 5
17	海滨木槿（*Hibiscus hamabo*）	3.4

序号	植物种类	评分
18	车桑子（*Dodonaeaviscosa*）	3.272 9
19	无柄小叶榕（*Ficus concinna* var. *subsessilis*）	3.1412
20	露兜树（*Pandanus tectorius*）	3.124 3
21	烟豆（*Glycine tabacina*）	3.095 5
22	马齿苋（*Portulaca oleracea*）	3.088 1
23	龙舌兰（*Agave americana*）	3.057 6
24	海桐（*Pittosporum tobira*）	3.027 5
25	海南蒲桃（*Syzygium hainanense*）	3.013 6
26	天人菊（*Gaillardia pulchella*）	2.977 4
27	仙人掌（*Opuntia dillenii*）	2.951 2
28	台湾栾树（*Koelreuteria elegans* subsp. *formosana*）	2.948 9
29	天门冬（*Asparagus cochinchinensis*）	2.948 9
30	山麦冬（*Liriope spicata*）	2.948 8
31	紫锦木（*Euphorbia cotinifolia*）	2.935 8
32	珊瑚菜（*Glehnialittoralis*）	2.914 5
33	桐花树（*Aegicerascorniculatum*）	2.905 8
34	硕苞蔷薇（*Rosa bracteata*）	2.896 8
35	福建胡颓子（*Elaeagnus oldhamii*）	2.841 6
36	苏铁（*Cycas revoluta*）	2.832 8
37	粉黛乱子草（*Muhlenbergiacapillaris*）	2.786 5
38	苦郎树（*Clerodendruminerme*）	2.711 3
39	豺皮樟（*Litsearotundifolia* var. *oblongifolia*）	2.639 4
40	闽楠（*Phoebe bournei*）	2.579 4
41	平潭水仙（*Narcissus tazetta* var. *chinensis*）	2.564 0
42	紫叶象草（*Pennisetum purpureum*）	2.548 5
43	紫梦狼尾草（*Pennisetumsetaceum* Rubrun）	2.453 9
44	矮蒲苇（*Cortaderiaselloana* Pumila）	2.439 0

根据综合得分值的实际情况及参考他人的相关文献，将得分进行降序排列，认为将海岛植物分为 3 类较为合适，即 Ⅰ 类为［3.00，5.00］分，Ⅱ 类为［2.50，3.00］分，Ⅲ 类为小于 2.5 分。

其中得分靠前的海岛适生植物，即具备较强的综合性能而推广，例如黑松，其是著名的海岸绿化树种，四季常青且分布较广，可耐海雾，抗海风，也可在海滩盐土地生长，具备较强的抗病虫能力，寿命长；再如滨柃有耐阴、耐干旱、耐贫瘠等特点并且幼叶靓丽、老叶墨绿平整，可为优良色块、矮篱、盆景、沿海绿化所用。其中也不乏像夹竹桃科的夹竹桃、海杧果一类，具有花多、美丽而芳香，叶深绿色，树冠美观等特点，可作庭园、公园、道路绿化和海岸防潮的树种。

6.4 代表性适生植物培育技术研究

针对筛选出的 44 种海岛适生植物以及部分台湾引种植物给出了具体的繁殖以及栽培管理方法，对于选出的乡土地被植物（50 种）、野生观赏草（19 种）、野生草本花卉（31 种）去重后共有 82 种以表格的形式给出了各物种的繁殖方法、花果期、原生境以及自然分布地等信息，在人工栽培中应遵循植物在自然环境中的生长规律。下面介绍具体的繁殖方法。

播种繁殖。播种一般在春节进行，播种时选择肥沃且富含腐殖质的砂质壤土，播种床的位置应日光充足，排水良好。播种前土壤深翻约 30 cm，打碎土块，清除杂物，同时施以腐熟而细碎的堆肥做基肥，再将床面耙细、耙平。播种时草本种子细小且轻，可以在种子中拌土，方便撒播和播匀。覆土时由于草本种子细小，可以不用覆土，只需轻轻镇压即可，对于稍大的种子，覆土深度为种子厚度的 3 倍。覆土后在床面均匀覆盖一层稻草，然后用细孔喷壶充分喷水，种子出苗后撤去覆盖物，防止幼苗徒长。苗期要注意保持土壤湿润，防止杂草滋生，待幼苗长到第二片、第三片真叶时可以进行疏苗。

分株繁殖。分株繁殖是利用植物能够萌生根蘗或丛生的特性，从母株上分割出独立植株的繁殖方法。分株繁殖一般在春、秋季进行。分株时将母株的一侧或两侧的土壤挖开，将带有一定茎干和根系的萌株挖出另行栽植。挖出后需对植株加以修剪，去除烂根，有条件的在切口涂上木炭粉或硫黄粉消毒后定植更好。定植后注意保持土壤湿润，天气炎热时可适当遮阴。

扦插繁殖。扦插是利用植物营养器官的一部分，插入疏松湿润的土壤或细砂中，利用其再生能力重新长成一棵完整植株的方法。扦插常用枝插和叶插。枝插时枝条一般长 10~18 cm，至少带 2~3 个芽，插条选自树冠中上部芽饱满、发育充实的一、二年生枝条，离芽 1 cm 处平截，在枝条另一端斜截。叶插常用于多肉植物，叶插时将成熟叶片剪成 0.5 cm 左右的叶段，插入沙中，叶片上下方向不能颠倒，在叶段基部发出新根，形成新植株。插条在未生根时不能吸收养分，基质中不需要养分，有机质的存在容易导致病菌侵入扦插，影响生根。一般而言，透水性好，机构疏松的土壤较合适。扦插初期要密闭遮阴，多浇水，保持插床上较高的空气湿度，后期可减少喷水量，保持土壤湿润即可，防止因水分过高导致植物发生腐烂。

6.4.1 海岛适生植物繁殖与栽培管理

6.4.1.1 藤本

（1）厚藤 *Ipomoea pes-caprae*（图 6-2）

繁殖方法：通常采用播种繁殖。厚藤的播种时间一般为冬末春初，在塑料棚内保温播种更有利于厚藤的生长。可以对其基质深翻碎土 2 次以上，刮平地面淋足水，然后将种子均匀撒下。当厚藤苗高 10 cm 左右时，就将其移植至圃地或上盆定植，移植后淋足定根水。

栽培管理：厚藤性强健，耐盐碱，覆盖性好，可作海滩固沙和覆盖植物。在苗期注意除草，浇水，成株管理粗放，广泛分布于热带沿海。

① 叶　　　　　　　　② 花

③花　　　　　　　　④果实

图 6-2　厚藤

（2）肾叶打碗花 *Calystegia soldanella*（图 6-3）

繁殖方法：通常采用播种繁殖。每年 2—3 月开始播种，播种前平整土地，灌足水，均匀地将种子撒在植床上，然后覆土 1 cm。苗期的时候注意间苗，注意保持土壤湿润。5—9 月开始开花，10 月前后结果。

栽培管理：喜温和湿润气候，也耐恶劣环境，海滩砂质土壤，海岸岩石缝均可生长，为浅根性植物，根系集中在 5 cm 左右深的土层，适合生长在酸碱度偏中性的粗砂砾地中。在欧、亚温带地区及大洋洲海滨均有分布。

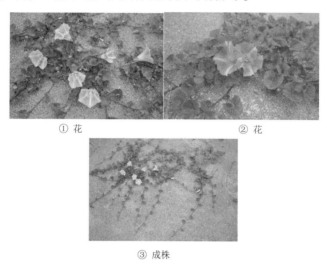

① 花   ② 花

③ 成株

图 6-3　肾叶打碗花

6.4.1.2　草本类

（1）烟豆 *Glycine tabacina*（图 6-4）

繁殖方法：通常采用播种繁殖。烟豆种子种皮致密，不易吸水，繁种时要划破种皮，使其能够吸水。根据其缠绕性和攀缘性，播种时可采用穴播，穴间距 1 m 以上，每穴 10 株左右，长出幼苗后疏除过密的幼苗。花期 3—7 月，果期 5—10 月。

栽培管理：抗性强，耐盐碱，抗风，根系发达，管理粗放。

① 花   ② 花

③ 果   ④ 花

图 6-4　烟豆

169

（2）矮蒲苇 *Cortaderiaselloana* Pumila（图6-5）

繁殖方法：本种通常采用分株繁殖，分株时间一般为冬末或早春，分株时剪去地上大部分叶片，以2~3株丛植于穴盘内，培养土按照腐叶土、园土各占60%、40%的比例配置。

栽培管理：该种分蘖能力强，种植时要预留1~2 m²的空间。开花前施入含磷量较高的复合肥，可增加花序的色泽。植株秋、冬时节枯萎，可在早春发芽前重剪，促进新芽萌发。

① 分株　　　　　　　　② 幼苗

③ 成株　　　　　　　　④ 成株

图6-5　矮蒲苇

（3）彩叶蒲苇 *Cortaderiaselloana* Variegata（图6-6）

繁殖方法：本种通常采用分株繁殖。分株一般在春、秋两季进行。春季在3—4月分株，将整株蒲苇从田间挖出，从株丛中间将其劈开分成单株，分别栽种，1个月后缓苗结束，即可进入正常的栽培管理。

① 成株　　　　　　　　② 成株

图6-6　彩叶蒲苇

栽培管理：喜光，耐干旱，耐半阴，对土壤要求不高，耐盐碱。易栽培，管理粗放，在我国中部及以南地区可露地越冬。

（4）粉黛乱子草 *Muhlenbergia capillaris*（图6-7）

繁殖方法：本种通常采用播种繁殖。播种前将种子用水泡1 d左右催芽。播种时选择光照充足、排水通畅、土质松软的平坦土地做苗床。播种时因其种子非常小，宜选择静风的天气撒种。播好后，覆盖土壤，覆土深度0.5 cm左右。出芽后待幼苗长到5~10 cm时疏苗。

栽培管理：植株适应性广，繁殖能力强，种植初期株距可适当加大，为其后期生长留足空间。粉黛乱子草在秋、冬季时会自然枯萎，影响景观效果，这时可将其割除。

① 幼苗　　　　　　　　② 开花初期

③ 盛花期　　　　　　　④ 盛花期

图6-7　粉黛乱子草

（5）细叶眉 *Stipa tenuissima*（图6-8）

繁殖方法：本种通常采用分株繁殖。分株时间一般在冬、春季进行，分株时将母株连根挖起，剪去地上部1/2至2/3的叶片，减少水分蒸发，然后将植株分成数丛栽种。栽种后浇一次透水，遮阴，保持土壤湿润，促进植株生长恢复。

栽培管理：细叶眉生长迅速，营养土应提供足够的营养物质，可按照腐叶土、园土、河沙各占40%、40%、20%的比例配制。

（6）小兔子狼尾草 *Pennisetum alopecuroides* Little Bunny（图6-9）

繁殖方法：本种多用播种繁殖。当温度稳定达到15℃时播种为宜，因种子细小，苗床整地要精细，有利出苗。播种时种子和土撒播，播后覆土1 cm，5~6 d后即可出苗。

① 分株　　　　　　　　　② 幼苗

③ 成株　　　　　　　　　④ 成株

图 6-8　细叶眉

栽培管理：苗期生长慢，常易被杂草侵入，要及时进行中耕除草，促进早发分蘖。该种植株生长需肥多，春、夏季生长期施 2~3 次复合肥。

① 分株　　　　　　　　　② 幼苗

③ 开花初期　　　　　　　④ 开花盛期

图 6-9　小兔子狼尾草

172

（7）紫叶象草 *Pennisetum purpureum*（图6-10）

繁殖方法：本种多采用扦插繁殖。扦插繁殖时，苗床选择砂质壤土为最佳，象草茎秆切断进行扦插繁殖时，扦插成活率与种茎部位无关，因此象草扦插时插条用1个茎节即可，成本低，繁殖系数大。

栽培管理：该种植物生性强健，不拘土壤，但栽培地要避风，避免强风吹袭而倒伏。生长季节施肥2~4次，氮肥偏多，叶色较美观。植株老化需强剪或更新栽培。

① 扦插　　　　　　　② 幼苗

③ 成株　　　　　　　④ 成株

图6-10　紫叶象草

（8）紫梦狼尾草 *Pennisetum setaceum* Rubrum（图6-11）

繁殖方法：通常采用分株繁殖。在早春的时候挖出母株，分成若干小丛，栽种时剪去上部的多余叶片，种后适当浇水，保持土壤湿润，并注意保温。其生长强健，病虫害少，生长快，苗期栽种的时候要为以后的生长留够充足的空间。

栽培管理：该种生长健壮，生长速度快，抗性强，种植时注意间距，要为其以后的生长留下足够的空间。

（9）海滨月见草 *Oenothera drummondii*（图6-12）

繁殖方法：通常采用播种繁殖。本种为多年生草本，果期8—9月，采种后北方春季播种，淮河以南各地秋季、春季皆可播种。播种时，种子撒在畦面上，因种子小，覆土不能太厚，否则影响种子萌发生长。种子播后，土壤要保持湿润。播种后10~15 d，种子即可萌发出幼苗。

① 分株　　　　　　　　② 分株 3 个月

③ 成株　　　　　　　　④ 成株

图 6-11　紫梦狼尾草

栽培管理：管理粗放，该种植物性强健，繁殖容易，生长快，可用于防风固沙和海岸沙地绿化。喜光不耐阴，耐旱，耐贫瘠，在福建、广东海边沙滩均有分布。

① 叶片　　　　　　　　② 花

③ 成株

图 6-12　海滨月见草

（10）文殊兰 *Crinum asiaticum* var. sinicum（图 6-13）

繁殖方法：种子结实率低，通常采用分株繁殖。文殊兰成为成株的时候，就会在文殊兰的根部长出大量小植株，等小文殊兰长到 4~8 片叶子的时候即可分株，一般选择在春、秋季进行，将母株四周根芽掰下，稍晾 1~2 d，另行上盆。栽植时不宜栽得太浅，每盆 1 株，上盆后浇一次透水，放置在半阴少光处养护管理，度过缓苗期后，进行正常养护管理。

栽培管理：常生于海滨或河旁沙地，现多栽培供观赏。在培养钵中栽培时，生长期要勤浇水，春季每隔 1~2 d 浇一次水，夏季每天早晨浇一次水，入秋后减少浇水，冬季严格控制浇水量，保持土壤湿润即可。

① 成株　　　　　　② 成株

图 6-13　文殊兰

（11）金叶石菖蒲 *Acorus gramineus* Ogan（图 6-14）

繁殖方法：本种通常采用分株繁殖。分株在生长季都可进行。将丛生的植株挖出，除去根部的泥土，分成数丛，剪去地上部 1/2 至 2/3 的叶片，以减少水分蒸发。栽种时按照腐叶土、园土、河沙各占 60%、20%、20% 的比例配置营养土，然后栽种，栽种前期要注意保持土壤湿度，以提高分株的成活率。

栽培管理：栽培以富含腐殖质的壤土最佳，栽培处宜选择半阴处，避免强烈阳光直射。性好潮湿，喜氮肥，施肥以腐熟豆饼水等，每 20~30 d 少量使用一次，氮肥比例多，能促使叶片繁茂。

（12）芙蓉菊 *Crossostephium chinensis*（图 6-15）

繁殖方法：本种通常采用扦插繁殖。扦插一般在生长季节进行，插穗选用健壮充实的枝条，长短不限。插床可用河沙、珍珠岩、蛭石等排水透气性良好的介质，插后浇一次透水，以后保持土壤湿润，适当遮光，避免烈日曝晒，约半个月生根，1 个月后可分栽上盆。

栽培管理：多生于海滩边岩石缝，各地偶有栽培，芙蓉菊的萌发力强，栽培观赏时生长期应及时摘除枝干上多余的萌芽，并注意打头摘心，以控制株型。广泛分

① 分株   ② 成株

③ 成株   ④ 成株

图 6-14　金叶石菖蒲

布在我国东南沿海各省，华中及华东地区也有栽培。

① 成株   ② 成株

③ 幼苗   ④ 成株

图 6-15　芙蓉菊

（13）龙舌兰 *Agave americana*（图 6-16）

繁殖方法：本种通常采用分株繁殖。分株一般在早春 4 月换盆时进行，将母株托出，将母株旁的蘖芽剥下另行栽植，极易成活。此外，老株开花的花梗能长出芽

176

体，待芽体生长数枚叶片后，剪下栽培，也可大量繁殖。

栽培管理：龙舌兰为大型肉质植物，栽培管理中应严格控制浇水量，防止浇水过多植物腐烂。夏季可适当增加浇水量，入秋后，龙舌兰生长缓慢，应控制浇水，停止施肥。原产美洲热带，目前我国华南及西南各省常引种栽培。

① 成株　　　　　　　　　　② 成株

③ 成株　　　　　　　　　　④ 成株

图 6-16　龙舌兰

（14）马齿苋 *Portulaca oleracea*（图 6-17）

繁殖方法：通常采用播种繁殖。播种前先精细平整土地，做宽 1~1.2 m 的畦，沟宽 40 cm，畦面开宽 20~25 cm，深 2~3 cm 的两条播种浅沟进行条播，或不开沟直接撒播。马齿苋的种子非常细小，播种时可在种子中加细土，与种子混匀再播种，播种后不用覆土，只需轻耙表土即可，之后用喷壶喷湿土面，7~10 d 即可出苗，在生长过程中要保持土面湿润。

栽培管理：马齿苋生长力强，耐旱也耐涝，性喜肥沃土壤，自然条件下我国南北均有分布，广布全世界温带和热带地区。

（15）山麦冬 *Liriope spicata*（图 6-18）

繁殖方法：通常采用分株繁殖。分株时常于 4—5 月将植株挖出，敲松基部，分成单株，用稻草捆成小把，剪去叶尖，以减少水分蒸发。栽前深翻土壤，结合整地每亩（约 667 m²）施入腐熟肥。栽种时以土覆盖根颈部为宜，过深，难以发苗；过浅，根露在外面，易晒死或倒伏。栽后立即浇一次定根水，以利于早发新根。

栽培管理：喜温暖湿润气候，耐阴，忌阳光暴晒，耐旱。自然条件下生于海滨

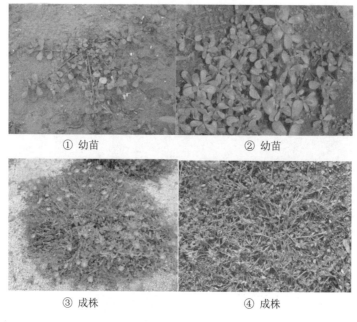

① 幼苗　　　　　　　② 幼苗

③ 成株　　　　　　　④ 成株

图 6-17　马齿苋

50~1 400 m 的山坡、山谷林下、路旁或湿地，在我国大部分地区均有分布。

① 成株　　　　　　　② 成株

图 6-18　山麦冬

（16）天门冬 *Asparagus cochinchinensis*（图 6-19）

繁殖方法：通常采用播种繁殖。播种一般分春播和秋播。秋播在每年 9—10 月，选择土层深厚、土质肥沃、排水良好的砂质壤土或富含有机质的中性或微酸性土壤作苗床用地，用刚采下来的种子经过处理后直接播种，种子发芽率较高。春播一般在每年 3 月下旬，用储藏的种子播种。

栽培管理：天门冬为肉质根，人工栽培时应控制土壤水分，水分过多易烂根死亡。为促进生长，生长期内每半个月可施一次氮磷钾复合肥。自然条件下分布在海拔 1 750 m 以下的山坡、谷地或疏林中，海岛引种时一般种在海岸林下。

178

① 幼苗　　　　　　　　　② 幼苗

③ 果实　　　　　　　　　④ 成株

图 6-19　天门冬

（17）平潭水仙 *Narcissus tazetta* var. *chinensis*（图 6-20）

繁殖方法：本种通常采用分株繁殖。分株时利用着生在鳞茎球外两侧的侧球，其仅基部与母球相连，很容易自行脱离母体，秋季将其与母球分离，单独种植，即可长成一棵完整的植株。

栽培管理：原产亚洲东部海滨温暖地区，在福建沿海岛屿有野生，人工栽培时，冬季要注意防寒，较冷地区可以设置风障，水仙喜肥，在发芽后可追肥。

① 种球　　　　　　　　　② 幼苗

③ 成株　　　　　　　　　④ 成株

图 6-20　平潭水仙

179

（18）珊瑚菜 *Glehnia littoralis*（图 6-21）

繁殖方法：本种通常采用播种繁殖。春季时间为春季 3 月前后，选土层肥沃且排水良好的沙壤土地播种。播种前先施饼肥和磷钾肥，翻入土内做基肥，充分整细，做 1.5 m 宽的高畦，四周挖排水沟。播种时将种子用清水浸泡 1~2 h，然后播到苗床，覆土 1 cm 左右。苗期注意防止杂草横生，适当间苗，保持土壤湿润。

栽培管理：珊瑚菜适应能力强，在山东、江苏、浙江、福建、广东等省均有分布，性喜肥沃疏松的砂质土壤，人工栽培中及时充足的化肥供给可促使其长势更旺。一般每年的 8 月是其根条膨大生长期，这一时期可追施过硫酸钙和饼肥。

① 成株　　　　　　② 花

图 6-21　珊瑚菜

6.4.1.3　木本类

（1）苏铁 *Cycas revoluta*（图 6-22）

繁殖方法：通常采用播种繁殖。播种时在夏、秋季节选用个大、均匀的种子去掉外壳，用清水洗净，然后放到 0.3% 的高锰酸钾溶液中消毒 30 min，捞起晾干。营养钵育苗时，先在底层铺一层碎石，上层铺上营养土和细砂的混合土，把种子平放在混合土中，保持盆土湿润。在 32℃ 左右的温度下，苏铁种子经半个月即能发芽。

栽培管理：自然分布于广东、台湾等地，目前全国各省均有栽培，人工种植时栽培地土质以肥沃的砂质壤土或壤土为宜，需排水良好。叶片过分拥挤或欲促使苏铁主干长高，可随时修剪茎干下部叶片。追肥可用豆饼、油粕等有机肥料，每 2~3 个月施用一次。

（2）异叶南洋杉 *Araucaria heterophylla*（图 6-23）

繁殖方法：播种前用温水浸泡，播种床最好沙、泥各 45%，火烧土 10%，充分混合均匀后做床播种。播种后覆土以不见种子为宜，第一次要淋透水，以后每 2 d 浇一次水。播后约 10 d 发芽，苗高 8~10 cm 时可移植营养袋继续栽培成苗。

栽培管理：性喜温暖，应选择向阳、土壤肥沃而排水良好的地方种植。种植时除了折断的枝条外一般不修剪，避免破坏树型。

① 种子   ② 成株

③ 成株   ④ 成株

图 6-22　苏铁

① 幼苗   ② 幼苗

图 6-23　异叶南洋杉

（3）黑松 *Pinus thunbergii*（图 6-24）

繁殖方法：本种通常采用播种繁殖。春播宜早，圃地选择土质疏松、排水良好的微酸性壤土，结合整地，施足基肥，进行土壤消毒。播种前用 0.5% 高锰酸钾浸种 2 h，然后用 60℃温水浸泡 1 昼夜催芽，然后播种。常采用宽幅条播，条距 15 cm，播幅 6 cm，覆土厚度 1~1.5 cm。4 月中下旬开始出苗，当面苗高 25 cm 左右，即可用于造林。

栽培管理：原产于日本及朝鲜南部沿海地区，近年来我国沿海各省均有栽培。在福建沿海有成片造林，生长良好，抗松毛虫危害能力较马尾松强。黑松忌水湿，种植地要排水通畅，其生长缓慢，不耐大肥，每年春、秋各施一次复合肥即可。此外，黑松萌发力弱，不宜进行过多的修剪。

① 针叶　　　　　　　② 花

③ 成株　　　　　　　④ 成株

图 6-24　黑松

（4）仙人掌 *Opuntia stricta* var. *dillenii*（图 6-25）

繁殖方法：本种通常采用扦插繁殖方法。扦插一年四季均可，将掌片切下后晾3 h 左右，插入砂、泥炭等基质中，一般以 2/3 的掌面露出床面为宜，扦插后基质保持湿润，土壤不能过湿，过湿易造成插穗腐烂，20 d 左右即可生根。

栽培管理：喜阳物种，栽培地应阳光充足，排水良好。

（5）单叶蔓荆 *Vitex rotundifolia*（图 6-26）

繁殖方法：本种通常采用扦插繁殖。在生长季选择健壮枝条作为插穗，长 10~15 cm，下端剪成斜口，上端剪口平截，留叶 2~3 片，直插或斜插于素砂为基质的苗床上，保持湿润，约半个月即可生根。

栽培管理：栽培地土壤以砂质壤土为佳，排水良好，日照充足。生长期 1~2 个月施肥一次。性喜高温高湿，生长适温为 22~30℃。

（6）彩虹蒲桃 *Syzygium myrtifolium*（图 6-27）

繁殖方法：本种通常采用播种繁殖，其种子的繁殖能力很强，在 8—9 月，气温

① 成株　　　　　　　　② 成株

图 6-25　仙人掌

① 幼苗　　　　　　　　② 花

③ 果实　　　　　　　　④ 成株

图 6-26　单叶蔓荆

25～30℃时，将其种子置于土壤疏松湿润的环境中，20～30 d 即开始生根萌芽。

栽培管理：定植后 4～5 年开始开花结果，每年 4～5 月开花，7—8 月果实发育成熟，同一植株成熟期不尽一致，采收期持续 30 d 左右。

（7）海南蒲桃 *Syzygiumhainanense*（图 6-28）

繁殖方法：本种通常采用播种繁殖。种子随采随播，可条播，行距 25 cm，株

① 叶　　　　　　　　　② 果实

图 6-27　彩虹蒲桃

距 3~4 cm，播后覆土厚 1.5 cm，行间盖草保湿，15 d 左右发芽出土。

栽培管理：阳性树种，不耐荫蔽，种植在向阳处最佳。一般早春 2—3 月定植，苗木适当减去枝叶，及时浆根保湿，雨后定植可提高成活率。

① 花　　　　　　　　　② 果实

图 6-28　海南蒲桃

（8）柞木 *Xylosma racemosum*（图 6-29）

繁殖方法：本种通常采用播种繁殖。春季 2—3 月播种，选择平整、肥沃、排水良好的圃地作为苗床，播种时采用条播，行距 15~20 cm，覆土厚约 0.5 cm。播种后 15~20 d 出苗，苗间除草松土，适时施薄肥 2 次可促进植株生长。

栽培管理：植株萌发力强，每年秋冬季对植株进行修剪，去除枯枝、病枝。柞木喜肥，生长季要经常施肥，为植株提供充足的养分。喜阳光充足与温暖的环境，不耐瘠薄，不耐水湿，产于秦岭以南和长江以南各省区，天然分布于海拔 800 m 以下的临边、丘陵或灌丛中。

（9）紫锦木 *Euphorbia cotinifolia*（图 6-30）

繁殖方法：紫锦木常采用扦插繁殖。扦插在整年的生长期内均可进行，取幼嫩枝作插条出根快，扦插基质应疏松透气，可采用腐叶土、园土、河沙各占 60%、20%、20% 的比例制作培养土，插条扦插前将基部切口的乳汁擦掉有利于出根；扦插成活率在 90% 以上。

① 叶   ② 枝干

③ 枝干   ④ 成株

图 6-29 柞木

栽培管理：早春修剪整枝，去除枯枝病枝，植株老化时施以重剪或强剪促进分枝，修剪时避免乳汁接触皮肤。春、夏季施 2~3 次复合肥，促进生长。紫锦木原产热带美洲，喜温暖湿润气候，叶红色可供观赏，北方地方引种时冬季要注意保温，如近年北京温室开始栽培。

① 幼苗   ② 幼苗

图 6-30 紫锦木

（10）滨柃 *Eurya emarginata*（图 6-31）

繁殖方法：本种通常采用扦插繁殖。扦插季节以 5 月中下旬以及 9 月下旬最佳。通常用穴盘扦插，扦插基质可按泥炭土、园土、河沙各占 60%、20%、20% 的比例配制。剪取当年生半木质化枝条作插穗，穗条长 5 cm 左右，每个穗保留 2 片叶子。插后立即浇透水，叶面用 0.2% 的多菌灵药液喷雾，随后用 75% 的遮阳网遮阴。

栽培管理：产自浙江、福建沿海等地，多生于滨海山坡灌丛及海岸边岩石缝中，种子结实量大，在自然环境中可自然更新，性强健，耐修剪，人工种植时，管理粗放。

① 幼苗　　　　　　　　② 幼苗

③ 成株　　　　　　　　④ 果实

图 6-31　滨枃

（11）柽柳 *Tamarix chinensis*（图 6-32）

繁殖方法：本种通常采用播种繁殖。柽柳种子没有明显的休眠习性，极易发芽，在潮湿的苗床上，一般 24 h 即可发芽。在播种前苗床要灌一次透水，灌水后将种子均匀地撒播在苗床上，播种后覆一层浅土。播种量应控制在每亩（约 667 m^2）3~4 kg为宜。播种后半月之内，要保持苗床表面湿润 。

栽培管理：自然环境中柽柳喜生于河流冲积平原、海滨、潮湿盐碱地、滩头等地，人工栽培时土壤以排水良好的壤土或砂质壤土最佳。柽柳幼苗生长期间需水较多，应注意水分补给，成年树极耐旱。生长期每 1~2 个月施肥一次，各种有机肥或无机复合肥均理想。

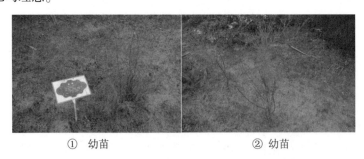

① 幼苗　　　　　　　　② 幼苗

图 6-32　柽柳

（12）海滨木槿 *Hibiscus hamabo*（图6-33）

繁殖方法：本种通常采用播种繁殖。播种时因其种皮坚硬，播种前用98%的浓硫酸处理10~15 min，然后速用大量流水冲洗，处理后出苗快且整齐。播种后保持苗床湿润，注意苗期抚育。

栽培管理：海滨木槿为强阳性树种，极耐盐碱，耐短时水涝也耐干旱贫瘠，天然分布地为海滨沙地和滩涂。人工栽培时修剪在冬季休眠期进行，移植在秋季落叶后或春季萌动前进行，需带土球。

① 叶片   ② 成株

图6-33 海滨木槿

（13）黄槿 *Hibiscus tiliaceus*（图6-34）

繁殖方法：通常采用扦插繁殖。扦插时间为每年的2—3月，选择1~2年生枝条，截成15~20 cm的插穗，上端截平，下端剪成45°的斜面，扦插入沙床中，插入插穗长度的1/2至2/3，扦插后雾状喷水保湿，插后30 d左右生根，待生根后再栽植到圃地继续培养。待幼苗度过缓苗期，开始进入旺盛生长时，移植全光下养护。

栽培管理：幼苗要加强管理，遇干旱天气要及时浇水，成株管理粗放，若栽培地土壤肥沃，可以不施肥。适宜作热带、亚热带海滨防风、防潮、防沙树种，常栽种于港湾、潮水能到达的河岸或堤坝。

（14）夹竹桃 *Nerium oleander*（图6-35）

繁殖方法：本种通常采用扦插繁殖。夹竹桃扦插繁殖春、夏季均可进行，插穗长15~20 cm，须带有2~3个芽，上剪口离芽1.5 cm左右，去除下部叶片。将数十根插条整齐地捆成一束，并用生根粉对插穗进行处理，将处理过的插穗按适宜密度插入消过毒的苗床中，插后要保证扦插基质湿润，15~20 d即可生根，翌年春季进行移栽。

栽培管理：夹竹桃花大色艳，花期长，全国各地均有栽种，北方地区冬季注意防寒。栽培时种植地宜选择土壤湿润，排水良好，日照需充足的地方。春季至夏季为生长旺期，每1~2个月施肥一次，有机肥如堆肥、油粕均理想。每年早春修剪整枝一次，汁液有毒，修剪时注意防止汁液沾到眼球。

① 扦插　　　　　　② 叶

③ 花蕾　　　　　　④ 成株

图 6-34　黄槿

① 小苗　　　　　　② 幼苗

③ 幼苗　　　　　　④ 幼苗

图 6-35　夹竹桃

（15）海杧果 *Cerbera manghas*（图 6-36）

繁殖方法：通常采用扦插繁殖，也可播种、压条繁殖。扦插在春季、夏季均可进行，插前将插穗基部浸入清水中 7~10 d，要换水数次，保持浸水新鲜，插后可提前生根，提高成活率。如全用水插，水温保持在 18~20℃，经常换水，尤易生根。待大量生根后移入土壤中种植。

栽培管理：海芒果生性健壮，多生于海边或近海边湿润的地方，生长快速，喜高温，生长适温为 22~32℃，不耐寒。不择土壤，喜排水良好的砂质壤土，苗期每个生长季施肥 2~3 次，以复合肥为主。果实毒性强烈，应防止人、畜误食。成株管理粗放，冬、春季修剪病枝枯枝即可。

① 幼苗　　　　　　　　② 幼苗

③ 花蕾　　　　　　　　④ 成株

图 6-36　海杧果

（16）海桐 *Pittosporum tobira*（图 6-37）

繁殖方法：本种通常采用扦插繁殖。扦插于早春新叶萌动前剪取 1~2 年生嫩枝，截成 15 cm 长一段，插入湿沙床内。稀疏光照，喷雾保湿，约 20 d 发根，1 个半月左右移入圃地培育，2~3 年生可供上盆或出圃定植。

栽培管理：海桐性喜温暖耐高温，生长适温在 15~28℃。不择土壤，但以排水好的砂质壤土为佳，广泛分布于长江以南滨海各省。栽培中每季施肥一次，春季应整枝修剪，去除枯枝病枝。

（17）厚叶石斑木 *Rhaphiolepisu mbellata*（图 6-38）

繁殖方法：通常采用播种繁殖。播种时把圃地整理平整，施足基肥，可采用苗

① 幼苗　　　　　　　② 花苞

③ 成株　　　　　　　④ 成株

图 6-37　海桐

床撒播，先将圃地浇透水，播后覆土约 2 cm。播种后 30~50 d 出苗，出苗后气温升高要及时撤掉薄膜并除草。当苗高 7 cm 时开始芽苗移栽，苗距 20~25 cm，芽苗移栽最好选择下雨前或阴雨天气，苗木成活率可达 99%。

栽培管理：适应性强，天然分布于山坡、路边灌木林中，移栽时应带土球，保证成活率。栽培地以酸性和中性土为佳，喜温暖及空气湿度大的半阴环境。

① 叶　　　　　　　② 叶

③ 花　　　　　　　④ 果实

图 6-38　厚叶石斑木

190

（18）硕苞蔷薇 *Rosa bracteata*（图 6-39）

繁殖方法：本种通常采用扦插繁殖。采一年生枝条剪成 10~20 cm 一段，去叶，按株行距 12 cm×20 cm，斜插入土 2/3，外面露出 1~2 芽。扦插后保持土壤湿润，保持空气湿度，可适当遮阴。

栽培管理：硕苞蔷薇适应能力强，耐干旱贫瘠，管理粗放，只需在秋、冬季剪除枯枝即可。

① 花　　　　　　　　② 果实

图 6-39　硕苞蔷薇

（19）闽楠 *Phoebe bournei*（图 6-40）

繁殖方法：通常采用扦插繁殖。扦插时剪条时必须选出枝龄小、粗细均匀、叶色鲜绿的半木质化枝条，剪成 8~10 cm 长的扦插条。2—3 月扦插较为适宜，此时地温高于气温，有利于愈伤组织和不定根的形成，同时气温较低，蒸腾作用较弱，有助于保持插穗水分平衡。培养土以疏松的壤土为好，扦插后注意保湿水分，适当遮阴。

栽培管理：天然分布于广东、广西、福建、江西等地，生于山地、沟谷等常绿阔叶林中，人工种植时幼树时要保证一定的荫蔽度，随着树龄的增长，需光量逐渐增强，成株需全光照。根系深，在土层深厚，排水良好的砂质壤土上生长良好。

（20）豺皮樟 *Litsearotundifolia* var. *oblongifolia*（图 6-41）

繁殖方法：本种通常采用播种繁殖。选择土层深厚，土壤肥沃，排水良好的地方作为苗床，将种子均匀地撒在苗床表面，覆土深度为种子厚度的 3 倍，播种后浇透水。苗期保持土壤湿润，幼苗长到 10 cm 左右可间苗。

栽培管理：喜光，喜湿润气候，在光照不足条件下生长不良，栽培地以土层深厚、排水良好的酸性土为宜。

（21）普陀樟 *Cinnamomum japonicum*（图 6-42）

繁殖方法：本种通常采用播种繁殖。播种前用 40~50℃温水浸种 3~4 d 有利于提早发芽，且出苗整齐。普陀樟露地育苗，圃地选择土壤肥力较高的砂质壤土，播种时行距 20~30 cm，种后覆土，以不见种子为度。

① 叶片　　　　　　　② 叶片

③ 成株　　　　　　　④ 成株

图 6-40　闽楠

① 花　　　　　　　② 果实

图 6-41　豺皮樟

栽培管理：幼苗移植一般在春季进行，带土球，移植后浇一次透水。幼年期耐阴，喜温暖湿润气候，在排水良好的微酸性土壤上生长最好，土壤忌积水。当苗长到 20~40 cm 时可移入移植区培育大苗。

① 成株　　　　　　　② 成株

图 6-42　普陀樟

（22）台湾栾树 *Koelreuteria elegans* subsp. *formosana*（图6-43）

繁殖方法：通常采用播种繁殖。栾树种子的种皮坚硬，当年秋季播种，让种子在土壤中完成催芽阶段，可省去种子储藏、催芽等工序。第二年春天，幼苗出土早而整齐，生长健壮。栾树一般采用大田育苗，播种地要求土壤疏松透气。春季3月播种，采用阔幅条播，播种后，覆盖一层1~2 cm厚的疏松细碎土，约20 d后苗出齐。

栽培管理：我国台湾省特有，种植时栽培介质以壤土或砂质壤土为佳，春、夏季生长期施肥3~4次。冬季落叶后修剪整枝，成株移植前需断根处理。

① 成株   ② 成株

图6-43 台湾栾树

（23）车桑子 *Dodonaeaviscosa*（图6-44）

繁殖方法：通常采用播种繁殖。可用沙床育苗，沙床宽1 m，深20~30 cm，每平方米用种子40 g左右，播种后覆盖薄沙，浇透水并保持沙面湿润。种子较易萌发，播种后3~10 d便可出苗。

栽培管理：喜光树种，种植地应选择向阳、肥沃的土壤，生长快，萌芽性强，秋、冬季可适当疏枝。

① 果实   ② 成株

图6-44 车桑子

（24）台湾相思 *Acacia confuse*（图6-45）

繁殖方法：通常采用播种繁殖。播种前用90℃以上的开水浸泡种子，待种子自然冷却后，换用冷水再浸泡12~24 h，沥干后置于布袋中催芽，种子露白后即可直接用于点播。种子点播在营养杯后，淋透水，用50%~60%的遮阴网进行搭棚遮阴，温度过低时，在遮阴网上面覆盖一层薄膜进行保温，每隔几天洒一次水，保持土壤湿润。台湾相思播种后7 d左右种子就会破土而出。

栽培管理：虽然台湾相思对土壤的要求不高，但其是一种速生的热带树种，要求高温、高湿的生长环境，宜选择在海拔350 m以下，湿润疏松的微酸性、中性壤土或沙壤土上生长最好。为华南地区荒山造林、水土保持和沿海防护林的重要树种。

① 叶　　　　　　　　　　② 成株

图6-45　台湾相思

（25）秋茄树 *Kandeliacandel*（图6-46）

繁殖方法：通常采用播种繁殖。秋茄树的种子成熟后，几乎没有休眠期，就在果实中萌发了。先是胚根突破了种皮，从果皮中钻出来，然后胚轴迅速生长。当幼苗长到30 cm左右时，就从子叶的地方脱落，离开母体，成为一棵新植物。

栽培管理：秋茄树产自广东、广西、福建、台湾，引种时要注意冬季能否越冬。栽植时应避开当月大潮日期，在退潮后的阴天进行。种植时不要去除果壳，以免子叶受损伤而不能萌发新芽。

① 幼苗　　　　　　　② 幼苗　　　　　　③ 成株

图6-46　秋茄树

（26）桐花树 *Aegicerascorniculatum*（图6-47）

繁殖方法：通常采用播种繁殖。播种时将果实放入低盐度的海水浸泡1~2 d后置于阴凉处，保湿催芽1周方可播种。桐花树的种子为隐胎生种子，经催芽后的种子根端先萌动伸长，冲破种皮，催芽1周的种子胚轴伸长1~2 cm，此时可以播种。

将催好芽的种子的胚根端直接点播于营养袋中，每袋播种 1~2 根小胚轴。播种深度结合种子的伸长情况而定，通常插入土的深度为 1~2 cm，不宜过浅，否则涨、退潮潮水冲刷或是浇水时会把种子冲走。

栽培管理：海边滩涂种植时，种植苗木高度要根据造林地潮水水位决定。造林地处于低潮滩，潮差较大，潮水浸淹时间长，所需苗木宜高些，可用 2 年生苗木造林。若造林地处于高潮滩，潮水浸淹时间短，可用 1 年生苗木造林。

① 花蕾　　　　　② 叶　　　　　③ 成株

图 6-47　桐花树

（27）苦郎树 *Clerodendruminerme*（图 6-48）

繁殖方法：本种通常采用扦插繁殖。苦郎树为攀援状灌木，枝条容易生根。在春季剪取 10~20 cm 一年生带两个芽的枝条作为插穗，上切口平剪，下切口斜切，扦插时注意插条方向。枝条插入土中 2/3，扦插后保持土壤湿润，苗期可适当遮阴，保持空气湿度。

栽培管理：性强健，喜光不耐阴，耐旱也耐水湿，耐寒亦耐高温，管理粗放。

① 花　　　　　　② 果实

图 6-48　苦郎树

（28）小叶榕 *Ficus concinna*（图 6-49）

繁殖方法：本种通常采用播种繁殖。小叶榕的种子细小，要求育苗地整理必须做到精、细、平。播种前用 50% 的多菌灵对土壤杀菌消毒，然后开挖 80 cm 宽的沟，整平床面，播种量为每平方米 0.9~1.2 g 种子。播种时，因种子发芽率较低，可适当增加用种量。播种后，每天早晚用喷雾器喷水各 1 次，保持土壤湿润，后加盖薄膜遮雨保湿。

栽培管理：栽培土质以肥沃、排水良好的壤土最佳，日照充足，生育较旺盛，每 1~2 个月追肥一次。随时修剪主干下部枝叶可促进植株长高。性喜高温多湿，冬季要在温暖处避风越冬。

① 叶　　　　　　　　　　　② 果实

③ 成株　　　　　　　　　　④ 成株

图 6-49　小叶榕

（29）无柄小叶榕 *Ficus concinna* var. *subsessilis*（图 6-50）

繁殖方法：本种通常采用扦插繁殖。扦插时南方可于 3 月进行，北方可于早春在高温温室扦插。选取一年生健壮枝条作插穗，粗约 1 cm，剪成 15~20 cm 的段，保留上部几枚叶片，按株距 20 cm 插入素沙土中，遮阴保湿养护。在 25~30℃气温下，1 个月发根，成活率可达 90% 以上，发根后移入苗圃，培育 2~4 年，即可供园林栽培用苗。

栽培管理：植株为阳性树种，喜光，不耐霜冻，冬季要做好防冻措施。成株根系发达，枝繁叶茂，管理粗放。

① 种子　　　　　　　　　　② 成株

196　　　　　　　　　　　图 6-50　无柄小叶榕

（30）木麻黄 *Casuarina equisetifolia*（图 6-51）

繁殖方法：本种通常采用播种繁殖。9—10 月果熟，应及时采种。育苗圃地应选背风、排水良好的砂质壤土。幼苗抗寒力弱，宜开春回暖后播种。播种时可撒播或条播，每亩播种量为 4~5 kg。播后 7~10 d 即发芽，2 个月左右，苗高 15 cm 时，即可分床，或移植入营养杯育苗。

栽培管理：野外常生于近海沙滩和沙丘上，抗风力强，耐干旱和盐碱，是沿海海岸抗风固沙的造林优秀树种之一。性喜温暖至高温，生育适温为 20~30℃，人工种植时幼株生长期每 2~3 个月追肥一次，成株管理粗放。

① 果实　　　　　　　　② 幼苗

③ 幼苗　　　　　　　　④ 成株

图 6-51　木麻黄

（31）露兜树 *Pandanus tectorius*（图 6-52）

繁殖方法：本种通常用分株繁殖。4—5 月将母株旁着生的子株切下，埋栽在砂土中，保持 15~26℃ 的温度，维持湿润的环境，待充分发根后，再行栽植。

栽培管理：种植土壤以壤土或砂质壤土为最佳，春季至秋季每 1~2 个月施肥一次。常修剪主干下部的叶片，能促进主干长高。露兜树产福建、台湾、广东、海南等南方省区，在引种时，冬季气温低于 10℃ 以下应注意防寒而避免叶尖焦枯。

① 叶片   ② 叶片

③ 成株   ④ 成株

图 6-52　露兜树

6.4.2　台湾引种植物繁殖与栽培管理

（1）圆叶竹柏 *Nageiafleuryi* Latifolia（图 6-53）

繁殖方法：播种育苗。播种一般在冬春季进行，春播在 2 月中下旬进行，在育苗盆中播种时，种子间的距离可按照 4 cm×4 cm 的距离播种。播种后应搭盖透光度为 30%～50% 的遮阴棚。育苗期间，及时除草松土和追肥排灌，当年苗高 20～30 cm，可出圃造林。

栽培管理：培养介质以砂质壤土为佳。幼苗喜阴，日照 50%～70% 为宜，在自然环境中成株常生于林中阴湿地或溪边。圆叶竹柏生长缓慢，避免重剪或强剪。成树移植前需断根处理。

（2）花叶竹柏 *Nageianagi* Variegata（图 6-54）

本种繁殖方法同圆叶竹柏。

（3）青枫 *Acer serrulatum*（图 6-55）

繁殖方法：播种繁殖。通常采用春播，播种前用 40～50℃ 温水浸种 2 h，捞出洗净与 2 倍粗砂掺拌均匀，堆置室内催芽，15 d 左右待种子有 1/3 开始发芽时即可播种。播种时将种子均匀撒在培养盘中，覆土 2 cm 厚，稍加镇压。

栽培管理：栽培土质以土层深厚的肥沃砂质壤土最佳，需排水良好，日照充足，春夏为生育盛期，每 1～2 个月追肥一次。冬季落叶后应修剪整枝一次，植株老化可施以强剪。

① 配制培养土　　　　　　② 播种

③ 覆土　　　　　　　　　④ 浇水

⑤ 幼苗　　　　　　　　　⑥ 小苗

⑦ 大苗　　　　　　　　　⑧ 大苗

图 6-53　圆叶竹柏

（4）牛樟 *Cinnamomum kanehirae*（图 6-56）

繁殖方法：播种育苗。培养钵育苗时，用腐叶土作培养基质。播种时按 4 cm×
4 cm 的间距播种，播后覆土约 1 cm，最后浇水。播种 40 d 后胚芽开始出土。幼苗期
注意遮阴，保持土壤湿润。

① 配制培养土　　　　　　　　　② 催芽

③ 叶片　　　　　　　　　　　④ 小苗

⑤ 小苗　　　　　　　　　　　⑥ 小苗

图 6-54　花叶竹柏

栽培管理：栽培土质以肥沃的壤土为最佳。约每季施肥一次，9 月下旬至 10 月追施磷钾肥，促进苗木木质化，可增强防寒能力。冬、春季树木休眠时修剪整枝，促使树冠均衡美观。

（5）鹿子百合 *Lilium speciosum*（图 6-57）

繁殖方法：选择土质肥沃，有灌溉条件的地块，种植前一个月深翻，深度为 25~30 cm。百合喜有机肥，翻土时结合施肥。播种时间一般为 3 月末 4 月初，播种时做苗床宽 100~120 cm 高床，每床 5~6 条沟，深 10 cm，将种球按 5~10 cm 的株

① 采种   ② 播种

③ 小苗   ④ 大苗

⑤ 秋季落叶   ⑥ 秋季落叶

图 6-55 青枫

距种入沟中。4月下旬出苗，表土见干即浇水，雨季要注意排水。

栽培管理：百合性喜湿润、光照充足略耐半阴、土层深厚的砂质土壤，忌干旱、酷暑，耐寒性稍差。百合生长开花的温度范围为 16～24℃，低于 5℃或高于 30℃生长几乎停止，因此，夏季要遮阳防晒，冬季要注意防寒保暖。

（6）台湾山苏花 *Neottopteris nidus*（图 6-58）

繁殖方法：常用孢子繁殖，可收集叶背的孢子，散布于湿润的培养土上培养。培养基质要保持绝对湿润，补充水分时一般采用浸盆法，以免冲翻孢子，苗床温度控制

① 配制培养土   ② 播种

③ 幼苗   ④ 幼苗

⑤ 成株   ⑥ 成株

图 6-56　牛樟

在 20~22℃，荫蔽度为 60%，空气相对湿度为 85%~90%。在这种条件下，一般经过20 d 左右的时间孢子便开始萌动，待长出 3~4 片真叶后，便可进行定植栽培。

栽培管理：适合在阴湿的环境栽植，湿度高生长良好，可以经常给叶片喷水以促进其生长。光照强，叶片变黄，光照低，叶片翠绿但是叶型狭长。

（7）红桧 *Chamaecyparis formosensis*（图 6-59）

繁殖方法：播种繁殖，播种时间为 3—4 月，采用育苗盘播种时，培养土高度离盆沿 1 cm 左右，然后将种子均匀地撒播在培养土上，然后覆土与盆沿齐平，最后浇

① 萌芽   ② 幼苗

图 6-57　鹿子百合

① 成株   ② 成株

图 6-58　台湾山苏花

水。种后 15~20 d 开始发芽，苗期注意间苗和除草，二三年后可以出圃造林。

栽培管理：红桧为喜阳树种，幼苗期也需要一定的光照，不能太过荫蔽。生长速度快，幼苗的时候要及时间苗。造林时株行距一般采用 1.5~2 m 或 1.3~1.6 m，每亩（约 667 m²）种植 150~200 株。种植后前 3 年要进行松土、除草、培土工作，培育壮苗。

① 播种   ② 幼苗

③ 叶片   ④ 成株

图 6-59　红桧

（8）绯寒樱 *Prunus campanulata*（图6-60）

繁殖方法：主要采用扦插繁殖。选择轻壤质耕地深耕后做插床，插床宽为120 cm、高为25 cm，沟宽40 cm，扦插用土壤需细碎，床面平整。选择优良采穗母株，剪取当年生半木质化嫩枝做插穗，剪成8~10 cm长的小段，将基部泡入生长素溶液中，以促进生根。扦插时插入土壤3~4 cm，最后用遮阳网遮阴。

栽培管理：绯寒樱为阳性树种，喜冷凉至温暖、干燥向阳的地方。栽培时土壤以壤土或砂质壤土为佳，植株生长缓慢，每季施肥一次，开花后可进行适当修剪。树木移植时需提前进行断根处理。

① 幼苗　　　　　　　　② 幼苗

③ 成株　　　　　　　　④ 成株

图6-60　绯寒樱

乡土地被植物、野生观赏草、野生草本花卉栽培管理方法见表6-4。

204

表 6-4 乡土地被植物、野生观赏草、野生草本花卉栽培管理方法

序号	物种	繁殖方法	株高/cm	花期	果期	原生境	自然分布
			一、二年生草本				
1	蓝花琉璃繁缕 Anagallis arvensis f. coerulea	扦插、播种繁殖	10~30	4—8月	4—8月	海边沙地或岩隙	广东、台湾
2	琉璃繁缕 Anagallis arvensis	扦插、播种繁殖	10~30	4—8月	4—8月	田野或荒地	浙江、福建、广东、台湾
3	野百合 Lilium brownii	扦插、分株繁殖	70~200	5—6月	9—10月	山坡、灌木林下、溪畔	广东、广西、湖南、江西、安徽、福建、四川等地
4	滨海珍珠菜 Lysimachiamauritiana	播种繁殖	10~50	5—6月	6—8月	海滨沙滩石缝中	广东、福建、台湾、浙江、江苏、山东、辽宁等地
5	番杏 Tetragoniatetragonioides	播种繁殖	40~60	8—10月	8—10月	海滩	江苏、浙江、福建、台湾、广东、云南
6	狗尾草 Setariaviridis	播种繁殖	10~100	5—10月	5—10月	荒野、路旁	全国各地
7	金色狗尾草 Setaria glauca	播种繁殖	20~90	6—10月	6—10月	山坡、荒芜园地	全国各地
8	卤地菊 Wedeliaprostrata	扦插、播种繁殖	—	6—10月	8—11月	海岸干燥沙土地	福建、浙江、江苏、广东等沿海岛屿
9	海边月见草 Oenothera drummondii	播种繁殖	20~40	5—8月	8—11月	滨海沙地	福建、广东等地
10	毛马齿苋 Portulacapilosa	扦插、播种繁殖	5~20	5—8月	5—8月	海边沙地	福建、台湾、广东、海南、广西、云南

序号	物种	繁殖方法	株高/cm	花期	果期	原生境	自然分布
11	鸭跖草 Commelina communis	扦插、分株、播种繁殖	可达100	4—11月	4—11月	湿地	云南、四川、甘肃移动南北各地
			二、多年生草本				
1	中华补血草 Limonium sinense	播种繁殖	15~60	几乎全年	几乎全年	沿海潮湿盐土或沙土	我国滨海各省区
2	山菅 Dianella ensifolia	分株、播种繁殖	100~200	3—8月	3—8月	林下、山坡或草地	云南、四川、贵州、广西、浙江、福建等地
3	山麦冬 Liriope spicata	分株繁殖	20~30	4—7月	8—9月	山谷林下、路旁湿地、湿岩壁上	我国除东北、内蒙古、青海、新疆外均有分布
4	沿阶草 Ophiopogon bodinieri	分株繁殖	20~30	6—7月	8—9月	林下、灌丛、山谷阴湿地	甘肃、四川、云南、江西、福建等地
5	白茅 Imperata cylindrica	播种繁殖	30~80	4—6月	4—6月	砂质草甸、荒漠与海滨	辽宁、河北、山西、山东等北方地区
6	白羊草 Bothriochloa ischaemum	播种繁殖	25~70	秋季	秋季	山坡草地和荒地	几乎全国各地均有分布
7	苞子草 Themeda caudata	分株、播种繁殖	100~300	7—12月	7—12月	海拔320~2 200 m的山坡草丛、林缘处	四川、贵州、江西、浙江、福建、广东等地
8	本田鸭嘴草 Ischaemum aristatum	分株、播种繁殖	60~80	夏、秋季	夏、秋季	山坡路旁	华东、华中、华南及西南各省区
9	短穗画眉草 Eragrostis cylindrica	播种繁殖	30~90	4—10月	4—10月	山坡荒地	江苏、安徽、福建、台湾、广东、广西等地

续表6-4

序号	物种	繁殖方法	株高/cm	花期	果期	原生境	自然分布
10	光高粱 Sorghum nitidum	播种繁殖	60~150	夏、秋季	夏、秋季	向阳山坡草丛	山东、江苏、浙江、江西、福建、广东、云南等地
11	老鼠芳 Spinifex littoreus	分株、播种繁殖	30~100	夏、秋季	夏、秋季	海边沙滩	福建、广东、广西、台湾等地
12	芦竹 Arundo donax	扦插、播种繁殖	300~600	9—12月	9—12月	河岸道旁、砂质壤土	广东、海南、广西、浙江、江苏、云南等地
13	芒 Miscanthus sinensis	分株、播种繁殖	100~200	7—12月	7—12月	山地、丘陵和荒坡原野	江苏、浙江、江西、湖南、福建、台湾、广东等地
14	甜根子草 Saccharum spontaneum	扦插、分株繁殖	100~200	7—8月	7—8月	山坡、河旁溪流岸边、砾石沙滩荒洲	我国热带至暖温带的广大区域
15	五节芒 Miscanthus floridulus	分株繁殖	200~400	5—10月	5—10月	低海拔撂荒地、潮湿谷地、山坡	江苏、浙江、福建、台湾、广东、海南等地
16	纤毛鸭嘴草 Ischaemum ciliare	播种繁殖	40~50	夏、秋季	夏、秋季	山坡草丛、旷野草地	浙江、福建、台湾、广东、广西、云南等地
17	中华结缕草 Zoysia sinica	分株、播种繁殖	13~30	5—10月	5—10月	海边沙滩、河岸、路旁草丛	辽宁、河北、山东、江苏、浙江、江苏、福建、广东等地
18	戟叶堇菜 Viola betonicifolia	播种繁殖	10~15	4—9月	4—9月	田野、山坡草地、灌丛、林缘处	甘肃、陕西、江苏、浙江、福建、广东、海南等地
19	紫花地丁 Viola yedoensis	分株、播种繁殖	5~12	2—4月	5—8月	山坡草地、旷野荒地、水沟边	华东、西南、中南、华北及东北等地

序号	物种	繁殖方法	株高/cm	花期	果期	原生境	自然分布
20	东南景天 Sedum alfredii	扦插繁殖	10~20	4~5月	6~8月	海拔1 400 m以下山坡林下阴湿石上	广西、广东、福建、贵州、四川、湖北等地
21	落地生根 Bryophyllumpinnatum	播种、扦插繁殖	40~150	1~3月	3~6月	山坡或溪边灌木丛	原产非洲，云南、广西、广东、福建、台湾有分布
22	芙蓉菊 Crossostephiumchinense	高压、播种、扦插繁殖	20~40	7月至翌年4月	7月至翌年4月	海滩边岩石缝	福建东南沿海各地
23	大蓟 Cirsium japonicum	播种繁殖	30~80	4~11月	4~11月	山坡林中、林缘、灌丛、荒地、溪边	河北、山东、江苏、浙江、福建、广东等地
24	华东蓝刺头 Echinopsgrijsii	播种繁殖	30~80	7~10月	7~10月	生于山坡草地	辽宁南部、山东、河南、江苏、福建、广西等地
25	华南狗娃花 Aster asagrayi	播种繁殖	15~35	7~9月	7~9月	河边草地、河边沙地	广东、福建、日本也有分布
26	假还阳参 Crepidiastrumlanceolatum	播种或分株繁殖	10~20	9~11月	9~11月	海滨沙地、山麓林缘	江苏、浙江
27	野菊 Chrysanthemum indicum	播种繁殖	25~100	6~11月	11~12月	山坡草地、河边湿地、滨海盐碱地	东北、华北、华中、华南及西南各地
28	茵陈蒿 Artemisia capillaris	播种繁殖	40~120	7~10月	7~10月	河岸、山坡区、海岸附近湿润沙地	辽宁、河北、山东、四川、浙江、福建、江西等地
29	中华小苦荬 Ixerischinensis	播种繁殖	5~47	1~10月	1~10月	山坡路旁、河边灌丛、岩石缝隙	自北向南我国大部区市均有分布

序号	物种	繁殖方法	株高/cm	花期	果期	原生境	自然分布
30	翻白草 *Potentilla discolor*	播种繁殖	10~45	5—9月	5—10月	荒地、山谷、山坡草地、草甸、疏林下	从北到南我国大部分省市都有分布
31	滨海前胡 *Peucedanum japonicum*	分株、播种繁殖	100左右	6—7月	8—9月	滨海滩地或近海山地	山东、江苏、浙江、福建、台湾等地
32	文殊兰 *Crinum asiaticum* var. *sinicum*	分株、播种繁殖	30~50	夏季	11—12月	海滨地区和河旁沙地	福建、台湾、广东、广西等省区
33	间型沿阶草 *Ophiopogon intermedius*	分株繁殖	20~30	5—8月	8—10月	山谷、林下阴湿处或沟边	西藏、云南、四川、河南、湖北、广西、广东等地
34	土丁桂 *Evolvulus alsinoides*	扦插、播种繁殖	15~60	5—9月	8—12月	草坡、灌丛及路边	我国长江以南各省及台湾均有分布
35	射干 *Belamcanda chinensis*	播种繁殖	100~150	6—8月	7—9月	林缘或山坡草地	自北向南我国大部省市均有分布
36	瓜子金 *Polygala japonica*	播种繁殖	15~20	4—5月	5—8月	海拔800~1 200 m山坡草地或田埂	东北、华北、西北、华东、华中、西南地区均有分布
37	酢浆草 *Oxalis corniculata*	播种繁殖	10~35	2—9月	2—9月	山坡草地、河谷沿岸、林下阴湿处	全国广布

三、藤本

| 1 | 天门冬 *Asparagus cochinchinensis* | 分株、播种繁殖 | — | 5—6月 | 8—10月 | 山坡、疏林下、山谷、荒地 | 河北、陕西、山西南部至华东、中南、西南各地 |
| 2 | 网络崖豆藤 *Millettia reticulata* | 扦插、播种繁殖 | — | 5—10月 | 5—10月 | 山地灌丛、沟谷 | 江苏、安徽、浙江、江西、福建、湖北、四川等地 |

序号	物种	繁殖方法	株高/cm	花期	果期	原生境	自然分布
3	络石 *Trachelospermumjasminoides*	扦插繁殖	—	3—7月	7—12月	山野、溪边、林缘或杂木林	山东、浙江、云南、四川、福建、广东等地
4	匙羹藤 *Gymnemasylvestre*	播种繁殖	—	5—9月	10月至翌年1月	山坡林中或灌木丛	云南、广西、广东、福建、浙江等地
5	蓝果蛇葡萄 *Ampelopsis bodinieri*	扦插、播种繁殖	—	4—6月	7—8月	山谷林中、山坡灌丛	陕西、河南、湖北、福建、广东、云南等地
6	鸡矢藤 *Paederiafoetida*	播种繁殖	—	5—6月	10—12月	低海拔疏林	福建、广东
7	蔓九节 *Psychotriaserpens*	扦插繁殖	—	4—6月	全年	灌丛、林中	浙江、福建、台湾、广东、广西等地
8	金银花 *Lonicera japonica*	扦插、播种繁殖	—	4—6月	10—11月	山坡灌丛、疏林	除黑龙江、内蒙古、新疆等地，我国各地均有分布
9	两面针 *Zanthoxyluminitidum*	播种繁殖	—	3—5月	9—11月	疏林灌丛、荒山草坡	台湾、福建、广东、海南、广西、云南等地
10	金樱子 *Rosa laevigata*	扦插、播种繁殖	—	4—6月	7—11月	向阳处山野、溪畔灌木丛	陕西、安徽、江西、江苏、福建、江西、广东等地
11	厚藤 *Ipomoea pes-caprae*	播种繁殖	—	5—10月	5—10月	海滩及路边向阳处	浙江、福建、台湾、广东、广西等地
12	肾叶打碗花 *Calystegiasoldanella*	扦插、播种繁殖	—	5—6月	6—8月	海滨沙地或海岸岩石缝	辽宁、河北、山东、江苏、浙江等地

序号	物种	繁殖方法	株高/cm	花期	果期	原生境	自然分布
13	过江藤 Phyla nodiflora	分株、播种繁殖	—	6—10月	6—10月	海拔300~1 880 m 山坡、河滩等湿润地方	云南、四川、湖南、江西、福建、广东等地
14	短绒野大豆 Glycine tomentella	播种繁殖	—	7—8月	9—10月	沿海及附近岛屿干旱坡地、荒坡草地	我国台湾、福建、广东
15	烟豆 Glycine tabacina	播种繁殖	—	3—7月	5—10月	海边岛屿的山坡或荒坡草地	福建、广东
16	沙苦荬菜 Ixeris repens	分株、播种繁殖	—	5—10月	5—10月	海边沙地	东北、河北、山东、福建、台湾等地

四、灌木

序号	物种	繁殖方法	株高/cm	花期	果期	原生境	自然分布
1	草海桐 Scaevola taccada	扦插、播种繁殖	可达700	4—12月	4—12月	海边沙地或海岸峭壁	福建、广东、广西、台湾
2	兰香草 Caryopteris incana	分株、播种繁殖	26~60	6—10月	6—10月	山坡、路旁、林下	江苏、安徽、浙江、江西、福建、广东、广西等地
3	单叶蔓荆 Vitex rotundifolia	扦插、播种繁殖	200~300	7—10月	10月	海边沙滩地	辽宁、河北、江苏、浙江、福建、广东等地
4	截叶铁扫帚 Lespedeza cuneata	扦插、播种繁殖	可达100	7—8月	9—10月	山坡路旁	陕西、山东、河南、四川、云南等地
5	福建胡颓子 Elaeagnus oldhamii	扦插、播种繁殖	100~400	10—12月	10月至翌年3月	山坡或路旁灌丛	福建、广东、台湾
6	海岸扁担杆 Grewia piscatorum	播种繁殖	可达100	5—7月	5—7月	海拔500 m 地区或海边	海南、福建、台湾

序号	物种	繁殖方法	株高/cm	花期	果期	原生境	自然分布
7	黄栀子 Gardenia jasminoides	扦插、播种繁殖	30~300	3~7月	5月至翌年2月	旷野、谷地、山坡、溪边灌丛	自北向南我国大部省区市均有分布
8	茅莓 Rubusparvifolius	播种繁殖	100~200	5~6月	7~8月	山坡林下，向阳山谷、荒野	自北向南我国大部省区市均有分布
9	硕苞蔷薇 Rosa bracteata	扦插繁殖	200~500	5~7月	8~11月	溪边、路旁、灌丛	江苏、浙江、福建、江西、湖南、云南等地
10	郁李 Cerasus japonica	播种繁殖	100~150	5月	7~8月	山坡林下、灌丛	黑龙江、吉林、辽宁、山东、浙江、河北
11	枸杞 Lyciumchinense	扦插、播种繁殖	100~200	6~11月	6~11月	山坡、荒地、盐碱地、丘陵地	西南、华中、华南、华东各省区
12	了哥王 Wikstroemiaindica	播种繁殖	50~200	夏、秋季	夏、秋季	开旷林下或石山上	广东、海南、广西、湖南、浙江、云南等地
13	芫花 Daphne genkwa	分株、播种繁殖	30~100	3~5月	6~7月	林下、灌丛	河北、山西、江苏、福建、江西、四川等地
14	铁包金 Berchemialineata	播种繁殖	可达200	7~10月	11月	低海拔山野、路旁	广东、广西、福建、台湾
15	仙人掌 Opuntia dillenii	扦插、分株繁殖	150~300	6~10月	几乎全年	海滨干旱岩石、山坡灌丛	我国南方热带亚热带地区
16	南方碱蓬 Suaedaaustralis	播种繁殖	20~50	7~11月	7~11月	海滩沙地、红树林边缘	广东、广西、福建、台湾、江苏

序号	物种	繁殖方法	株高/cm	花期	果期	原生境	自然分布
17	小叶黑面神 *Breynianitis-idaea*	播种繁殖	可达 300	3—9 月	5—12 月	山地灌木丛	福建、台湾、广东、广西、贵州、云南等地
18	朱砂根 *Ardisia crenata*	扦插、播种繁殖	100~200	5—6 月	10—12 月	林下阴湿灌木丛	西藏东南至台湾、湖北至海南岛等地

6.4.3　代表性适生植物培育技术研究

6.4.3.1　萌发试验

选择具有海岛特色且相关栽培试验研究缺乏或较少的海岛适生植物，所选对象多来自前文所述的适生植物评分表中，根据评分高低及相关栽培试验的多寡进行综合选择。所进行的栽培繁育试验可分为，有性繁殖（种子萌发）试验及无性繁殖（扦插）试验等，须根据具体植物的繁殖特性进行选择。

海边月见草（*Oenothera drummondii*）作为极具滨海特色的地被植物，具有适应能力强、易于栽培、资源丰富等特点，具有较为突出的开发潜力。而宿根天人菊（*Gaillardia aristata*）则是多年生宿根花卉，花色艳丽、花期长、同时具有较强的抗逆性及防风固沙能力，并且在前期的筛选过程中得分居前，两者皆是具有较强的推广价值的适生植物。

种子是植物的主要繁殖器官之一，尤其是在新品种培育、引种选种、种质资源保存等，植物种子都起到至关重要的作用，而外界环境温度及植物激素含量常常是左右种子萌发能力的决定因素之一，所以，就设置温度及植物生长调节剂的含量差异，以探究何种组合能提高海边月见草、天人菊的种子萌发能力变化情况。

海边月见草及天人菊种子做萌发试验，以观察不同温度对海边月见草及天人菊种子萌发率的影响（图 6-61，图 6-62）。

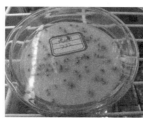 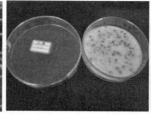 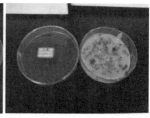

图 6-61　天人菊种子萌发试验

图 6-62　海边月见草种子萌发试验

（1）试验的准备阶段

在 10% H_2O_2 溶液中将饱满的海边月见草和天人菊种子浸泡消毒 20 min，之后用蒸馏水冲洗多次，然后放入水中浸种 18~24 h。并在培养皿上放入两张大小合适的滤纸，将两者均匀地放在培养皿上，并保持培养皿湿润。

（2）设置不同的温度环境

将各培养皿本试验设置 10℃、20℃、30℃ 的光照培养箱中，统计两种植物种子的萌发率，不同温度对海边月见草及天人菊的种子萌发率的影响见表 6-5。

表 6-5　不同温度处理下海边月见草及天人菊种子萌发情况

温度/℃	海边月见草种子萌发率/%	天人菊种子萌发率/%
10	18.62±3.57c	3.78±3.53c
20	47.59±2.59a	48.33±3.01b
30	32.17±3.66b	85.75±2.67a

＊同列不同的小写字母表示差异显著（$p<0.05$），下同。

不同温度对于两种植物的种子萌发率影响是不同的。在一定的适度范围内，无论是天人菊还是海边月见草的种子萌发率都会随着温度的提高而提高。海边月见草的萌发率在 20℃ 下能达到最大值，而天人菊种子最适萌发率则是在 30℃ 左右时达到最高，为 85.75%。

（3）赤霉素（GA3）对海边月见草及天人菊种子萌发率的影响

赤霉素作为一种高效的植物生长激素，影响植物生长各个阶段，如种子萌发、茎的伸长、成花诱导、种子果实生长等，是植物生长不可缺少的调节物质。试验共设置 0~400 mg/L 5 组（表 6-6），由于通过温度试验发现两者相对合适的萌发温度，故将海边月见草种子置于 20℃ 下、天人菊种子置于 30℃ 下进行培养，探究不同赤霉素浓度对两者萌发率的变化情况。

表 6-6　不同浓度 GA3 处理下海边月见草及天人菊种子萌发情况

GA3 浓度/（mg/L）	海边月见草种子萌发率/%	天人菊种子萌发率/%
ck	47.59±2.59c	85.75±2.67b
100	60.12±3.58b	85.79±4.26b
200	68.97±4.96b	88.31±3.64a
300	77.06±2.98a	89.62±3.89a
400	83.47±4.41a	83.01±3.67c

一定浓度下的赤霉素对海边月见草及天人菊的种子萌发率都有一定的促进作用。尤其是海边月见草的各组处理与 ck 组均达到显著差异，在 GA3 含量达到 400 mg/L 时，发芽率可达 83.47%，从 100~400 mg/L 的 GA3 梯度中，海边月见草的萌发率均呈上升趋势；而天人菊除了 100 mg/L GA3 处理与 ck 组无显著性差异外，其余都具有显著性差异，当 GA3 含量达 300 mg/L 时，其萌发率为 89.62%，但当赤霉素含量为 400 mg/L 时，萌发率则有下降趋势。

（4）细胞分裂素（6-BA）对海边月见草及天人菊种子萌发率的影响

细胞分裂素对种子萌发可起到一定的调节作用，试验设置 0~200 mg/L 共 5 组（表 6-7），即 0 mg/L、5 mg/L、10 mg/L、100 mg/L、200 mg/L 6-BA 浓度梯度，同样将海边月见草种子置于 20℃下、天人菊种子置于 30℃下进行培养，探究不同 6-BA 浓度梯度对两者萌发率的变化情况。

表 6-7　不同浓度 6-BA 处理下海边月见草及天人菊种子萌发情况

6-BA 浓度/（mg/L）	海边月见草种子萌发率/%	天人菊种子萌发率/%
ck	47.59±2.59b	85.75±2.67b
5	50.22±4.56b	86.04±2.56b
10	58.61±3.89a	88.39±3.71ab
100	41.73±3.81c	91.61±3.53a
200	23.59±2.97d	73.82±4.01c

通过 6-BA 的处理可以发现，较低浓度的 6-BA 对海边月见草和天人菊都可产生促进作用，两者的适宜浓度有所不同，海边月见草在 6-BA 浓度达到 10 mg/L 时，种子萌发率达到最大，最大值为 58.61%；而天人菊则是在 100 mg/L 的 6-BA 处理下，种子萌发率达到 91.61%。但高浓度 6-BA 处理后两者的种子萌发率均下降明显，且差异显著，可表明细胞分裂素只有在较低浓度下才能表现为对两种植物种子发芽能力具有促进能力。

（5）萘乙酸（NAA）对海边月见草及天人菊种子萌发率的影响

萘乙酸是一种重要的广谱性植物生长调节剂，因不易被光、紫外线、氧化酶等降解，且制备容易而被广泛应用于农业、林业等邻域，具有促进种子萌发、诱导休眠芽生长及促进细胞分裂的作用。本次试验共设置 ck、5 mg/L、10 mg/L、100 mg/L、200 mg/L NAA 浓度梯度，探究不同浓度梯度下的两种植物种子萌发率变化情况（表 6-8）。

表 6-8 不同浓度 NAA 处理下海边月见草及天人菊种子萌发情况

NAA 浓度/（mg/L）	海边月见草萌发率/%	天人菊萌发率/%
ck	47.59±2.59b	85.75±2.67b
5	58.98±3.98a	90.67±3.78a
10	61.25±2.83a	84.30±3.29b
100	45.97±3.72b	50.17±2.51c
200	33.85±4.05c	5.56±2.64c

通过对 NAA 浓度梯度的变化，可发现两种植物的种子萌发率会呈现低—高—低的变化趋势，即低浓度的 NAA 对两种植物的种子都会起到一定的促进作用，如在 10 mg/L 的 NAA 处理下海边月见草的种子萌发率可达 61.25%，在 5 mg/L 的 NAA 处理下天人菊的种子萌发率可达到 90.67%。相对地，高浓度 NAA 处理下却对两种植物的种子产生了一定的抑制作用，以 200 mg/L 的 NAA 为例，海边月见草的种子萌发率就显著下降至 33.85%，而天人菊下降程度更为显著，达到 5.56%，可见只有在 5~10 mg/L 的 NAA 处理下，对两种植物的种子萌发率才具有促进作用。

6.4.3.2 栽培试验

海桐是海桐花科海桐花属的常绿灌木或小乔木。单叶常聚生于枝顶呈假轮生状，分枝能力强、耐修剪、可适应微酸至微碱性土壤，可作为球形植物，又可作为沿海绿化植物。海桐果期为 9—11 月，种子外被红色的假种皮，在自然的条件下，海桐植株可产生大量的种子，为其大量繁殖提供可能。在 10—11 月间，采取海桐成熟的果实，由于种子外有黏液，储藏时需用洗洁精洗去，用具有一定含水量的河沙与之混合储藏，并低温冷藏 3~4 个月以度过种子的生理休眠期。

随后对海桐种子进行春播，设置 100 mg/L、200 mg/L、300 mg/L 的 GA3 的外源激素梯度对种子打破休眠的影响，通过统计认为，在 300 mg/L 的 GA3 喷洒下的种子发芽率较高，可达 86% 左右。经过几个月的栽培，即可移入营养袋中进行后期培育（图 6-63）。

6.4.3.3 胁迫试验

（1）外源一氧化氮对盐胁迫下海边月见草种子萌发和幼苗生长的影响

盐胁迫是最常见的海岛胁迫之一，盐胁迫对植物种子的萌发、植物生长、植物光合作用、活性氧代谢系统等都可产生严重危害，成为影响植物生长发育的制约因

图 6-63　海桐播种繁殖过程

素。一氧化氮（NO）作为植物体内的信号分子，能够缓解非生物胁迫下植物细胞所受的氧化伤害，对逆境胁迫具有重要作用。此次试验以海边月见草为材料，通过不同浓度的 NaCl 模拟盐环境，探究不同浓度下外源 NO 供体 SNP 对盐胁迫下的海边月见草种子萌发及幼苗的生态响应。

此次试验用 ck 组、0.05 mmol/L、0.10 mmol/L、0.50 mmol/L、1.00 mmol/L、2.00 mmol/L 共 6 个浓度梯度的 SNP 溶液，浸种 10 h，然后各加 5 mL 不同浓度的（0 mmol/L 的 ck 组、150 mmol/L、100 mmol/L、200 mmol/L）的 NaCl 溶液，放在 30℃ 培养箱中培养，最后测定其发芽率、发芽势、发芽指数、活力指数等。

（2）不同浓度外源 NO 对 NaCl 胁迫下海边月见草种子萌发的影响（表6-9）

表6-9　不同浓度外源 NO 对 NaCl 胁迫下海边月见草种子的发芽率、

发芽势、发芽指数和活力指数的影响

NaCl 浓度 / （mmol/L）	SNP 浓度 / （mmol/L）	发芽率	发芽势	发芽指数	活力指数
ck	0.00	0.93±0.03a	0.56±0.05a	17.57±0.70	2.03±0.09ab
	0.05	0.86±0.02b	0.48±0.05b	19.47±0.15b	2.17±0.02a
	0.10	0.94±0.02a	0.47±0.03b	21.13±0.72a	2.10±0.07a
	0.50	0.81±0.02b	0.47±0.03b	19.67±0.12b	1.99±0.01ab
	1.00	0.78±0.02bc	0.38±0.05bc	18.50±0.20b	1.89±0.02ab
	2.00	0.72±0.02c	0.43±0.03b	17.13±0.21c	1.93±0.04ab
150	0.00	0.66±0.02bcd	0.38±0.08c	16.23±0.31c	1.70±0.05abc
	0.05	0.73±0.03c	0.38±0.02c	14.83±1.00d	1.48±0.10de
	0.10	0.81±0.02b	0.31±0.05c	15.20±1.49cd	1.51±0.15d
	0.50	0.70±0.03cd	0.33±0.03c	15.20±1.15cd	1.53±0.11d
	1.00	0.60±0.03f	0.28±0.02cd	13.87±0.31ed	1.46±0.04de
	2.00	0.52±0.02g	0.20±0.03cdef	12.70±0.85e	1.44±0.07de
200	0.00	0.40±0.03	0.24±0.04cde	11.87±0.45e	1.23±0.05e
	0.05	0.43±0.03h	0.29±0.02cd	12.43±1.01e	1.29±0.10e
	0.10	0.46±0.04h	0.24±0.02cde	12.20±0.26e	1.27±0.03e
	0.50	0.41±0.05h	0.19±0.02cdef	10.93±0.32ef	1.29±0.02e
	1.00	0.34±0.02j	0.16±0.02g	9.63±0.70ef	1.26±0.05e
	2.00	0.29±0.02j	0.19±0.05vdef	7.47±0.15g	1.16±0.04e
250	0.00	0.30±0.03j	0.17±0.03g	5.93±0.71h	0.93±0.11f
	0.05	0.24±0.02j	0.17±0.03g	6.10±0.72h	0.89±0.11f
	0.10	0.24±0.02jk	0.09±0.02gh	4.67±0.40i	0.67±0.06g
	0.50	0.17±0.03k	0.08±0.02gh	3.53±0.49j	0.57±0.09g
	1.00	0.09±0.02kl	0.01±0.02i	0.20±0.10k	0.04±0.02gh
	2.00	0.02±0.02m	0.01±0.02i	0.01±0.01l	0.00±0.00h

注：同列不同小写字母表示差异显著（$p < 0.05$）。

盐胁迫对种子萌发起抑制作用，发芽率、发芽势、发芽指数和活力指数都随 NaCl 的增加而减少，但 NO 供体 SNP 在 0.05 mmol/L 和 0.10 mmol/L 对海边月见草的盐胁迫有缓解作用，提高种子萌发率、增加发芽势、提升发芽指数，但高浓度下与盐协同迫害，导致种子萌发率降低。

（3）不同浓度外源 NO 对 NaCl 胁迫下海边月见草幼苗生长的影响（表 6-10）

表 6-10　不同浓度外源 NO 对 NaCl 胁迫下海边月见草幼苗的鲜重、
干重、含水量、根长、茎长的影响

NaCl 浓度 /(mmol /L)	SNP 浓度 /(mmol /L)	鲜重	干重	含水量	根长	茎长
0	0	1.80±0.06a	0.22±0.01a	0.878±0.003a	8.633±0.045	10.700±0.075bcd
	0.05	1.40±0.11ab	0.16±0.02ab	0.883±0.004a	8.983±0.025	11.177±0.133b
	0.1	1.69±0.24a	0.22±0.04a	0.872±0.007a	10.063±0.035a	11.730±0.340a
	0.5	1.36±0.11b	0.17±0.02ab	0.872±0.008a	9.887±0.021ab	10.973±0.059c
	1	1.30±0.05b	0.15±0.01b	0.882±0.001a	9.813±0.021b	10.177±0.133b
	2	1.08±0.01c	0.14±0.01b	0.873±0.004a	8.890±0.106bc	9.937±0.059bcde
150	0	1.22±0.03bc	0.16±0.02ab	0.871±0.015a	9.550±0.115bc	10.963±0.096bc
	0.05	1.21±0.05bc	0.16±0.01ab	0.871±0.007a	9.993±0.025a	10.603±0.265bcd
	0.1	1.38±0.03b	0.18±0.01a	0.870±0.010a	10.047±0.015a	10.873±0.225bc
	0.5	1.27±0.04bc	0.15±0.01ab	0.880±0.006a	9.900±0.061ab	10.017±0.045bcde
	1	0.89±0.07cd	0.12±0.01bc	0.869±0.005ab	9.470±0.046bc	9.623±0.074cdef
	2	0.86±0.10cdd	0.11±0.02c	0.868±0.019ab	8.827±0.167bcd	8.697±0.031g
200	0	1.06±0.03c	0.15±0.02b	0.856±0.019abc	9.627±0.055bc	8.130±0.075hi
	0.05	1.21±0.02bc	0.16±0.02ab	0.865±0.013ab	9.627±0.155bc	8.387±0.064ghi
	0.1	1.32±0.03b	0.18±0.01a	0.863±0.005b	9.620±0.056bc	8.480±0.026gh
	0.5	1.19±0.03c	0.14±0.01b	0.883±0.006a	8.493±0.162bcde	8.300±0.026ghi
	1	0.98±0.11cd	0.12±0.02bc	0.874±0.011a	7.650±0.282cde	7.847±0.146hij
	2	0.76±0.11cde	0.10±0.01c	0.872±0.009a	6.450±0.121ef	6.433±0.096ij

NaCl 浓度 /(mmol/L)	SNP 浓度 /(mmol/L)	鲜重	干重	含水量	根长	茎长
250	0	0.24±0.01g	0.03±0.01e	0.859±0.023abc	6.397±0.050efg	8.513±0.142g
	0.05	0.27±0.07g	0.04±0.01e	0.853±0.018c	6.840±0.056cdef	8.587±0.045g
	0.1	0.55±0.10cdef	0.08±0.02cd	0.856±0.015bc	7.010±0.050de	8.680±0.026g
	0.5	0.60±0.06cdef	0.08±0.01cd	0.867±0.005ab	6.230±0.121efg	7.957±0.025hi
	1	0.53±0.11cdef	0.07±0.01d	0.862±0.010b	5.633±0.081hg	7.043±0.071ij
	2	0.26±0.06g	0.04±0.01e	0.857±0.014abc	4.507±0.172hg	5.670±0.310jk

注：同列不同小写字母表示差异显著（$p<0.05$）。

由本试验可知，海边月见草随 NaCl 浓度升高，幼苗的鲜重、干重、根长、茎长都显著下降，但根长在低盐浓度下有所增加，而 NO 促进根系生长发育，在 0～0.1 mmol/L SNP 对海边月见草盐胁迫鲜重有明显的缓解作用，使植物在低盐状态下未产生盐害，但高浓度则会加重盐胁迫的危害程度（图 6-64 至图 6-66）。

图 6-64　海边月见草种繁幼苗

图 6-65　幼苗清洗

221

图 6-66 海边月见草各项生理指标测定

6.5 种质资源圃建设

本项目中对所筛选出来的海岛适生植物进行种质资源的保存，旨在为今后的选种育种提供丰富的原始材料，更是将海岛适生植物进行推广繁育的必然要求（图 6-67）。项目已建成海岛代表性适生植物种质资源圃 3 亩（1 亩 ≈ 667 m^2），将前期筛选出的 44 种海岛适生植物进行迁地保存以及进行后期的驯化、培育、栽培等工作，并取得一定的成效。另外，还通过福建农林大学的资源优势，将车桑子等 15 种适生植物种子储藏在福建农林大学"海峡两岸农作物优质种质资源库"，进行种子库保存（图 6-68）。

图 6-67 海岛代表性适生植物种植资源圃

图 6-68　种子库

第7章 受损海岛植被生态修复与优化技术研究

7.1 海岛生态修复与优化理论体系研究

海岛的定义为四周为海水包围，高潮时露出海面的陆地。我国海岛数量众多，面积在 500 m^2 以上的海岛有 6 500 多个，其中约 400 多个为有居民海岛，岛屿总面积约 80 000 km^2，约占我国陆地面积的 8%。岛屿按照地质类型分为基岩岛、冲积岛、珊瑚岛，其中以基岩岛最为常见。海岛自然资源丰富，促进海岛资源合理利用对我国海洋经济可持续发展具有重要作用，海岛珍稀濒危动植物的保护，维持海洋生态系统的稳定具有重要作用，海岛作为海防最前哨，军事价值突出，是国防安全的天然屏障。海岛生态系统兼具陆地、湿地和海洋 3 类生态系统特征，海岛有限的面积以及空间的隔离，且海岛生态系统容易受到风暴潮、干旱等自然灾害的影响，海洋上积温常比同纬度陆地高，风速也强于陆地，岛上主要以灌木层–草本层、草本层为主，这些因素导致了海岛生态系统的独立性以及脆弱性。

随着我国海洋强国建设的兴起，无居民海岛的保护与开发利用面临许多挑战。由于海岛地理隔离和生境的特殊条件，同等面积的内陆和海岛相比，海岛植物种类更少，但海岛上特有种比例更高，特有种一旦消失，对海岛生态系统将造成重要影响。近年来，受人类围填海工程、矿区开采、外来物种入侵等因素的影响，海岛植被生境、物种多样性受到破坏，许多物种濒临灭绝，以特有种面临的威胁最为严重。英国展开的滨海植被调查发现 680 种珍稀濒危植物，其中有 33.3% 的海岛特有植物被 IUCN 列为珍稀濒危物种（中国海岛植物种植管控技术研究进展，张琳婷）。伴随海岛植被破坏的加剧，海岛植被修复工程也应运而生。海岛植被修复较内陆植被修复复杂，一是由于海岛土壤干旱、贫瘠、盐碱化以及多大风天气等恶劣生境，二是由于海岛植被中特有种占比高，园林绿化常用树种在岛上不易成活，用于海岛修复的适生植物幼苗缺乏规模化生产，城市园林绿化技术并不能直接套用与海岛植被修复。对南澳岛植被恢复过程中发现，海岛受隔离、台风、水土流失等影响，岛上土壤养分含量低，物种组成低于大陆，海岛生态系统恢复困难大，植被恢复速度相当缓慢（广东南澳岛植被恢复过程中的群落动态研究，周厚诚）。

海岛生态修复理论基础：近年来有学者认为生态修复的概念应包括生态恢复、重建和改建，其内涵大体上可以理解为通过外界力量使受损（开挖、占压、污染、全球气候变化、自然灾害等）生态系统得到恢复、重建或改建（不一定完全与原来的相同）。海岛生态修复的理论基础主要包括：自我设计理论、人为设计理论、限制因子原理、种群密度制约及分布格局原理、生态适应性原理、生态位原理、演替理论、植物入侵理论、生物多样性原理以及植物引种理论。

海岛生态修复技术：生态修复方面，生物修复技术在国内外的研究已经达到一定水平，其中物种引入与恢复技术运用较多，除此之外还综合运用到种群动态调控、群落演替控制与恢复、物种选育与繁殖、土壤肥力恢复等技术。国外对生物技术研究较早，采取的技术方法以物种引入与恢复技术为主，如在对夏威夷群岛进行修复时，通过引入原生的乡土物种使得海岛生物得到一定的恢复；科西涅岛通过引入原始物种生态得到了很好的修复。新西兰的 Santa Catalina 岛通过引入山羊以控制杂草。国外学者还对 GIS、遥感等技术在海岛生态修复方面的应用进行了研究，如在严重侵蚀的科拉马拉岛（孟加拉湾），利用 GIS 技术结合卫星遥感图像分析冲淤过程，并运用生物工程技术相结合采取措施修复海岛，提出了具体的修复措施。海岛陆域生态系统的修复中最重要的问题是恢复和维持退化海岛的水分循环与平衡过程，其中最常用的手段是恢复海岛植被。植被修复是按照生态学规律，利用植物自然演替、人工种植或两者兼顾，使受到人为破坏、污染或自然毁损而产生的生态脆弱区重新建立植物群落，以恢复生态功能的技术领域。任海等指出海岛恢复的限制性因子是缺乏淡水和土壤、生物资源缺乏、严重的风害或暴雨。不同大小的海岛和海岛不同部分的恢复策略不同。海岛恢复的长期利益包括重建海岛的生物群落，再现海岛生态系统的营养循环，恢复海岛的进化过程。海岛恢复的过程比较复杂，最关键的是要选择好适生的关键种。

有居民海岛是我国海洋领域和海洋生态环境的重要组成部分，它是我国海岸线之外的重要经济带。随着我国社会经济的发展和人们物质文化水平的提高及国家对海岛开发的重视，海岛旅游业迅速崛起。鉴于此，海岛经济也随着旅游业逐步提升、发展，岛民的生活方式发生了转变，岛民对于户外游憩、娱乐、康体活动的场所有所增加。公园是城市化的产物、是城市的绿肺、是城市生态系统的重要组成部分。海岛公园的建设不仅为人们提供良好的文化、娱乐、文体活动场地，也提升了海岛城市景观。但是我国的海岛开发和保护起步较晚、经验不足、开发过程无序，海岛本身具有封闭性强、陆域面积有限、生态环境脆弱、承载力较低等问题，因此，对于海岛公园的开发建设中如何在保护中开发，营造可持续公园景观是海岛城市公园建设的重点。

　　关于经济建设的需要，对有居民海岛开发速度加快，但相应也带来一系列生态环境问题的例子有很多，例如，由于受人类开发活动的影响，平潭岛在1990—2013年这20多年间植被覆盖状况逐渐变差，平均覆盖度逐年降低，且最近10年降低速率更快。植被覆盖率降低，加之填海造地的影响，导致平潭城市热岛效应显著增强，许多区域有热岛转化为强热岛和极强热岛。叶志勇对平潭野生和园林植物调查整理发现，平潭园林绿化原生木本植物资源匮乏，原生植物和外来植物比例失衡，外来木本植物占绿化树种的绝大多数，引种培育本地适生树种显得格外重要。目前对于海岛植被的研究主要集中于植物区系、野生观赏草筛选评价、群落演替、物种多样性等方面的研究，但作为许多游客出行游玩的目的地，拥有丰富的旅游资源，然而地理位置独特，面临气候环境特殊，城市绿化建设相对薄弱，这间接降低了海岛的旅游吸引力，同时，特殊的气候为海岛公园植物景观的营造提出了更高的要求，城市绿化建设的难度也相应加大。

　　我国海岛众多，从南到北的海域内分布着众多岛屿，岛上拥有着丰富的资源，这也为我国海岛的开发提供了基础条件。随着我国经济的发展，海岛的发展也越来越受到重视。与国外海岛发展研究相比，我国的研究无论是从理论上还是从实践上都相对国外较晚。改革开放以前，我国的海岛发展还是基本处于原始状态，改革开放以后，我国海岛的发展有了相应的进展，但是它还是比较粗放的、简单的。20世纪90年代，我国对海岛进行了综合的调查后，随着人们对海岛了解的增加，海岛的魅力逐渐映入人们的视野，对其的研究也越来越多，海岛的开发也有了更进一步的发展，进入21世纪，海岛的开发进入高潮，但一些问题也随之而来。随着海岛的开发，海岛资源和生态环境破坏严重、生物多样性退化，这些问题的出现使人们认识到了海岛的开发对其生态破坏的严重性，并随之进行相关生态修复研究，使之持续地为人类服务。

　　《试论海岛的持续性生态系统建设》一文中提出"海岛的可持续性生态建设，将给海岛的经济发展带来全方位变革"（顾世显，1997），这是我国对海岛生态可持续建设较早的研究。香港是我国发展较早的海岛，香港公园的开发建设更注重对原生境的保护、乡土植物的大量运用、尽量使用环保材料、减少能源及水资源的消耗等，建设多样的生态系统、丰富游客的旅游体验、切合香港人民的康体娱乐活动需求的公园。海南岛近些年来的经济发展较快，公园的开发建设也如火如荼地进行着，有学者对海南公园的建设提出要尊重场地原有地形、水体、对特色的建筑要予以保留并设计完善、使场地具有地域文化内涵，使公园具有承载生态旅游、康体娱乐、文化交流等功能，并有学者研究了海南都市公园植物多样性并发现滨海公园的植物多样性明显低于离海公园的植物多样性，对海南公园植物的可持续发展提出了可行性建议。台湾的公园建设最早始于 1897 年，发展至今逐渐开始强调生态保育、都市的美化、文化元素的传承及公园空间的形塑过程中赋予其新的意义。在 2016 年 5 月的全国海岛会议中，达成了对海岛生态保护和海岛生态资源的科学利用的新共识。以上研究使我们认识到了海岛城市公园的开发建设要注重生态保育，结合生态旅游丰富岛民康体活动空间，营造生态健康、具有地域特色的活力公园景观。

相比于国内海岛活动的开发，国外对海岛的开发研究较早。从 20 世纪 70 年代初，开始对海岛的生态系统有了初步认识，1967 年由 Robert MacArthur 和 E. O. Wilson 共同提出岛屿生物地理学理论，它是关于岛屿生物群落的生态平衡的理论，也是关于岛屿生态平衡较早的理论研究。1992 年，联合国可持续发展 21 世纪议程中对小岛屿的可持续发展的依据、目标及相关活动做简要阐述，并明确确定海岛生态系统脆弱，具有独特的特点和资源，是重要的生态系统。

随着海岛开发活动的增加和海岛旅游业的发展，一些负面影响开始出现，为解决这一矛盾，国外学者开始将研究重点转向对海岛原生态的保护与修复，发展可持续性海岛公园景观。像日本的旅游业兴盛于 20 世纪 60 年代，并逐步由海岛旅游、人文旅游向生态旅游过渡发展，在后期公园的建设中，开始着重以资源的可持续利用和改善生态环境为目的进行开发、建设、管理。而 Charles P Stone 研究了生物多样性在夏威夷国家公园物种的生态价值，并说明了原生动植物在国家公园中所产生的生态影响。

后期国外对海岛的开发研究逐渐开始注重实施生态型开发研究上，从多学科、多角度研究海岛环境，建造可持续海岛生态景观，也因此形成了一些很有影响力的海岛开发实例。泰国的吉普岛、印度尼西亚的巴厘岛，还有马尔代夫，这些海岛的开发，都很注重结合当地特色、保持地域特征、注重原生景观的保护与利用，确保岛上生态资源的利用与可持续发展。这些学者的研究让我们意识到海岛公园的开发建设要以生态保护为基础，注意营造可持续海岛景观。

7.2 海岛生态修复技术研究

植被是海岛生态系统重要的组成部分，植被生态修复对于加快受损海岛生态环境恢复，增强海岛防灾减灾能力，维持海岛生物多样性及改善海岛居民生产生活条件起到关键性的作用。我国海岛植被修复起步较晚，对于海岛植被的保护和修复重视不够，由于自然灾害及人为破坏导致多数海岛尤其是有居民海岛的生态受损较为严重，甚至是退化。目前，我国大多数的海岛植被修复存在盲目将内陆的园林绿化模式生搬硬套至海岛滨海地区的现象，导致普遍绿化效果不理想，现阶段对于受损海岛的植被修复技术也尚未形成完整的体系，导致我国海岛植被修复远远跟不上实际需求，构建多树种、多层次、结构稳定、维护成本低和景观优美的滨海沙地绿化体系任重道远。将海岛生态修复技术从前期海岛海岸带适生植物资源的筛选、海岛植物群落配置技术研究、海岛植物生态群落种植管控技术研究及海岛植物生态群落提升效果评估技术相结合，形成完整的生态修复技术体系，对于海岛滨海绿化植物群落配置、受损生态系统的修复也具有重要的意义。

7.2.1　海岛植物群落配置技术研究

7.2.1.1　适生植物的筛选

种植方案设计是海岛植被生态恢复技术的核心，植物群落如何合理配置是方案设计中的关键，而适生植物的筛选则是修复过程中的要点，应根据适地适树的原则选择海岛适生植物种。适生植物的筛选有利于加快受损海岛的植被修复，有利于减少海岛面临的气候灾害，对保护海岛特有种也具有一定的意义。

7.2.1.2　群落配置原则

植物配置就是处理好植物与各种景观要素之间的关系，而滨海景观的植物配置是极其特殊的一类。滨海景观的植物配置应结合地形、地貌、环境和当地滨海气候特点，利用附近的自然环境，如优美的风景、树林、湖泊、河道、沙滩等，合理进行配置；利用绿化将空间与建筑物串联起来，景观内道路绿化应改变行道树树种单一、排列整齐的模式，增加绿色空间和营养空间的多样性，使景观成为一个连绵不断互相联系的绿化系统，与自然结合在一起，追求绿色空间的自然性，形成具有生态演替过程、层次分明的复层群落，同时应注重空间景观塑造的完整性和统一性。增加景观异质性，造就了地域性的自然景观，同时带来一定生态效应为海岛的可持续发展提供前进的动力，这是其他任何因素所无法替代的。在海岛恶劣的环境条件下，海岛植被绿化必须采取多种手段，包括土壤改良，植物的造林时间、造林密度、造林方式及造林技术，防风防沙篱的使用，水分的供应，病虫害管理，除草松土等，但是最重要的还是植物的筛选，植物的筛选要根据其树种选择原则来进行，根据这些原则来配置具有海岛特色的植被景观。

（1）适地适树原则

适地适树原则就是根据不同的立地条件，选择适宜生长的树种。任何物种的优良品种均在经过长期的自然选择、物种演替所形成的，选择能适应南方热带亚热带海岛地区的植物种类，是落实环境适应性原则的主要内容。海岸带与海岛环境较为恶劣，充分考虑如光照的强弱、温度的高低、风力的大小、淡水资源的丰缺及土壤理化性质等，考虑植物对当地病虫害的抵抗能力及与周围其他园林树种或建筑间的和谐程度是景观构建过程中面临的重点问题，因而，选择海岸带与海岛耐盐植物资源是关键，滨海适生植物的筛选为其提供一定的保证。根据造林的目的和造林的立地环境条件，选择最适宜生长又能发挥最佳效益的树种来造林。根据这样的要求，大力开展选择抗风力强、耐干旱瘠薄、能抗海风盐雾的树种。筛选常绿树种，宜选叶片退化、狭小或下垂树种，宜选叶色浓绿树种，宜选茎干粗壮及冬芽饱满树种，宜选根系发达及有根瘤菌树种，宜选萌芽力强树种，宜选速生高大乔木树种为先锋绿化树种等荒山岛屿绿化造林先锋树种选择。

（2）特色乡土树种优先原则

乡土植物（indigenous plants）又称为本土植物。广义的乡土植物可以理解为经过长期的自然选择及物种演替后，对某一特定地区有高度生态适应性的自然植物区系成分的总称。乡土种经过长期的自然选择及物种演替，具有适应性强，对当地的极端气温和洪涝干旱等自然灾害具有良好的适应性和抗逆性，苗木易得，又有较好的抵御外来物种的入侵，可使得绿地建成后日常维护的成本大大下降。有大量研究表明，在园林建设中，与外来植物相比，乡土植物在维护中需要更少的外部支持并能更好地支持生物多样性，能形成较好的自然生态林，建立起具有地方特色且稳定的植物群落。

（3）生物多样性原则

生物多样性是指生命形式的多样化（从类病毒、病毒、细菌、支原体、真菌到动物界与植物界），各种生命形式之间及其与环境之间的多种相互作用，以及各种生物群落、生态系统及其生境与生态过程的复杂性。包括遗传多样性、物种多样性、生态系统与景观多样性。在科学分析海岸带与海岛环境生态因子的基础上，根据适地适树和乡土种优先原则筛选适宜的植物资源，以生态效益为主，兼顾观赏功能，建立以乔灌木结合、针阔叶结合、常绿与落叶相结合、速生与慢生结合、叶花果等相结合的海岸带与海岛防护屏障，相互补充，相得益彰，形成多数种、多层次、多功能、多样性的生态系统。

（4）兼顾景观观赏原则

构建具有海岛特色的景观是海岛植被建设的重要目标。如今，海岛旅游正在成为一种趋势。海岸带与海岛特有植物由于长期适应严酷的自然环境，在形态、生理及生态方面与一般的园林绿化植物存在明显区别。海岛是人们休闲游憩常去的场所，其景观的构建也是旅游风光的重要构成元素，应以达到最基本的防风固沙、保持水土、防风消浪、促淤造陆、降低风速，维持海岛生态系统的平衡与安全等生态效益为主，兼顾观赏功能为辅，最大限度地发挥植物的美学功能。在植物配置上还应考虑以下几点：①与周围环境相互协调；②与当地人文风情相一致；③林相有明显的四季变化。

（5）就地繁育驯化原则

海岛由于风力大，造林苗木不要求高大，而要求茎干粗壮，根系发达。筛选海岛绿化树种应做到以下几点：第一，就地苗圃繁育。一方面可以做到随起随栽，避免了外地调苗的长途运输，有利于提高苗木的成活率；另一方面使树木从小适应当地的气候和立地条件，增强它的抗逆能力。第二，抗性驯化。为增强对造林地环境的适应性，在苗木生长期，一般不采取人工设风障挡风、搭棚遮阳及御寒等技术措施，让幼苗经受大风、强烈光照、霜冻、盐雾等恶劣环境的锻炼，由于海岛缺乏灌溉条件，在干旱季节一般不采取人工浇洒水抗旱等措施，而采取在苗床空间覆草等技术来提高苗木的抗旱能力，使幼苗扎根深；苗圃育苗过程中，应进行适当的耐盐性胁迫，如用一定比例的盐水浇灌，间隔时间逐渐累加。第三，规模化容器育苗。大力发展规模化容器育苗，以大容器培育大苗，移栽时可保持根部的完整，提高苗木的成活率，促进苗木正常生长。同时应选择健壮的良种苗进行造林，这样可以提高成活率，加快树木的成林，尽早发挥其生态防护功能，否则，容易造成在野外恶劣环境下长势良好的品种，经过苗圃培育出来的幼苗移植到野外后抗性会严重下降。

（6）经济效益原则

海岛植被的修复及其特色景观的群落配置最根本的目的是防护海岸线，保障居民安全，减少经济损失。因而，树种的选择也应遵循经济效益原则，包括低投入、低风险和低维护成本。选择抗风、耐盐、耐旱等抗性的耐盐植物，减少绿化过程中对土壤改造的投入。采用大量乡土种配置和应用，不仅苗木易得，适应性强，易存活，具有地方特色，还能减少后期管理养护的费用。由于植物的入侵性无法被预知，只有从根源上减少或杜绝外来物种的引进和应用，才能更好地保护本地物种，减少经济上不必要的损失。

7.2.1.3 按海岸类型配置

1）基岩海岸植物选择与配置模式

基岩海岸由于地形陡峭，暴雨多，造成土壤严重冲刷，因而基岩海岸土壤大多浅薄干燥，不适宜挖大穴；受海风直接吹袭，不适宜用大苗；可适当密植，适当密植可使幼林提早郁闭，形成森林小气候，改善基岩海岸的生态环境，为林木创造比

230

较适宜的生长发育条件，促使林木速生。

岩岸景观是以岩石为主体的海岸景观，在海浪、海风、潮汐及地质构造等多种因素共同作用下，该地带土壤大多浅薄干燥，盐含量高，常风大，立地条件恶劣，针对这一现实情况，进行园林植物选择与配置时，必须选择耐贫瘠、耐盐、耐旱和抗风的植物。

（1）岩基海岸横向水平上植物群落结构（图7-1）

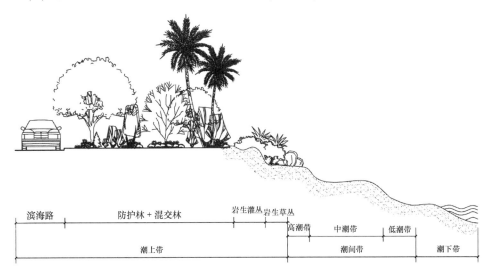

图7-1　临海岩岸景观耐盐园林植物群落横剖面结构

（2）基岩海岸横向水平上适宜的群落配置模式

①单纯草本的植物群落

此类模式主要用于基岩海岸靠海一侧的第一道防线，该区域通常风大，空气盐雾含量高，土层薄，应选择耐盐雾、耐贫瘠、抓地性较好的植物，如中华结缕草、狗牙根、卤地菊等。具体配置建议如下。

热带：狗牙根+土丁桂+天门冬。

南亚热带：结缕草+中华补血草+茵陈蒿。

中亚热带：狗牙根+厚叶双花耳草+茵陈蒿+山菅兰。

北亚热带：狗牙根+华南狗娃花+碱菀+大吴风草。

②灌木及地被（草）的灌草丛群落组合

此类模式主要用于基岩海岸靠海一侧的第二道防线，该区域相比于第一道防线，土层稍微加厚，能够满足灌丛生长的需求，也能起到很好的防风效果，如黑松、滨柃、匙羹藤、铁包金、福建胡颓子等，具体配置建议如下。

热带：狗牙根+毛马齿苋+土丁桂——草海桐+露兜树+刺葵。

南亚热带：铺地黍+中华补血草+茵陈蒿——福建胡颓子+苦郎树。

中亚热带：厚叶双花耳草+茵陈蒿+山菅兰——滨枸+车桑子。

北亚热带：华南狗娃花+东南景天+晚红瓦松——滨枸+金银花。

③乔、灌、地被（草）的植物群落组合

此类模式多用于基岩海岸的第三道防线及以内，在修复过程中可利用植物的形态、季相进行植物景观的营造，选择利用春色叶树种和秋色叶树种，既形成良好的透景线，又可营造空旷的植物空间景观。如乔木可选用普陀樟、日本珊瑚树、无柄小叶榕、潺槁木姜子、台湾相思、黄槿、琼崖海棠、榄仁、苦楝、朴树、乌桕等，灌木可选用小叶黄杨、海滨木槿、厚叶石斑木、福建胡蹄子、福建茶、露兜树、马甲子、海桐、草海桐等，草本选择如下。

热带：狗牙根+毛马齿苋+土丁桂——草海桐+露兜树+马甲子——琼崖海棠+榄仁+苦楝。

南亚热带：铺地黍+中华补血草+茵陈蒿——福建胡颓子+海桐——潺槁木姜子+黄槿+桑。

中亚热带：厚叶双花耳草+茵陈蒿+山菅兰——滨枸+车桑子——朴树+乌桕+台湾相思。

北亚热带：华南狗娃花+东南景天+晚红瓦松——滨枸+厚叶石斑木——日本珊瑚树+普陀樟+无柄小叶榕。

2）砂质海岸植物选择与配置模式

砂质海岸带植物群落的配置模式以生态效能为首要目的，既要有较好地改善砂质海岸带生态环境的作用，又要满足砂质海岸带植物健康生长的生态要求。在风沙大的地方，应以抗风强的树种，并形成抗风力强植物群落类型，以抵抗风沙对砂质海岸带的破坏。砂质海岸带植物群落要以乡土植物为主，并根据该立地条件引入不同的植物种类，与建筑、山石、海岸堤、海水及道路等景观元素共同构成丰富有层次的植物群落，以丰富砂质海岸带植物群落的营造，发挥砂质海岸带植物群落生态作用和景观功能，并表现出植物群落的美感，体现群落营造的科学性和艺术性。由大海向陆地一侧，可将后滨沙地植物群落的分布分为第四道至第五道防线。

（1）砂质海岸横向水平上植物群落结构（图7-2）

（2）砂质海岸横向水平上适宜的群落配置模式

①单纯草本的植物群落

此类模式主要用于后滨沙地的无树木或建筑物遮挡的海岸第一道防线，可提高海滩的植被覆盖率，配置视觉效果好，如海边月见草、马鞍藤、卤地菊及老鼠芳等植物，是砂质海岸带良好的固沙植物。具体配置建议如下。

232

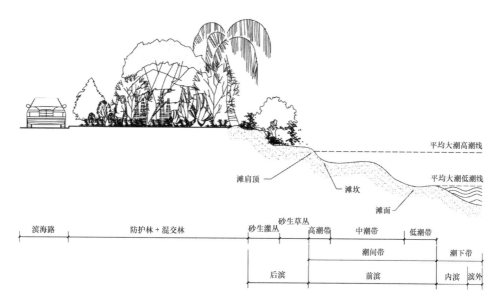

图 7-2　砂质海岸景观横向水平植物群落结构

热带：老鼠芳+海滨莎+海马齿+滨豇豆+白花马鞍藤+马鞍藤+文殊兰。

南亚热带：海滨月见草+文殊兰+马鞍藤+海马齿+老鼠芳+海刀豆+狗牙根+糙叶丰花草。

中亚热带：海边月见草+狗牙根+结缕草+卤地菊+马鞍藤。

北亚热带：老鼠芳+狗牙根+滨旋花+珊瑚菜+海滨山黧豆+马齿苋。

②灌木及地被（草）的灌草丛群落组合

此类模式主要用于后滨沙地的第二道防线，利用灌草丛群落为总体植物群落起到过渡、立体及层级配置的缓冲效果，丰富景观层次，可选用卤地菊、文殊兰、海滨莎、单叶蔓荆、剑麻、草海桐、海滨木槿、刺葵等植物，具体配置建议如下。

热带：海滨莎+马鞍藤+老鼠芳+海马齿+文殊兰+匐枝栓果菊——单叶蔓荆+草海桐+刺葵+露兜树。

南亚热带：海滨月见草+文殊兰+卤地菊+马鞍藤+海马齿+老鼠芳+海刀豆+狗牙根——血桐+剑麻+草海桐+仙人掌+露兜树。

中亚热带：矮生苔草+滨旋花+珊瑚菜——单叶蔓荆+大叶黄杨+海滨木槿。

北亚热带：老鼠芳+卤地菊+马鞍藤——单叶蔓荆+凤尾丝兰+海桐。

③乔、地被（草）的植物群落组合

此类模式主要用于砂质海岸带的第三道防线和第四道防线，砂质海岸带中利用高大的乔木配以不同的地被（草）植物，可营造空旷的植物空间景观，产生简单的视觉景观效果，并能形成良好的透景线，可选用椰子、木麻黄、黄槿、血桐、台湾

233

相思、柽柳、草海桐等植物群落。具体配置建议如下。

热带：草海桐+文殊兰+海滨莎+白籽菜——琼崖海棠+银毛树+海滨木巴戟+木麻黄+露兜树。

南亚热带：马鞍藤+草海桐+文殊兰——椰子+潺槁木姜子+榄仁+黄槿+血桐+露兜树。

中亚热带：卤地菊+滨旋花+珊瑚菜——黄连木+朴树+黄槿+单叶蔓荆+大叶黄杨+海滨木槿。

北亚热带：象草+海滨月见草+芙蓉菊+仙人掌——朴树+楝树+乌桕。

④乔、灌、地被（草）的植物群落组合

此类模式多用于砂质海岸带的第五道防线，利用植物的形态、季相进行植物景观的营造，以合理的垂直排列和空间组织形成层级的植物配置，群落上层选用喜光的大乔木针叶树、阔叶树；春色叶树种、秋色叶树种等。群落中层选用耐半阴的小乔木和花灌木，耐阴的种类于树林下，喜光的种类种植在群落的边缘，下层选择耐阴的地被和草本植物。在砂质海岸带的密林区多以乔、灌、草的均衡搭配，如枫杨、黄连木、潺槁木姜子、舟山新木姜子、露兜树、黄槿、木麻黄、血桐、榄仁、酸豆及椰子等植物，最大限度地增加物种多样性，丰富景观层次，发挥最大的生态功能和良好的景观功能，提高植物群落的稳定性。具体配置建议如下。

热带：马鞍藤+仙人掌+象草+白籽菜——变叶木+草海桐+龙血树+刺葵+血桐——榄仁+琼崖海棠+椰子+黄槿+木麻黄+翻白叶树。

南亚热带：蜘蛛兰+文殊兰+毛马齿苋+马鞍藤+山麦冬——九里香+黄金榕+鸡蛋花+夹竹桃+杨叶肖槿——黄槿+异叶南洋杉+刺桐+异叶南洋杉+大王椰子+潺槁木姜子+玉蕊。

中亚热带：长春花+山菅兰——夹竹桃+千头木麻——朴树+楝树。

北亚热带：毛马齿苋+长春花+山菅兰——小叶女贞+三角梅+月季——布迪椰子+黄槿+异叶南洋杉+日本珊瑚树+楝树。

3）淤泥质海岸植物选择与配置模式

淤泥质海岸由淤泥或杂以粉砂的淤泥组成，分为泥滩和草滩，海岸生物类型分为红树林海岸和盐沼海岸。该地带土壤肥沃，常遇潮汐，盐碱重，淤泥厚而缺氧，进行园林植物选择与配置时，要选择耐盐和耐涝性强的植物，遵循海滩红树植物林带或盐沼植物草带→海岸陆缘半红树植物林带→岸上植物林带的带状分布规律。陆缘海岸和人工海堤的防护林应是低矮的海滩红树植物林和半红树植物林带。营造混交林群落，并保护林下地被层，形成多层结构，且与用材林分开单独经营。

（1）淤泥质海岸横向水平上植物群落结构（图7-3）

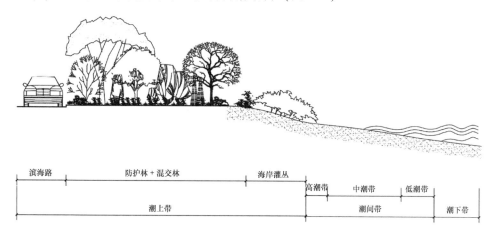

滨海路	防护林＋混交林	海岸灌丛	高潮带	中潮带	低潮带	

| 潮上带 | | 潮间带 | 潮下带 |

图7-3 淤泥质海岸景观横向水平植物群落结构

（2）淤泥质海岸横向水平上适宜的群落配置模式

①潮间带植物群落

此类模式主要用于淤泥质海岸的潮间带，多数时间淹没于水中的植物，是海岸防护的第一道防线。潮间带具有潮汐、盐碱、淤泥、缺氧等特殊的沼泽生境，该类植物通常具有促淤造陆、防风固堤等作用，包括盐沼植物、真红树植物和半红树植物，如秋茄、桐花树、木榄、白骨壤等。具体配置建议如下。

热带：卤蕨＋老鼠簕——水椰＋红海榄＋木榄＋榄李＋海桑。

南亚热带：老鼠簕——秋茄＋桐花树＋红海榄＋白骨壤＋木榄。

中亚热带：老鼠簕——秋茄＋白骨壤＋桐花树。

北亚热带：秋茄纯林、海三棱藨草群落、盐地碱蓬。

②高潮带及潮上带植物群落

此类植物通常能够生长于潮间带的高潮带和靠海一侧的潮上带，有时成为优势种，但也能在陆地非盐渍土生长，以半红树植物为主，为海岸防护的第二道防线，选用的植物应具有抗风、耐盐雾、耐土壤盐及耐水湿等特点，如杨叶肖槿、海檬果、苦郎树、银叶树等。具体配置建议如下。

热带：盐地鼠尾粟＋盐角草——苦郎树＋苦槛蓝——莲叶桐＋水黄皮＋杨叶肖槿。

南亚热带：南方碱蓬＋阔苞菊——地肤＋海滨木槿——海檬果＋银叶树＋海滨猫尾木。

中亚热带：滨艾＋海马齿——香蒲＋苦郎树——柽柳＋水黄皮＋榕树。

北亚热带：盐地碱蓬——芦苇＋海滨木槿——海滨木槿＋湿地松＋垂柳。

235

③潮上带植物群落

该模式主要用于淤泥质海岸的第三道防线，该区域相比于第一道防线和第二道防线，盐碱、缺氧的现象不明显，土壤有机质含量通常较高，但偶尔会有海水倒灌的现象发生，选用植物也应具有一定的耐盐碱能力。如椰子、华盛顿棕、雀榕等，具体配置建议如下。

热带：白凤菜+海刀豆——草海桐+福建茶——榄仁+构树+酸豆。

南亚热带：长春花+结缕草——雀梅藤+马甲子——黄花夹竹桃+雀榕+麻楝。

中亚热带：狗牙根——小叶黄杨+滨枥——潺槁木姜子+黄槿+银海枣。

北亚热带：狗牙根+芦苇——海桐+厚叶石斑木+海滨木槿——白千层+龙柏+棕榈。

7.2.2 海岛无生态群落种植管控技术研究

7.2.2.1 种植管控系统构建原则

植物生态群落种植管控系统承载着人类对大自然的情感，表达了人们对美好生活的热爱和追求，在植物生态系统中，植物与环境之间的关系必须要稳定协调，才能提供最优的生态效益。为打造"绿色·生态"的海岛，在海岛植物生态群落种植管控系统构建的过程中应遵循以下几项原则。

（1）生态为主，兼顾景观

以水土保持、提高植被覆盖率和保护生物多样性为目标，模拟原生植物物种分布格局，提升海岛岛陆植被的生态功能，兼顾景观功能，与当地的环境元素相结合，合理配置植物种类，营造地域性的植被景观，满足生态效益、经济效益和社会效益的需要。

（2）适地适树，乡土优先

乡土种经过长期的自然选择及物种演替，具有适应性强，对当地的极端气温和洪涝干旱等自然灾害具有良好的适应性和抗逆性，有助于打造海岛植被的地域性。种植时应以中、小规格的矮壮苗木为主，乔灌草、针阔叶、常绿与落叶、速生与慢生、叶花果等相结合，形成多数种、多层次、多功能、多样性的生态系统。

（3）因地制宜，循序渐进

不同地带区域和生境，气温、湿度、土壤等不同，充分考虑海岛环境条件的脆弱性和不稳定性，在开展绿化种植或植被修复的过程中应因地制宜，统一规划、分期实施，先利用先锋植物进行水土保持，改善局部地区立地条件，再逐步种植其他植物，实现种植效果。

（4）就地育苗，适当锻炼

乡土树种苗木易得，适应性强，又有较好的抵御力。通过就地育苗提前适应当地的气候和立地条件，起苗时减少长途运输对苗木的损伤，苗木出圃前进行抗盐雾锻炼，增强植株的抗逆性，有利于提高苗木的成活率减少日常维护的成本。

7.2.2.2　植物筛选

植物筛选是海岛植物种植管控的核心。根据适地适树的原则选择海岛适生植物物种。乡土种经过长期的自然选择及物种演替，具有适应性强，对当地的极端气温和洪涝干旱等自然灾害具有良好的适应性和抗逆性，有助于打造海岛植被的地域性。基于海岛植物生长的限制性条件，应优先考虑具备抗风、耐盐、耐旱、耐贫瘠等特性的植物。选择耐盐的阔叶植物，尤其是密集的常绿树种是应对盐雾较好的选择。Aronson 于 1989 年出版的《HALOPH A Data Base of Salt Tolerant Plants of the World》记载了 117 科 550 属 1 560 余种盐生植物。日本针对滨海地区园林绿化盐害问题，建成了一个集世界椰子树大全的耐盐植物园。《中国盐生植物（第二版）》介绍了687 种盐生植物，是中国耐盐植物资源筛选与应用的里程碑。《南方滨海耐盐植物资源（一）》介绍了 200 个物种，张琳婷筛选了南方海岸带与海岛特有植物 88 科 242属 315 种。同时，应避免造成生态环境的影响，禁止使用外来入侵植物。适生植物的筛选对于构建海岛特色植被景观、保护海岛特有种具有一定的意义，同时也能减少海岛面临威胁带来的危害。

7.2.2.3　工程设计

（1）地形设计

修复过程中地形设计应以总体设计所确定的各控制点的高程为依据，以保护自然地形为主。需改造的地形坡度超过土壤的自然安息角时，应设计固土或防冲刷等护坡工程。

土方尽可能就地平衡，通过对地形的改造，营造具有山丘、低地、山脊、山谷、山坡等地貌特征的起伏地形，尽可能创造微地形的高低变化，有利于自然排水、雨水收集和种植生长。

地形处理应结合原有自然地形，保护乡土景观地貌，避免大的地形改造，减少对土壤结构的破坏。尽量保持和维护海岛生态系统的完整性，保护有价值的自然风景和有历史文化意义的区域和设施。

（2）土壤改良设计

海岛主要有滨海砂土、黄赤土、滨海盐碱土、赤红壤、粗骨性红壤等土壤类型。由于土壤盐碱化会致使植物生长不良，设计时根据实际情况和涉及区域土壤类型的理化性质等特点选择相应的技术措施，依据植被的不同种类和特性要求，进行科学的配土改良，并针对滨海地区盐碱地进行改良和优化种植设计。

盐碱地绿化涉及范围广，在滨海盐碱地的绿化建设中，基于土壤改良技术进行综合治理，应因地制宜造地改形、选择适宜植被等综合治理手段，提高修复建设效果。针对平潭不同功能区域，宜根据实际情况和绿化目标选择相应的技术措施，根据栽植管理以及特定植物的需要，参照相应标准，在种植前及种植后的养护管理中进行相应的土壤改良。

（3）碱性土壤改良技术

盐碱地修复的前期重点是进行土壤改良。只有改善土壤才能更好地达到种植效果。土壤改良大致可以分为物理改良、水利改良和化学改良。土壤改良主要采用的方法如下。

①表层换土：通过将绿地中一定范围的盐碱土挖出清运，在底部回填 20 cm 厚的碎石，然后回填适宜的种植土，整平后进行植物种植。

②灌水洗盐：把水灌到盐碱地里，使土壤盐分溶解，通过下渗把表土层中的可溶性盐碱排到深层土中或淋洗出去，侧渗入排水沟加以排除。

③深耕深翻：盐分在土壤中的分布情况为地表层多，下层少，经过耕翻，可把表层土壤中盐分翻扣到耕层下边，把下层含盐较少的土壤翻到表面。翻耕能疏松种植层，切断土壤毛细管，减弱土壤水分蒸发，有效地控制土壤返盐。

④增施有机肥，合理施用化肥：对盐碱土增施化学酸性废料过磷酸钙，使其 pH 值降低，同时磷素能提高树木的抗性。施入适当的矿物性化肥，补充土壤中氮、磷、钾、铁等元素的含量，有明显的改土效果。施用大量有机质，如腐叶土、松针、木屑、树皮、马粪、泥炭、醋渣及有机垃圾等，可以有效降低土壤碱性，防止土壤次生盐碱化，使植物更加正常的生长和发育。

（4）不同土壤配土改良的参考配方

根据平潭不同土壤配土改良的参考配方（体积比）为：

滨海风沙土的改良滨海风沙土：赤红壤：腐殖土＝3：5：2；

黄赤土的改良黄赤土：腐殖土＝8：2；

赤红壤的改良赤红壤：腐殖土＝9：1；

粗骨性红壤改良粗骨性红壤：腐殖土＝7：3。

各种配土材料可根据改良深度折算成厚度，分层放置，并混合均匀于整个改良土层。由于不同海岛土壤存在差别，设计时，应根据实际情况进行土壤的调整。施工场地内缺土时，应以富含有机质、肥沃、排水性能较好地符合要求的土壤作为种植土。

7.2.2.4　种植设计

以景观构建为主要目标的沙地植被修复，种植设计应以绿地的总体设计为植物配植的依据。应体现整体与局部、统一与变化、主景与配景及基调树种、季相变化等关系，应充分利用植物的枝、叶、花、果等形态和色彩，合理配置植物，形成群落结构多种和季相变化丰富的植物景观。

风口处的乔木及灌木参照《城市园林植物种植技术规程》（DBJ/13-131—2010）标准按照 1.5~2 倍密植，以增强植物群落的抗风能力，苗木规格以小苗为主，一般情况下乔木树种胸径不得大于 6 cm，灌木树种冠幅不超过 60 cm，棕榈类植物地径不超过 20 cm。非风口地带苗木规格、种植密度可以按照《城市园林植物种植技术规程》（DBJ/13-131—2010）要求执行。在主要风向的海岸带采用由透风林到半透风林再到不透风林形成的一组防风林带，因地制宜设置多层防风林带，且距居民区越近，林带应越宽。防护林带也是海岛海岸带植被修复的有机组成。

植物配置应依据植物种类，采取不同的植物模式，营造不同功能、性质和氛围的植物空间。通过强化和削弱地形的起伏变化，构成郁闭式或者不开放的空间，植物还可与周边山石、水体及道路等景观元素共同构成丰富的空间形态。

在特殊困难地段如风沙危害严重的区域，应考虑就近育苗或移植前采取抗旱、抗盐锻炼等措施。为防止大风扬沙，可在潮上带的沙滩上种植适应的地被，起到固沙的作用。摒弃植物"大色块"对的结构形式，科学配置植物群落结构，以乔木和大灌木为绿化骨架，乔木、灌木、地被、草花及草坪等有机结合，形成稳定合理的人工植物群落，应使其具有最佳的生态效益。群落结构单层与复层的选择应以环境条件和使用功能为依据，复层的人工植物群落面积应占绿地总面积的 40%~50%。

7.2.2.5　种植施工

对于在岛上行车方便的海岛，种植施工过程可参照大陆上常规的绿化种植，但对于行车不方便的海岛，种植施工则应考虑实际情况，以保障施工的便捷性和植物的存活率。

1）场地整理

对于现场的石块、枯枝等杂物进行清理，根据修复方案设计保存好原有的良好环境资源，如大树、水体、地貌及其他景观，标记地下管线的位置，对文物古迹应妥善保护。

根据施工图，算出挖方量、填方量、下沉量，并确认搬入土方的总量，土方堆放位置，土方施工机种和投入台数。根据土壤质地情况，研究改良土壤和采用客土措施，完成土方地形造型。在填方和借方地段的原地面应进行表面清理，清理深度应根据种植土厚度决定，清出的种植土应集中堆放。填方地段在清理完地表面后，应整平压实到规定要求，才可进行作业。为减少水土流失，坡地整地采用沿等高线横山带状布局，带与带间按种植点配置要求保留自然植被带。

2）植物种植

（1）苗木及种子要求

苗木要适应海岛的恶劣条件，因此，应满足以下几点要求：①应具有发达的根系，带土球材料；生长苗壮，树形端正，冠形丰满，乔木一般不超过 3 m。②应无病虫草害，严禁出现检疫性病虫害及杂草；草种、花种应有品种、品系、产地、生产单位、采收年份、有效年份、纯度、发芽率等标明种子质量的出厂检验报告或说明，并在使用前做发芽试验，以便按质量调播种量。失效、有病虫害的种子不得使用。③不建议使用珍贵树种或大规格乔木。④以海岛防风固沙和海岸植被保护为目标的植被修复应就近育植苗或引种培育。移植前采取抗旱、抗盐、抗盐雾锻炼等措施，提高植物的成活率。

针对罕有人类活动、无载车渡轮停靠码头且岛上无汽车可通行道路的无居民海岛，建议以播撒草籽为主。若不满足上述条件仍必须采用苗木修复，则建议以不高于 2 m 的矮灌木或小乔木。

（2）种植季节

根据植物习性、气候条件及海岛的具体环境特点选择最适宜的时间进行种植，通常春季种植季节优于秋冬季，避免在东北风盛行的秋冬季种植。如落叶树木种植和挖掘应在春季解冻以后、发芽以前或在秋季落叶后冰冻以前进行；常绿树木的挖掘种植应在春天土壤解冻以后、树木发芽以前，或在秋季新梢停止生长后霜降以前进行。如果在生长旺季（夏季）移植，最好选择在连续阴天、傍晚、温度较低或降雨前后移植。

（3）种植穴挖掘

根据设计定位图挖掘种植穴，种植穴应根据苗木根系、土球直径和土壤情况而定，一般应比种植的土球直径大 30 cm、深 20 cm 左右。种植穴一般为圆形，尽量保证上下口大小一致，以免造成植树时根系不能舒展或填土不实。若土质不好需采取土壤改良措施，将大的杂质调出，回填前将改良基质均匀地倒在种植穴四周，同种植土拌匀。若遇地下管线、地下设施等地下障碍物严重影响操作，可与设计人员协商移位重挖。

（4）苗木运输

在起苗之前，要给苗木浇一定量的水，使土壤松软，避免伤害到苗木根系。移栽时必须带土球，土球用麻绳或铁丝绑好防止土坨松散。运输要遵循"随挖随运"的原则，在装卸过程中要轻提轻放。苗木运输前进行适当修剪，减少水分蒸发，也便于运输和栽植。较大的剪、锯之伤口，应涂抹愈合剂。运输时，应保持根系的湿润，并用毡布遮盖，树根朝前，树梢向后，并用木架将树冠架稳。竹类运输时要保护好竹竿与竹鞭之间的着生点和鞭芽。装卸带土球树木时，绳束应扎在土球下端，不得结在主干基部和主干，严禁提拉主干装卸带土球树木。当日不能种植的苗木，应及时假植，对带土球苗木应适当喷水以保持土球湿润。

（5）苗木栽植

栽植时要保持树木直立，方位正确，据苗木深浅要求，将苗木放入坑内。栽植深度略深于原来的 2~3 cm。带土坨苗木去除土坨上的包裹物，边埋土边夯实。裸根树木栽植时，根系要舒展，不得窝根，当填土至坑的 1/2 时，将苗木轻轻提几下，分层埋土踏实，移植木要设立支撑，防止根部摇动透气影响成活。做好三角支架或铅丝吊桩，支柱与树干相接部分要垫上蒲包片，以防磨伤树皮。栽植后及时灌水浇透。

（6）植物种植辅助技术

为减少树体水分蒸发，树干应及时进行保湿处理。大树移植的树干保湿可采用以下 3 种方法：①用稻草将树干包好，喷湿后用塑料播磨包于稻草外；②用粗草绳捆紧，喷湿后外绑塑料薄膜；③用粗麻布条缠绕树干进行保湿。对于地形过于平坦，容易产生积水的修复区，如有必要，可先在穴底铺 10~15 cm 的沙砾，再设置暗管排水，避免内涝，影响植物生长。对于土壤沙化严重的海岛，土层薄，无法更换种植土的场地应先在土壤中掺入泥炭土或保水剂等保水透气材料，待树穴挖好后，再在树穴内铺 20~25 cm 的腐殖土或苔藓，并覆盖树叶，以利于保水、保湿，有条件的应尽量采用滴灌，以保证根系的正常水分需要。

7.2.2.6　节水抗旱设计

水体设计应注重对雨水的利用，结合居住区的雨水控制与利用，水体宜作为雨水储存、滞蓄设施。为保证水体水质，应采用过滤、循环净化、充氧等技术措施。场地内原有自然水体如湖、河流、湿地在满足规划设计的基础上宜完全保留，水体的改造设计应进行生态化、自然化设计。

根据修复区特点，结合景观需要和微地形营造，应考虑科学收集利用雨水，尽可能提高雨水的利用率。对于水电资源便利的海岛，在浇灌系统设计上，应注重喷灌、微喷、微灌、滴灌等灌溉技术的应用，做到适时适量灌溉；对于水电资源匮乏的海岛，则要充分提高植物对水分的利用率，尽可能减少对水分的需求。

针对不同类型植物的需水特点，优选灌溉方式；草坪宜采取射程远的喷灌以降低水的雾化及在空气中飘逸的损失；自然式配置的灌木宜采用滴灌，将滴头插入植物根部附近，以减少水的流失；大型乔木可用根部灌水器，将水分直接送入其根系，解决因表层压实，土壤透水、透气性差的问题；对特殊景观要求的中大规格乔木，为提高抗风能力，保持枝叶的湿度，应在树冠顶端安装微喷设备；时令花草与常修灌木应根据具体情况，以滴灌、微灌或人工浇灌相结合的方式进行灌溉。

在长期缺水又不易保水的海岛土壤修复时，可根据种植现场实际情况需要，使用植物保水剂，甚至是能耐盐碱地类型的保水剂。保水剂可直接混合在客土种使用，但应针对使用地点土质情况及种植的植物种类确定混合使用比例；也可制成保水袋在充分吸水后，置于种植穴中使用，为植物根部提供缓慢释放的水源，长时间保持植物根部土壤湿度。特别要注意植物保水剂只有正确使用才能发挥其抗旱保水的作用。

7.2.2.7 风障设计

防风固沙是海岛滨海地带植被修复的关键，通常以搭建防风篱笆或防风网类风障促进海岛植被的修复。风障不仅能减弱风沙活动，改变流速和风向，而且能减轻风力对植物的机械伤害，降低盐雾对植物的盐胁迫。此外，风障还具有能够显著增加沙地土壤种子库的功能，在提高苗木成活率和生长状况方面具有不可替代的作用。

在沿海受东北风影响大的风口绿化带要有风障设计以阻挡或减弱季风，风障可分为临时性和永久性两种，永久性风障宜采用抗风性强的植物逐步形成生物风障，也可设计固定的构筑物起到挡风的作用，一般应结合景观设计，做到既能长久抵挡风沙，又能形成景观。

1）风障类型

风障可分为永久性风障及半永久性风障。永久性风障如砌石墙、原海堤石墙和景观石墙等，见图7-4，半永久风障包括木柱挂塑料网、竹廉风障和防腐木挂尼龙网等，见图7-5。加高根据植物所处的地理位置、种植时间及设计的风障类型进行风障工程施工，风障的设置时间、密度、位、角度、高度及距离应与植物种类及群落配置相适应。

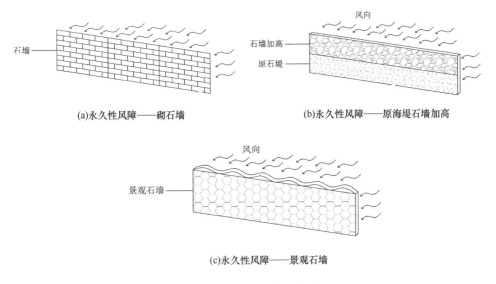

(a)永久性风障——砌石墙

(b)永久性风障——原海堤石墙加高

(c)永久性风障——景观石墙

图7-4　永久性风障示意图

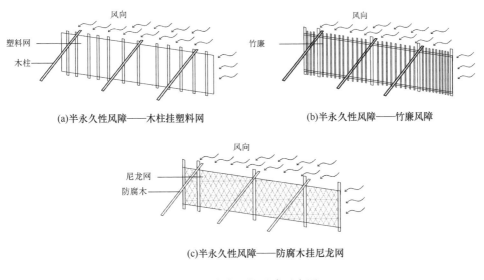

(a)半永久性风障——木柱挂塑料网

(b)半永久性风障——竹廉风障

(c)半永久性风障——防腐木挂尼龙网

图7-5　半永久性风障示意图

（1）设置时间

风障的设置时间应在每年秋季东北风到来之前，一般在每年的9—10月，部分强风海岸可以延长到8月至翌年3月。

（2）密度、方位、角度、高度及距离

风障密度由地形、坡度、风障高度等共同决定，坡度大则间距小；坡度小则间距大。在平缓的沙地上，风障的间距为高度的15~20倍。风障与风向的夹角越大，防风效果越好，对风障结构的要求也越高。风障的设计与风速有关，风速不超过15 m/s 的地区，风障可以与主风向垂直；超过 15 m/s 的地区（我国南方大部分地区），风障可以与主风向有 65°~75°的夹角。风障的高度视受保护的绿化植物高度而定。一般情况下，对低于 2 m 的植物其风障以高出植株顶端 10~15 cm 为宜；对高于 2 m 的植物其风障以高出植株顶端 30~50 cm 为宜。风障两端往往会产生风的回流，因此，风障的长度应加长以起到更好的防风作用。在风力特别大的地段，风障应多排设置，每排风障的间距应为其高度的 2.5~3.5 倍。

2）风障材料及搭建

风障材料可选用强度遮阳网、无纺布、塑料布及遮光板等，临时风障搭建支架以木架、竹架为主，用粗铁丝绑缚，木桩底端应深入地下 50 cm 以上，支架应有斜支撑木桩，并绑缚牢固。

7.3 海岛生态优化技术研究

7.3.1 平潭雕塑园示范区生态优化技术研究

7.3.1.1 示范区优化前概况

雕塑园作为平潭为数不多的离海公园之一，属南亚热带海洋季风性气候，年均气温 19.6℃，年均降雨量 1 172 mm，7—9 月持续高温干旱，风速年均为 6.9 m/s，大风天气（7 级以上）达 125 d 以上，常受到台风天气的影响。雕塑园海岛植物群落优化示范区位于木麻黄防护林带，防护林建于 20 世纪 60 年代，从实施以来，在水土保持、调节气候、防风固沙等各个方面都发挥了积极的作用。但是随着时间的推移，其整体已逐渐进入防护成熟至老化阶段，表现出林分稀疏、老化严重、防护效果降低等问题，导致整体防护功能降低。近几年随着生态环境的恶化，部分病虫害大量繁衍，而且部分区域还出现了严重的土壤裸露现象。与此同时，人为管理不到位等各种因素，导致一系列防护林工程的退化越来越明显，生态稳定性减弱、抗干扰能力下降以及自我维持能力降低，难以发挥降温、增湿、防风、水土保持等生态效益。

尤其在植被方面，示范区优化前状态现有植被乔木层仅有木麻黄单一物种，植被覆盖率低，群落结构单一；灌木零星散落，主要有福建胡颓子、车桑子；草本植物较为丰富，中心区以狗牙根为优势种，伴生空心莲子草、飞蓬草、翼茎阔苞菊、鬼针草等，沿竹屿湖湿地区域草本植物以白茅、狗尾草为主，伴生多枝扁莎、芦苇、水葱等植物（图7-6）。

图7-6 优化前示范区的植物景观状况

植物群落整体存在以下几个问题：①树种单一，植物物种多样性低。植被覆盖率底；②植物群落结构不合理，多为草本，伴有零星生长的低矮的乔木，主要为木麻黄。难以发挥降温增湿防风，水土保持等生态效益；③海岛适生树种缺少，植物长势不佳。生态效益差（图7-7）。

7.3.1.2 优化技术研究及其景观总体设计

通过对其进行的环境分析，以生态性、功能性、可持续性为设计原则，以恢复生态学、景观生态学等相关理论为指导，基于场地植被状况，利用适生植物和海岛特色植物，展现独特的海岛风貌，优化植物群落结构，以求达到一定观赏效果兼具生态效益的植物景观群落。

（1）设计依据

①海洋公益性行业科研专项经费项目"海岛植物物种多样性保护及生态优化技术研究与应用"子任务四的要求。

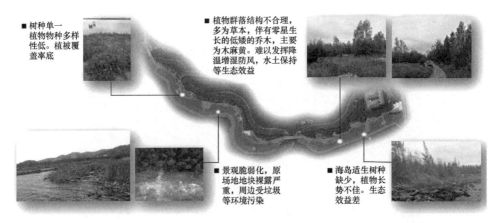

图 7-7　植物群落整体概况

②龙凤头公园与雕塑园地理及气候环境资料。

③《全国海岛保护规划》等相关国家法规政策。

④景观生态学、生态修复学相关理论。

⑤公园景观设计相关规范。

（2）设计原则

①生态原则——以景观生态学、生态修复学为指导，因地制宜，适地适树。发挥人工植物群落的最大生态效益。

②功能原则——以生态效益的和景观性出发，满足海岛公园观赏、停留、游憩等功能需求。

③可持续原则——植物群落的构建有效抵御外界因素干扰，长期发挥生态与景观服务功能。

（3）设计理念

平潭雕塑园是平潭综合实验区"首届平潭国际城市雕塑展"48件作品永久存放地，为突出雕塑主题，需根据雕塑作品体量、色彩等采用不同的配植手法，烘托雕塑作品主题，以不同色彩的观花观叶植物来搭配雕塑作品的色彩，营造和谐基调。

为了绿地生态效益的发挥兼具有特色的海岛植物景观，根据对雕塑园的场地环境进行分析，利用特色的植物的运用，来展现独特的海岛风貌。并基于场地植被状况，应用适生植物，进行植物群落结构的优化升级，以求达到一定观赏效果兼具生态效益的植物景观群落。

（4）方法及技术措施

雕塑园作为一个离海公园，受海风、盐雾等影响较小，适生植物的选择空间更大。采用的主要优化措施如下。

246

①“适生适树”，植物种类选择，通过对海岛适生植物文献查阅等方法所筛选出的具有海岛特色以及抗逆性较强的植物，如黄槿、海杧果、秋茄、单叶蔓荆等；此外搭配平潭常见绿化树种，如翠芦莉、金森女贞、台湾相思、南洋杉、夹竹桃等；在物种结构上，提升植物物种多样性。

②植物种群、群落的构建上，进行乔-灌-草复合层次的群落结构构建，注重乔、灌、草合理搭配，恢复其生态系统垂直结构，在优化区的边缘和中心地带，注重植物种群的层次修复，有利于优化生态系统的水平结构。

③生态功能恢复。注重优化区生态效益的发挥，考虑海岛特殊环境，构建外侧防风林带。采用对温湿调控能力强的树种，如刺桐、异叶南洋杉、木麻黄等，改善示范区微气候。

④植物景观重塑，在优化区植物恢复、生态系统优化的同时，也应该注重植物生态景观的优化，在景观设计手法上，植物景观也具有其自身的地域性特点，以体现海岛特色为出发点，体现当地自然景观。例如，重要的优化区湿地长廊，通过红树植物秋茄来营造具有海滨特色的景观感受。不同层次的植物搭配，增加植物景深空间，增加观花、观叶等观赏性植物的搭配，提升景观美景度。如海滨木槿、秋海棠等，使其在生态恢复的基础上有景可观（图7-8）。

7.3.1.3　景观效果提升

经过规划设计后，项目实施后的成果主要以三大点展示：一是通过植物种类的增加、物种多样性水平提高来体现；二是具有直观性的景观效果图片来展示；三是通过测量相关指标来量化生态效益的发挥程度。

（1）植物种类及物种多样性提高

通过植物统计表明，雕塑园内植物达到约120种隶属于51科95属，植物种类得到了极大提高；再通过对雕塑园建成前后的植被调查对比，结合植物物种多样性指数计算，进一步说明物种多样性得到提高。雕塑园滨水带周边群落的种类多样性与生活型结构多样性（如Berger-Parker指数、Margalef指数、Simpson指数、Shannon-Wiener指数、Pielou指数）均明显大于建成前该地的α多样性指数。具体见表7-1。

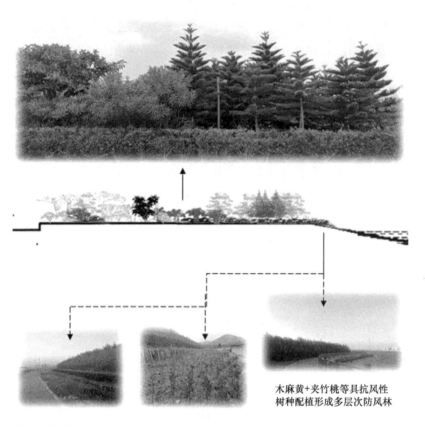

南洋杉　台湾相思　橡胶榕　黄槿　鸡冠刺桐　金森女贞　木芙蓉　苏铁　丝兰　海边月见草　秋海棠　翠芦莉　平潭水仙

木麻黄+夹竹桃等具抗风性树种配植形成多层次防风林

秋茄湿地长廊

图 7-8　植物群落构建配置

表 7-1　雕塑园建成前后 α 多样性指数对比

α 指数		d	d_{Ma}	D	He'	J_e
建成前		1.00	0.00	0.00	0.00	—
建成后	乔木层	2.60	1.23	0.76	1.65	0.75
	灌木层	2.81	1.87	0.75	1.74	0.60
	地被层	2.47	4.73	0.79	2.10	0.61

注：d：Berger-Parker 指数；d_{Ma}：Margalef 指数；D：Simpson 指数；He'：Shannon-Wiener 指数；J_e：Pielou 指数。

由表 7-1 中可以看出，项目建成前，由于场地为散生低矮木麻黄的杂草地群落结构单一、植物物种少，经规划设计后，Margalef 丰富度指数、Berger-Parker 优势度指数、Simpson 多样性指数、Shannon 多样性指数、Pielou 均匀度指数的提升极其显著。直接表明经规划设计后，场地内植物多样性得到显著提升（图 7-9）。

图 7-9　项目实施后景观效果

（2）景观效果提升

　　经场地环境分析后，进行场地的微地形改造以及植物种植设计。对原场地内的木麻黄进行保留以及部分移植至临水区域，搭配夹竹桃等具抗风性树种配植形成多层次防风林。对场地内的一二年生及多年生杂草进行清除，得到较大面积地块，进行重新植物种植。通过将优化后场地的观赏特性（观花、观叶、观果、其他）及观赏季节（春、夏、秋、冬）与对照区进行比较分析，可知优化后场地景观美景度得到显著提升，丰富植物季相变化，满足人们对美的需求。优化后场地的观赏特性（观花、观叶、观果、观干等）及观赏季节（春、夏、秋、冬）与原场地进行分析比较，可知优化后场地景观美景度得到显著提升，丰富植物季相变化。具体见表 7-2。

表 7-2　观赏特性与观赏时序多样性

α 指数		D	H	E
优化后	观赏时序多样性	0.72	1.33	0.96
	观赏特性多样性	0.43	0.81	0.58
优化前	观赏时序多样性	0.00	0.00	0.00
	观赏特性多样性	0.00	0.00	0.00

注：D：Simpson 多样性指数；H：Shannon-Wiener 多样性指数；E：Pielou 均匀度指数。

（3）生态效益的发挥

公园绿地的生态效益受植物的种类、规格、数量和群落结构影响。原场地植被覆盖率极低，多为裸露地块，植被多为草本，伴有零星生长的低矮乔木。难以发挥降温增湿防风，水土保持等生态效益。经筛选后的适生植物为基础，营造乔灌草复合群落结构。通过对园内植物群落选取共 5 个典型样地（图 7-10），进行指标（空气温度、相对湿度、光照、风速）测定，结果表明：植物群落具有增加空气相对湿度、降低温度、减弱风速等生态效益。具体见表 7-3。

图 7-10　样地

表 7-3 5 个典型样地内外的微气候变化统计

样方号	1	2	3	4	5
WS/ (m/s)	0.82±0.59bc	0.22±0.29d	0.76±0.73bc	1.59±0.65a	1.57±0.94a
对照	0.75±0.15	0.73±0.55	0.97±0.27	1.34±0.23	0.62±0.18
ΔWS	0.07**	-0.51**	-0.21	0.25	0.95**
SR/klx	6.33±3.17	2.78±1.88cd	3.06±4.45cd	0.86±0.84d	1.76±1.65d
对照	78.37±21.01	75.91±23.21	75.16±24.72	75.48±28.52	70.23±41.88
ΔSR	-72.05**	-73.13**	-72.10**	-74.60**	-68.48**
Tair/℃	32.70±0.77ab	32.36±0.92b	32.14±0.63bc	31.26±0.73d	31.40±1.80d
对照	34.23±0.95	33.73±1.04	33.98±1.06	33.13±1.74	34.30±2.38
$\Delta Tair$	-1.53**	-1.37**	-1.84**	-1.87**	-2.91**
R_h/%	67.03±5.69a	64.44±2.36b	61.91±2.87cd	62.90±3.88bc	63.63±4.25bc
对照	57.83±4.62	61.73±2.24	56.88±3.16	55.00±5.19	56.00±6.47
ΔR_h	9.21**	2.72**	5.03**	7.90**	7.63**

注：WS（wind speed）表示风速；Tair（atmospheric temperature）表示空气瞬时温度；R_h（relative humidity）表示相对湿度；SR（solar radiation）表示光照。Δ 表示林内与林外的差异。* 表示 $p<0.05$ 显著相关；** $p<0.01$ 极显著相关。

由表 7-3 中可以看出，试验样方内风速为 0.22～1.59 m/s，范围较大且变异系数较高，群落内外的风速具有极显著差异；样方内的植被结构对光照具有一定的遮蔽效果，群落内的光照强度为 0.86～6.33 klx，无植被遮挡的对照组的光照强度 70.23～78.37 klx，差异极显著；林下空气温度为 31.26～32.70℃，对照组的空气温度为 33.13～34.30℃，群落内外差异显著；相对湿度为 61.91%～67.03%，对照组的相对湿度为 55.00%～61.73%，群落内外差异极显著。数据分析表明，样地由原先植被覆盖率低，群落结构简单，经过规划设计后，对于场地微气候（温度、相对湿度、风速、光照）均具有调节作用，使趋于人体更舒适的环境。此外，所建立的植物群落，使场地具有水土保持，增加氧负离子等生态效益。

7.3.2 龙凤头滨海公园示范区生态优化技术研究

7.3.2.1 示范区优化前概况

龙凤头滨海公园处于该地区五大风口之一，常年海风肆虐。龙凤头公园植物多样性、丰富度较差，整个示范点乔木层多为木麻黄、南洋杉，灌木层仅有草海桐和黄金榕；植被的长势不良，且缺少必要的管理，杂草与园林植物争相生长；植被的色彩单一，缺乏季相变化，草本花卉和花灌木缺乏；植物配置缺乏层次感，缺乏空间上的立体感及景观空间深度。因此，需寻找新的适宜该地环境条件的树种，营造多层次结构的混交林林带，群落越健康稳定，对恶劣环境的抵抗及具备更强的生态效益（图7-11）。

图7-11　示范点植被生长状况

7.3.2.2　优化技术研究及其景观总体设计

（1）设计依据

①海洋公益性行业科研专项经费项目"海岛植物物种多样性保护及生态优化技术研究与应用"子任务四的要求。

②龙凤头公园与雕塑园地理及气候环境资料。

③《全国海岛保护规划》等相关国家法规政策。

④景观生态学、生态修复学相关理论。

⑤公园景观设计相关规范。

（2）设计原则

①生态原则——以景观生态学、生态修复学为指导，因地制宜，适地适树。发挥人工植物群落的最大生态效益。

②功能原则——以生态效益的和景观性出发，满足海岛公园观赏、停留、游憩等功能需求。

③可持续原则——植物群落的构建有效抵御外界因素干扰，长期发挥生态与景观服务功能。

（3）设计理念与设计构思

选用"适生适树"的植物生态配植理念，在自然条件相对恶劣的示范区（海岛）环境中，选用一些抗性强，能适应示范区（海岛）环境的植物材料。在"生存"的基础条件下，最大程度上美化示范区的景观环境，同时采用对温湿调控能力强的树种，如刺桐、异叶南洋杉、木麻黄等，改善示范区微气候，然后利用一些园林花卉、观赏草来构建和提高示范区景观效果，达到优化示范区生态环境。

通过文件查阅、文献查阅等筛选出40余种海岛适生植物，再根据示范区实际的自然状况、气候温度等条件从其中选择更加合适的树种，同时配置景观性强的树种、花卉和观赏草来提高示范区景观。设计中，在示范区外围利用抗风性强的树种如木麻黄、异叶南洋杉、台湾相思、黄槿等依次构建防风林，为示范区内部构建一个较好的环境空间。在示范区内部利用景观性强、层次丰富的园林树种如紫梦狼尾草、苏铁、蒲葵、胡颓子、乌桕等层层搭配，同时选用颜色各异的园林花卉如红花石竹、万寿菊、彩叶草、凤仙花等构建色彩丰富的花境，提升整个示范区的景观效果。

（4）方法及技术措施

①适生植物的筛选应用。

前期通过过文献查阅、样地实验、自然采样等方法调查筛选出40余种适生植物作为海岛生态优化植物材料。文献查阅中参考文献主要有卞阿娜（2010）闽南滨海区耐盐园林绿化植物的筛选；赵可夫等（1999）的中国的盐生植物；郑俊鸣（2017）的中国海岛植被修复的适生植物等，在这些文献中，我们对其中量化的植物生理特性（如抗盐程度）进行归类，找出抗性更高的植物树种。样地实验进行了海边月见草种子耐盐胁迫实验，通过类似环境来观察不同盐胁迫下海边月见草的生长情况。自然采样法是对海坛岛等岛屿进行了实地植物考察，并采样记录，将采样的样本在苗圃进行培育。

通过分析对某海岛的温度（表7-4）、降雨量（表7-5）、风力（表7-6）、土壤理化因子（表7-7）分析可以得出，该示范区夏季高温其中5—9月的平均最高温度在30℃以上，而秋冬季风力大（最大风速超过6.1 m/s），降雨量少（占全年的12%），温度低（1—3月平均最低温度在5℃以下），这些因子综合可以得出要适应示范区气候的植物必须要有很好的耐高温、抗风、耐旱和一定的耐寒能力的生理特性。除此之外，土壤主要是风沙土，以松散的砂（砾）为主，砂质松散粗糙，保水性弱，且盐度高（示范区土壤达到2.09 g/kg）。

表7-4　某海岛近33年温度变化（1981—2012年资料统计）

月份	1月	2月	3月	4月	5月	6月	7月	8月	9月	10月	11月	12月
平均温度/℃	11.2	10.7	12.8	17.2	21.5	25.5	27.8	27.7	26.1	22.6	18.3	13.9
极端最高温度/℃	26.4	25.5	28.6	30.2	31.7	34.0	34.6	35.3	34.4	32.7	29.3	26.7
极端最低温度/℃	0.9	2.2	3.2	5.4	11.2	16.1	20.5	21.7	16.8	13.5	8.5	3.5

注：来源于中国天气网。

表7-5　某海岛近34年降雨量变化（1981—2012年资料统计）

月份	1月	2月	3月	4月	5月	6月	7月	8月	9月	10月	11月	12月
平均降雨量/mm	43.5	82.7	132.3	135.9	163.8	231.3	92.5	126.9	110.8	32.0	40.4	32.0
降雨天数/d	8.3	12.4	15.7	14.8	16.0	12.4	6.0	8.8	9.3	7.3	7.3	6.6

注：来源于中国天气网。

表7-6　某海岛近30年风力变化（1981—2012年资料统计）

月份	1月	2月	3月	4月	5月	6月	7月	8月	9月	10月	11月	12月
平均风速/（m/s）	5.8	5.7	5.0	4.5	4.4	5.0	5.0	4.6	5.1	6.6	6.7	6.1

注：来源于中国天气网。

表7-7　龙凤头公园土壤理化因子数据

土壤层	有机质/（g/kg）	碱解氮/（mg/kg）	有效磷/（mg/kg）	速效磷/（mg/kg）	有效硼/（mg/kg）	水溶性盐/（g/kg）	pH值	含水率/%	最大持水量/（g/g）	湿含水量/%
0~15 cm	8.29	12.22	23.9	64.5	0.02	0.9	7.51	1.69	0.28	5.9
15~30 cm	6.67	13.54	9.8	49.61	0.02	2.09	7.51	2.36	0.24	4.03

　　此外，龙凤头示范区离海岸带较近，风速、盐雾等因素的影响使植物生长受到较大的限制，植物出现失水、枯萎的现象，过快的风速让植物蒸腾作用加速，使植物叶片枯黄或凋落。同时，海岛的淡水资源少，地下水位较浅，园林植物的浇灌用水可能存在碱性过大的情况，导致园林种植土逐渐变碱，继而影响植物生长和多样性（郑俊鸣，2017）。针对这一现实情况，进行园林植物选择与配置时，不仅要选择耐盐园林植物，还必须选择耐贫瘠、耐旱和抗风的植物，植物的筛选主要通过下

列方式。

a. 海岛植物的种子萌发试验。选择具有海岛特色且相关栽培试验研究缺乏或较少的海岛适生植物，所选对象多来自前文所述的适生植物评分表中，根据评分高低及相关栽培试验的多寡进行综合选择。所进行的栽培繁育试验根据具体植物的繁殖特性，有性繁殖（种子萌发）试验及无性繁殖（扦插）试验等。

b. 海岛植物扦插试验。扦插是在人工干预下植物体以无性繁殖方式进行扩繁的最有效途径之一，具有应用前景广泛、简单易行、繁殖速度快且不受物种限制、成本较低等特点。国内外也有不少林木花卉通过扦插繁殖的方式，扩大繁殖规模。本项目主要是针对具有一定海岛特色及推广价值的海岛植物，如厚藤、福建胡颓子、豺皮樟、单叶蔓荆等。试图通过扦插技术最大程度扩大海岛植物的繁殖数量与质量，使具有海岛特色的植物能够真正应用于海岛建设中来。

c. 海岛植物分株繁殖试验。分株同样也是植物常用的繁殖方式之一，是将母体带根分割成几个部分，或将植物的萌蘖、吸芽、匍匐枝、地下茎、块茎等分切下来，单独培养以形成新植株的繁殖方法，常用于多年生草本花卉或是观叶植物，如禾本科、莎草科及灯芯草科所组成的观赏草或是百合科的天门冬等草本植物，便可通过分株进行快速繁殖，可适度缓解海岛植被景观建设单一、适应性差等问题。

②具有生态效益的群落构建。

前期的筛选及海岛植物评价，可选择木麻黄、朴树、黄槿、乌桕、台湾相思等；林下可搭配海滨木槿、草海桐、福建胡颓子、银叶金合欢、野牡丹、单叶蔓荆；地被层选择平潭海岛常见地被野生植物，如厚藤、海刀豆、海边月见草、龙舌兰、天人菊、肾叶打碗花、天门冬、文殊兰等，搭配抗性较强的观赏草例如矮蒲苇、紫叶象草、小兔子狼尾草、紫梦狼尾草等。构建多层次稳定群落的同时，满足滨海公园的景观需求，营造滨海花境野趣效果。

运用景观生态学与恢复生态学的原理，进行乔-灌-草群落结构构建，群落层次构建示例如下：上层：台湾相思、南洋杉、朴树、木麻黄、黄槿、乌桕、水黄皮等；中层：银叶金合欢、海滨木槿、野牡丹、乌桕、胡颓子、黄金榕、千头木麻黄、龙舌兰、仙人掌、露兜树等；下层：剑麻、滨海前胡、番杏、厚藤、文殊兰、龙珠果、海边月见草、平潭水仙、单叶蔓荆、海刀豆等。

植物配置上，第一是提高其植物多样性，把乔木的种类由 3 种提升到现在的10 种，数量上由原来的 162 株提高到 326 株。灌木从原来的 2 种增加到 13 种，数量增加到 228 株，增加率为 200%。草本增加到了 13 种。在示范区的东部（海岸）和北部两个迎风面种植了厚度为 10 m 的抗风树种木麻黄和南洋杉，为示范区第二层内部提供一个很好的抗风环境。紧接着第二层布置了台湾相思、黄槿、朴树和乌桕，作为抗风的第二道防线，之后点缀搭配了剑麻、草海桐、蒲葵、野牡丹等。下层地被选用了单叶蔓荆、番杏、天门冬、紫梦狼尾草等。层层递下同时又相互交融，在富有层次空间时又有一定大自然的野趣。而在色彩上，为了满足整个示范区有丰富的色彩，避免统一绿色调的单调，示范区选用了大量的花灌木及异色叶草本（图 7-12 至图 7-17）。

图 7-12　示范区平面图

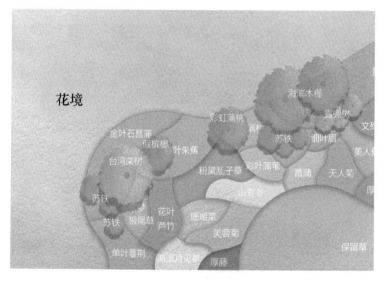

图 7-13　局部种植区示意图（一）

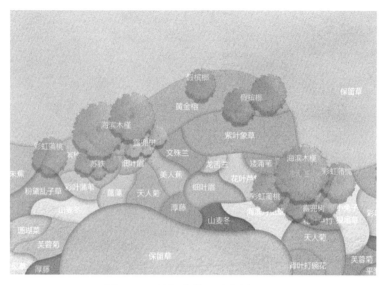

图 7-14　局部种植区示意图（二）

图 7-15　局部种植区示意图（三）

7.3.2.3　优化效果评估技术

在实际调研里基于美景度评价法（SBE），对示范区游客进行随机问卷调查。对示范区不同植物景观类型进行评价，评价指标包括植物种类、数量、生长势、色彩、形态、质感、配置构图、季相变化、地带性特色、郁闭度等方面，以客观拍摄图片通为媒介，对其进行美景度评分，分值范围 1~10 分，分值越高表明景观效果越好。

图 7-16　示范区效果图

图 7-17　示范区剖面图

找出并分析其中的优缺点，为进一步改善提供依据。通过优化后场地的观赏特性（观花、观叶、观果、观干等）及观赏季节（春、夏、秋、冬）与原场地进行分析比较，可知优化后场地景观美景度得到显著提升，丰富植物季相变化。

　　调查优化后群落的种类多样性与生活型结构多样性（如 Berger-Parker 指数、Margalef 指数、Simpson 指数、Shannon-Wiener 指数、Pielou 指数）具体计算公式如下。

　　（1）Berger-Parker 优势度指数

$$d = 1 / \frac{n_{\max}}{N} \tag{7-1}$$

　　（2）Margalef 丰富度指数

$$d_{\mathrm{Ma}} = \frac{S-1}{\ln N} \tag{7-2}$$

　　（3）Simpson 多样性指数 D

$$D = 1 - \sum_{i=1}^{S} P_i^2 \quad P_i^2 = \frac{n_i(n_i-1)}{N(N-1)} \tag{7-3}$$

（4）Shannon-Wiener 多样性指数 $H_e{}'$

$$H_e{}' = -\sum_{i=1}^{S} P_i \ln P_i \qquad P_i = \frac{n_i}{N} \qquad (7-4)$$

（5）Pielou 均匀度指数 J_e

$$J_e = \frac{H_e{}'}{H'_{max}} \qquad H'_{max} = \ln S \qquad (7-5)$$

上面的（7-1）~（7-5）公式中：n_{max} 为样方内个体数量最多物种的个体数量；S 为样方内物种数；N 为所有物种个体的总数；n_i 为第 i 种 P 的个体数，$i=1$，2，3，…，S。j 为共同种 N_j 指样地 a 和 b 共同种中个体数较少者。

通过选取优化后植物群落样方（共 5 个典型样方），进行指标（空气温度、相对湿度、光照、风速）测定。

（1）数据测量

海坛岛夏季以偏南风为主，其他季节多为东北风。为了降低季节变化引起风向和风力的影响，本项目选择海坛岛公园 2016 年夏季 7—9 月为测定时间，以晴朗天气作为研究数据，剔除阴天、雨天和异常天气的影响，尽量保证其他变量一致。测试时间在 8：00—17：00 进行测定，每隔 1.5 h 测定一次，每次测定时间为 1 min（由于风速变化较大，每 10 s 取一个瞬时值，即测定 1 次 1 个指标 6 个数据），1 d 作为一个重复，每个样方测定 7 d，取平均值。在样方内采用五点梅花法定点测定风速、光照、温度、湿度，并选取公园样地内 10 m 以内的无遮阴的广场作为对照组。在测定各项指标时，测试仪器的高度设置为 1.5 m。光照强度测定时，设置高度为 1.8 m，以防影子阻挡光线影响数据准确性。

（2）仪器选用

仪器的选用与精度：风速与风温测定采用 PROVA AVM-05 风速计（风温精度±1.0℃，分辨率 0.2℃；风速精度±3%，分辨率 0.1 m/s）；光照强度测定采用 TES-1339 Light Meter Pro. 照度计（精度 3%，分辨率 0.01 lx）；温湿度测定采用的 LGR-WSD20 温湿度记录仪（温度精度±0.2~0.5℃，分辨率 0.1℃；湿度精度±2%~3%，分辨率 0.1% Rh）。

（3）数据处理

运用 SPSS 19.0 对植物群落内微气候与对照组进行配对 t 检验，并对样方间的数据进行方差分析与 LSD 多重比较分析。

例如，龙凤头海滩和雕塑公园的生态优化，通过对平潭海岛的气候（温度、降雨量、风力）、土壤（土壤结构、土壤理化因子）分析可以得出，该示范区夏季高温其中 5—9 月的平均最高温度在 30℃ 以上，而秋冬季风力大（最大风速超过

6.1 m/s），降雨量少（占全年的 12%），温度低（1—3 月平均最低温度在 5℃ 以下），这些因子综合可以得出，适应示范区气候的植物必须要有很好的耐高温、抗风、耐旱和一定的耐寒能力的生理特性。通过文献查找（选择前人文献试验中能适应海岛植物的特性如抗风树种、耐旱树种、耐盐树种）、自然采样（在当地采集一些乡土适生树种进行苗圃培育）、样地试验（如进行了海边月见草的耐盐胁迫试验）等方法对树种进行了选择。

7.3.2.4 优化后的景观效果

（1）增加绿地率，塑造了良好生态环境

通过龙凤头示范区的绿化种植使原来植被的绿化覆盖率不足 40% 到现在的 76.92%，极大地提高了示范区及公园的绿化覆盖程度。而绿地在维护海岛生态环境的同时，植被覆盖度增加能降低风蚀作用，对海岛受损区域及人居环境具有一定的修复与保护，减轻海岛居民的生存压力。通过在示范区的绿化，提高了整个公园的绿化面积，使游客在享受碧海蓝天和海风沙滩时，还能欣赏一股浓浓的绿意。同时，示范区绿地外围抗风树种的使用，也很大程度地保护内侧植物的生长，为内侧植物提供了一个良好的生长环境。而通过对雕塑园进行植物种类增加与替换和植物景观的提升，使雕塑园整体景观效果得到了巨大提升，成为一处市民休闲、游憩的好去处。

（2）丰富的植物搭配，提高了景观美景度

美景度是公园给游客所呈现的视觉享受标准，也是游客评判一个公园好坏的第一印象。在关于美景度问卷调查后，分析示范区的美景度存在的不足之处。为此，在示范区优化改进中，针对其存在的缺点，对症下药，积极改善。龙凤头海滩公园乔木由原先的 3 种（木麻黄、南洋杉、台湾相思）提高到了 10 种（木麻黄、南洋杉、台湾相思、黑松、黄槿、乌桕、朴树、蒲葵、露兜树、水黄皮），灌木由原来的 2 种提高到了 13 种（苏铁、剑麻、海桐、海滨木槿、大叶黄杨、草海桐、黄金榕球、红叶石楠球、金叶假连翘、千头木麻黄、野牡丹、金森女贞、彩虹蒲桃），草本清除了原先的杂草，并增加了适应的 13 种草本或蔓生植物（滨海前胡、紫梦狼尾草、单叶蔓荆、天门冬、万寿菊、厚藤、秋海棠、天人菊、彩叶草、红花石竹、番杏、海边月见草、文殊兰）。不仅在种类上，而且在数量上乔木由原来的 162 株增加到 326 株，灌木由原来的 76 株增加到 228 株，这大大地提高了示范区植物多样性且为植物的搭配提供了更多的选择，同时雕塑园的植物种类也得到进一步的丰富。并通过植物不同的高度变化，把示范区的植物分为乔木层、大灌木层、灌木层、草本层，通过不同层次的植物搭配，增加植物景深空间。为了解决示范区色彩过于单调，在使用植物材料时，增加一些花灌木和花卉的搭配。例如，黄槿、海滨木槿、秋海棠、天人菊、万寿菊、红花石竹等。α多样性指数对比评估表和观赏特性评估表可知，优化后场地的观赏特性（观花、观叶、观果、观干等）及种类多样性与原场地进行分析比较，优化后场地景观美景度得到显著提升，物种多样性显著提高。

（3）降温增湿，改善了微气候

绿地具有较强的调节微气候和缓解热岛效应的能力。在公园不同的下垫面中，植被对环境起到降温增湿的作用最重要。根据研究显示，不同树种对温湿度调控的能力具有显著差异，源于不同植物叶面积的差异。例如，示范区选择的树种中刺桐、异叶南洋杉、木麻黄对空气温度呈现较高负相关关系，湿地松、木麻黄、榕对相对湿度呈现较高正相关性。这些乔木树种对温湿效应具有较为强的贡献。选取优化后植物群落样方（共5个典型样方），进行指标（空气温度、相对湿度、光照、风速）测定并运用 SPSS 19.0 对植物群落内微气候与对照组进行配对 t 检验，并对样方间的数据进行方差分析与 LSD 多重比较分析，得出样地由原先植被覆盖率低，群落结构简单，经过规划设计后，对于场地微气候（温度、相对湿度、风速、光照）均具有调节作用，使场地趋于人体更感舒适的环境。此外，所建立的植物群落，使场地具有水土保持，增加氧负离子等生态效益。

7.4 海岛生态修复与优化效果评估技术

7.4.1 修复示范区海岛适宜性评估

生态修复是一项具有风险的工程，修复结果往往是不可控的。人工干预下的植物生态修复需要从筛选"适地适生"物种着手，减少风险，使修复结果更有把握。适宜性生态修复物种种植对于短期种群的建立和长期生态系统的形成都有着重要的作用。基于此，我们对生态示范区种植的物种进行了光合指标的测定和土壤理化因子的测定，评估出最适宜生态修复物种，为下一步生态修复奠定基础。

7.4.1.1 海岛植物光合作用分析

随着近年来平潭大屿生态岛礁开发建设的实施，人类活动对海岛的影响越来越大。由于海岛环境的特殊性，对大屿进行大规模开发利用之前，对原生植物物种的生长情况做摸底调查与评价，为后期海岛生态修复及植物群落景观构建适生树种的筛选提供一定的科学依据。为了进一步筛选验证平潭大屿生态群落示范区海岛物种的选择的科学性，特在海岛生态修复前和修复后半年左右的时间，对示范区海岛进行光合测定分析。

本次试验主要在大屿北侧区域和海坛岛开展。由于大屿位于海坛岛西南，大屿的北侧为主要迎风面；该区域坡度为 21°，坡向为东北方向，土壤含水率 9.18%。海坛岛土壤含水率为 5.78%。

1）研究方法

2017 年 2 月 18 日及 2017 年 8 月 10 日从 10：00 到 16：00，采用美国 LICOR 公司生产的 LI-6400 便携式光合作用测定系统，选择当年生的、健康的、完全展开叶作为测定对象，在大屿和海坛岛上分别对草本、灌木及乔木进行测定，详见表 7-8，每个物种测定 3 张叶片，每张叶片记录 5 个数值并取平均值作为该叶片的均值。测定净光合速率（Pn）、气孔导度（Gs）、胞间 CO_2 浓度（Ci）、蒸腾速率（Tr）等因子，计算 Pn 和 Tr 的比值，为叶片的水分利用率（WUE）。叶片带回实验室测定叶面积和干重，换算成比叶面积（SLA）。各测定指标说明如下。

表 7-8　大屿及海坛岛测定的植物种类

时间	大屿	海坛岛
2017 年 2 月	滨旋花、山营兰、海边月见草、马鞍藤、草海桐、薜荔、滨枸（原生）、胡颓子、石斑木、鸭脚木、海桐（原生）、苦郎树、柞木、豺皮樟、车桑子、黑松、台湾相思	
2017 年 8 月	滨旋花、山营兰、海边月见草、马鞍藤、草海桐、薜荔、滨枸（原生）、胡颓子、石斑木、鸭脚木、海桐（原生）、苦郎树、柞木、豺皮樟、车桑子、黑松、台湾相思、滨枸、海滨木槿、海桐、厚叶石斑木、黄槿、木麻黄、榕树、无柄小叶榕	翠芦莉、海边月见草、夹竹桃、鸭脚木、黄金榕、海桐、金森女贞、榕树、高山榕、灰莉、台湾相思、木麻黄、印度榕

净光合速率（Pn）是指光合作用产生的糖类减去呼吸作用消耗的糖类（即净光合作用产生的糖类）的速率，体现了植物有机物的积累速率。往往植物净光合速率越高，生长速度越快。因此，Pn 可以用于衡量植物的生长状况。气孔导度（Gs）表示的是气孔张开的程度，影响光合作用，呼吸作用及蒸腾作用。植物在光下进行光合作用，经由气孔吸收 CO_2，气孔可以根据环境条件的变化来调节自己开度的大小而使植物在损失水分较少的条件下获取最多的 CO_2，气孔导度与蒸腾作用成反比。

胞间二氧化碳浓度（Ci）是 CO_2 同化速率与气孔导度的比值。胞间的二氧化碳可以维持植物在气孔关闭时短时间内的光合作用。在干旱条件下，Ci 值越高，植物的水分利用效率越高，越有利于植物生长。

蒸腾速率（Tr）是指植物在一定时间内单位叶面积蒸腾的水量。在干旱条件下，Tr 值越高，消耗水分越多，不利于植物生长；而在水分充足的环境下，Tr 值越高，植物生长越迅速。

水分利用效率（WUE）也称水分生产率，是表示作物水分吸收利用过程效率的一个指标，水分利用效率越高说明植物适应干旱条件的能力越强。

比叶面积（SLA）是指叶的单面面积与其干重之比，与植物的光合、呼吸有着密切的联系。

试验所得数据用 Excel、SPSS 20.0 和 Sigmaplot 12.0 等软件进行统计分析和作图。

2）数据分析

（1）光合速率（Pn）

春季测定的 17 种植物的叶片光合速率见表 7-9。

从表 7-9 中可以看出：草本植物中，滨旋花和海边月见草在春季具有较高的净光合速率，分别为（6.81±1.33）［μmol/（m²/s）］和（4.29±1.31）［μmol/（m²/s）］，而马鞍藤和山菅兰的 Pn 较低，为（2.46±1.15）［μmol/（m²/s）］和（1.00±0.00）［μmol/（m²/s）］，但各物种间无显著差异。从表 7-9 可以发现，灌木中，车桑子、薜荔、海桐与胡颓子具有较高的 Pn，草海桐和鸭脚木 Pn 则相对较低。其中，车桑子具有最高的 Pn，为（8.67±0.98）μmol/（m²·s）；豺皮樟的 Pn 最低，为-0.24 μmol/（m²·s）。灌木中其余物种 Pn 值表现为：薜荔>海桐>胡颓子>石斑木>柞木>滨柃>鸭脚木>苦郎树>草海桐。乔木中，车桑子的 Pn 最高，为（6.09±1.27）μmol/（m²·s）；台湾相思 Pn 相对较高，而黑松具有较低的 Pn，但台湾相思和黑松两个物种间没有显著差异。

表 7-9 春季大屿 17 种植物的叶片光合参数及比叶面积

植物种类	Pn /［μmol/（m²·s）］	Gs /［mmol/（m²·s）］	Ci /（×10⁻⁶）	Tr /［μmol/（m²·s）］	SLA /（cm²/g）	WUE /（μmol/mmol）
草本						
滨旋花	6.81±1.33	0.09±0.01	197.62±29.30	1.30±0.19	104.72±7.27	5.36±1.10
海边月见草	4.29±1.31	0.08±0.04	237.33±9.03	1.29±0.51	59.25±0.51	3.53±0.32
马鞍藤	2.46±1.15	0.03±0.005	208.00±48.70	0.51±0.10	83.27±7.28	4.17±1.95
山菅兰	1.00±0.00	0.03±0.00	265.80±0.00	0.70±0.00	65.67±0.00	1.34±0.00

植物种类	Pn / [μmol/ (m²·s)]	Gs / [mmol/ (m²·s)]	Ci / (×10⁻⁶)	Tr / [μmol/ (m²·s)]	SLA / (cm²/g)	WUE / (μmol/ mmol)
灌木						
草海桐	1.85±0.55	0.05±0.01	261.05±29.09	0.93±0.27	77.79±2.32	2.15±0.87
薜荔	6.74±1.15	0.09±0.01	202.68±12.93	2.40±0.28	34.59±2.37	2.77±0.28
滨柃	3.23±0.14	0.05±0.01	221.30±10.70	0.97±0.13	44.83±0.44	3.36±0.29
胡颓子	5.92±1.28	0.05±0.01	137.87±8.31	0.96±0.18	62.09±6.54	6.09±0.30
石斑木	5.26±0.18	0.07±0.01	197.69±6.85	2.07±0.21	35.27±10.32	2.57±0.17
鸭脚木	2.62±0.55	0.03±0.01	156.87±14.84	0.76±0.21	77.83±4.41	3.56±0.30
海桐	6.73±0.76	0.08±0.01	179.70±10.39	1.48±0.19	44.50±3.22	4.67±0.28
苦郎树	2.51±0.47	0.03±0.004	201.40±31.29	0.48±0.06	69.94±1.42	5.40±1.23
柞木	3.91±0.55	0.05±0.01	186.45±11.53	1.32±0.25	62.51±18.53	3.07±0.24
豺皮樟	-0.24±0.14	0.00±0.00	439.00±65.84	0.12±0.02	87.41±9.50	-2.44±1.64
车桑子	8.67±0.98	0.12±0.01	203.40±10.21	3.20±0.19	81.26±6.95	2.71±0.22
乔木						
黑松	6.08±2.03	0.17±0.01	241.53±12.38	3.51±0.39	32.71±1.79	1.54±0.51
台湾相思	6.09±1.27	0.20±0.01	268.40±10.96	4.91±0.13	72.26±2.96	1.26±0.24

从表 7-10 中可知, 在夏季, 海边月见草、滨旋花仍具有较高的净光合速率。其中, 海边月见草光净合速率最高, 为 (17.14±1.76) μmol/ (m²·s); 而山菅兰的净光合速率仍为最低为 (7.10±0.31) μmol/ (m²·s)。滨旋花和马鞍藤的光合速率分别为海边月见草的 92.12% 和 85.59%, 物种间存在极显著差异 ($p<0.001$)。灌木植物中, 车桑子、黄槿和海滨木槿具有较高的净光合速率。其中, 车桑子的 Pn 达到最高值 (21.62±1.53) μmol/ (m²·s), 豺皮樟仍具有最低值 Pn (7.05±0.22) μmol/ (m²·s), 仅为车桑子的 32.61%。在乔木植物中, Pn 值从高到低表现为: 台湾相思>无柄小叶榕>黑松>木麻黄>榕树。其中, 台湾相思具有最高的 Pn 值 (16.96±0.68) μmol/ (m²·s), 其余物种 Pn 分别为台湾相思的 98.28%、79.83%、57.89% 和 39.92%。

表 7-10 夏季大屿 25 种植物的叶片光合参数及比叶面积

植物种类	Pn / [μmol/ (m²·s)]	Gs / [mmol/ (m²·s)]	Ci / (×10⁻⁶)	Tr / [μmol/ (m²·s)]	SLA / (cm²/g)	WUE / (μmol /mmol)
草本						
滨旋花	15.79±1.35	0.14±0.02	163.47±22.87	2.85±0.22	169.50±36.08	5.55±0.36
山菅兰	7.10±0.31	0.12±0.01	260.73±4.58	3.41±0.11	110.01±11.71	2.09±0.06
海边月见草	17.14±1.76	0.24±0.04	231.93±15.82	5.01±0.59	123.94±13.14	3.45±0.40
马鞍藤	14.67±1.12	0.17±0.03	212.80±27.31	3.76±0.42	109.30±23.67	3.97±0.62
灌木						
草海桐	13.23±0.94	0.18±0.02	238.00±3.56	4.16±0.29	155.42±7.93	3.18±0.10
豺皮樟	7.05±0.22	0.07±0.00	189.33±7.34	2.14±0.03	138.45±16.08	3.29±0.14
薜荔	12.13±1.91	0.19±0.06	228.00±45.25	4.79±1.15	51.68±3.54	2.75±0.91
滨柃原生	9.55±1.54	0.13±0.03	238.27±2.29	3.42±0.56	70.39±8.85	2.79±0.02
滨柃	8.96±0.71	0.10±0.04	193.40±39.50	2.71±0.83	51.67±7.51	3.53±0.76
车桑子	21.62±1.53	0.26±0.00	196.67±10.80	6.89±0.12	107.34±8.36	3.14±0.24
鸭脚木	15.01±1.42	0.15±0.00	189.60±15.44	3.67±0.02	124.35±18.13	4.09±0.37
柞木	11.55±0.64	0.10±0.01	160.60±6.36	2.96±0.16	115.11±17.85	3.90±0.13
海滨木槿	20.66±1.06	0.24±0.00	181.93±9.56	10.29±0.25	96.06±6.35	2.01±0.05
海桐	8.09±0.84	0.06±0.02	132.17±44.19	2.23±0.41	59.76±3.11	3.69±0.36
海桐原生	9.74±1.46	0.13±0.01	230.20±8.00	4.24±0.28	90.59±18.73	2.28±0.19
厚叶石斑木	14.95±0.92	0.15±0.01	177.07±6.75	4.22±0.24	49.82±3.79	3.54±0.03
胡颓子	8.22±0.99	0.10±0.01	221.2±13.11	3.13±0.34	94.24±9.26	2.64±0.27
黄槿	21.77±0.86	0.25±0.01	187.4±13.30	6.54±0.29	109.12±46.55	3.34±0.26
石斑木	14.52±1.31	0.15±0.01	182.6±21.23	3.91±0.23	69.18±7.44	3.72±0.38
苦郎树	11.87±0.86	0.19±0.01	242.13±8.43	5.01±0.06	99.31±7.40	2.37±0.16
乔木						
木麻黄	9.67±0.29	0.13±0.01	233.60±6.21	2.90±0.25	71.06±8.50	3.35±0.20
榕树	6.77±0.58	0.05±0.01	111.33±49.36	1.59±0.35	82.44±16.16	4.46±0.89
黑松	13.54±0.59	0.20±0.02	228.07±3.77	6.26±0.45	61.08±3.24	2.17±0.08
台湾相思	16.96±0.68	0.20±0.01	205.67±13.89	4.54±0.51	100.87±16.98	3.80±0.53
无柄小叶榕	16.67±0.53	0.19±0.00	189.53±4.78	8.02±0.14	89.47±3.38	2.08±0.03

根据表 7-11 和图 7-18 中可知，在夏季海坛岛上的 13 种常见绿化树种中，海边月见草、翠芦莉、台湾相思以及夹竹桃具有较高的 Pn 值；其中，海边月见草的 Pn 最高值为（22.21±0.70）μmol/（m²·s）；而鸭脚木、海桐、印度榕、金森女贞的 Pn 值则相对较低；其中金森女贞的 Pn 最低值为（2.31±0.17）μmol/（m²·s）。

表 7-11　夏季海坛岛 13 种常见植物的叶片光合参数及比叶面积

植物种类	Pn / [μmol/ (m²·s)]	Gs / [mmol/ (m²·s)]	Ci / (×10⁻⁶)	Tr / [μmol/ (m²·s)]	SLA / (cm²/g)	WUE / (μmol /mmol)
草本						
翠芦莉	19.35±1.20	0.15±0.01	114.20±5.67	3.55±0.03	125.61±16.56	5.45±0.39
海边月见草	22.21±0.70	0.27±0.03	197.40±15.57	6.24±0.36	129.66±8.07	3.58±0.23
灌木						
夹竹桃	16.43±1.11	0.11±0.01	71.09±5.38	2.39±0.15	68.55±5.34	6.87±0.13
鸭脚木	7.92±0.42	0.09±0.01	207.20±13.43	2.54±0.26	98.14±39.00	3.13±0.23
黄金榕	9.83±0.24	0.13±0.00	213.47±5.62	3.32±0.03	93.97±8.86	2.96±0.10
海桐	8.52±0.74	0.09±0.01	193.47±4.62	2.42±0.16	83.67±9.08	3.52±0.09
金森女贞	2.31±0.17	0.02±0.00	148.88±65.11	0.61±0.11	56.89±6.28	3.99±1.11
乔木						
榕树	11.63±0.62	0.13±0.02	182.20±25.25	2.91±0.26	88.57±4.56	4.03±0.41
高山榕	10.28±0.34	0.13±0.01	212.40±13.81	3.36±0.18	16.00±2.32	3.07±0.23
灰莉	10.21±1.13	0.11±0.01	191.40±13.50	2.89±0.14	130.09±9.93	3.53±0.30
台湾相思	18.47±0.48	0.17±0.02	140.07±19.60	3.74±0.15	105.45±3.85	4.94±0.13
木麻黄	10.52±1.61	0.13±0.02	214.73±17.47	3.39±0.64	85.49±9.57	3.16±0.47
印度榕	8.98±0.26	0.14±0.02	238.87±12.96	3.42±0.24	73.63±13.18	2.63±0.16

大屿 25 种植物夏季净光合速率见图 7-19。由图 7-20 可以看出，在大屿和海坛岛共同具有的 6 个物种中，除木麻黄以外，其余 5 种的 Pn 值表现为在大屿的物种高于海坛的物种，但两组之间不存在显著差异。

（2）气孔导度（Gs）

由表 7-9 可以看出，在春季草本植物中，Gs 值由高到低表现为：滨旋花>海边月见草>马鞍藤>山菅兰。海边月见草、马鞍藤、山菅兰的 Gs 仅为滨旋花的

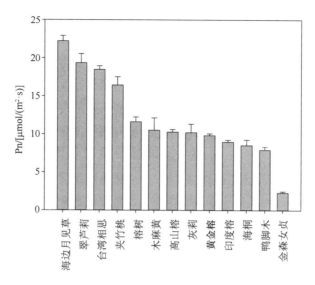

图 7-18 海坛岛 13 种植物夏季净光合速率

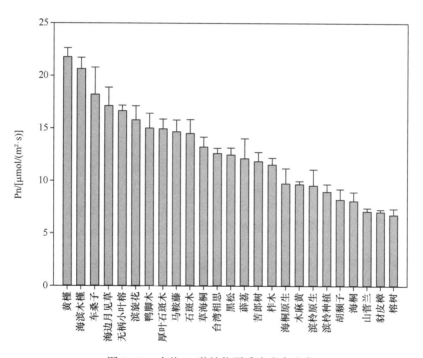

图 7-19 大屿 25 种植物夏季净光合速率

88.89%、33.33%和33.33%。在灌木中，车桑子、薜荔和海桐具有较高的气孔导度，分别为（0.12±0.01）mmol/（m^{-2}·s）、（0.09±0.01）mmol/（m^{-2}·s）和（0.08±0.01）mmol/（m^{-2}·s）。草海桐、胡颓子、滨枊、柞木、苦郎树的 Gs 约为车桑子的 41.67%；石斑木和鸭脚木的 Gs 值分别比车桑子低了 41.46%和 75.00%。

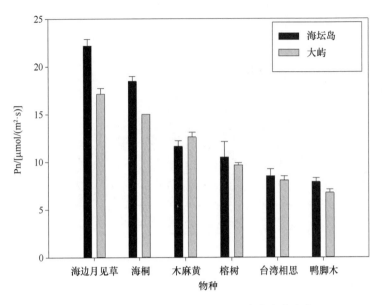

图 7-20　海坛岛和大屿共有种的叶片净光合速率

乔木中，台湾相思的 Gs 略高于黑松，两者分别为（0.20±0.01）mmol/（m^{-2}·s）和（0.17±0.01）mmol/（m^{-2}·s）。

由表 7-10 可知：在草本植物中，夏季海边月见草的 Gs 值最高，达到（0.24±0.04）mmol/（m^{-2}·s），显著高于山菅兰和滨旋花（$p=0.006$）。而山菅兰的 Gs 值仍然最低，为（0.12±0.01）mmol/（m^{-2}·s）；马鞍藤和滨旋花的 Gs 分别为（0.17±0.03）mmol/（m^{-2}·s）和（0.14±0.02）mmol/（m^{-2}·s），比 Gs 值最高的海边月见草低了 29.17% 和 41.67%。灌木植物的结果与春季相似，车桑子的 Gs 最高，为（0.26±0.00）mmol/（m^{-2}·s）；海桐的 Gs 最低，仅为（0.06±0.02）mmol/（m^{-2}·s），相较于车桑子，降低了 23.08%。在乔木中，黑松和台湾相思的 Gs 最高，均为 0.20 mmol/（m^{-2}·s）；无柄小叶榕、木麻黄和榕树的 Gs 相较前两者降低了 5.00%、35.00% 和 75.00%。

由表 7-11 可知，海坛岛上的 13 种常见绿化树种中，海边月见草的 Gs 最高，为（0.27±0.03）mmol/（m^{-2}·s）；金森女贞的 Gs 最低为（0.02±0.00）mmol/（m^{-2}·s）。

（3）胞间 CO_2 浓度（Ci）

根据表 7-9 可知，在春季草本植物中，山菅兰的 Ci 最高，为（265.80±0.00）× 10^{-6}，比草本植物中 Ci 值最低的滨旋花高出了 34.50%。在灌木植物中，Ci 由高到低表现为：豺皮樟>草海桐>滨柃>车桑子>苦郎树>石斑木>海桐>鸭脚木>胡颓子。其中，豺皮樟的 Ci 最高为（439.00±65.84）× 10^{-6}，胡颓子的 Ci 是灌木植物中最低的，仅为豺皮樟的31.41%。乔木植物中，黑松的Ci为（241.53±12.386）×10⁻⁶；台湾相思的Ci略高于黑松，为（268.40±10.96）×10⁻⁶。

由表7-10可知，与春季相似，夏季的4种草本植物中，山菅兰的Ci仍然最高，为（260.73±4.58）×10⁻⁶，分别比滨旋花、海边月见草以及马鞍藤高出了37.30%、11.05%和18.38%，种间存在显著差异（$p=0.007$）。在灌木植物中，苦郎树的Ci最高，为（242.13±8.43）×10⁻⁶。灌木的Ci表现为苦郎树>滨枳原生>草海桐>海桐原生>薜荔>胡颓子>车桑子>滨枳种植>鸭脚木>豺皮樟>黄槿>石斑木>海滨木槿>厚叶石斑木>柞木。在乔木植物中，榕树的Ci最低为（111.33±49.36）×10⁻⁶，比木麻黄低了52.34%。

夏季，平潭海坛岛上两种常见的绿化草本植物中，海边月见草的Ci为（197.40±15.57）×10⁻⁶，极显著高于灰莉（$p<0.001$）。

（4）蒸腾速率（Tr）

春季，滨旋花的Tr略高于其余3种草本植物，为（1.30±0.19）μmol/（m²·s）；而马鞍藤的Tr最低为（0.51±0.10）μmol/（m²·s）。在灌木植物中，车桑子、薜荔以及石斑木具有高Tr值，豺皮樟和苦郎树的Tr则低。其中，车桑子和豺皮樟的Tr分别为最高和最低，分别为（3.20±0.19）μmol/（m²·s），（0.12±0.02）μmol/（m²·s）。在乔木植物中，台湾相思具有较高的Tr，黑松的Tr为台湾相思的71.49%。

由表7-10可知，海边月见草在草本植物中具有较高的Tr，为（5.01±0.59）μmol/（m²·s）；滨旋花、马鞍藤与山菅兰的Tr分别为海边月见草的56.89%、68.06%和75.05%。灌木植物中，海滨木槿、车桑子和黄槿均具有较高的Tr。其中，海滨木槿的Tr为（10.29±0.25）μmol/（m²·s）显著高于其余物种（$p=0.003$）。柞木、滨枳、胡颓子及豺皮樟的Tr较低。豺皮樟的Tr最低为（2.14±0.03）μmol/（m²·s），仅为海滨木槿的20.80%。乔木植物的Tr由高到低表现为：无柄小叶榕>黑松>台湾相思>木麻黄>榕树。然而，无柄小叶榕的Tr值为（8.02±0.14）μmol/（m²·s），比榕树高出404.40%。

在海坛岛上，夏季海边月见草、黄金榕及台湾相思在草本、灌木及乔木中Tr分别为最高。三者的Tr分别为（6.24±0.36）μmol/（m²·s）、（3.32±0.03）μmol/（m²·s）和（3.74±0.15）μmol/（m²·s）。

（5）比叶面积（SLA）

如表7-9所示，春季大屿的草本植物中，不同物种的SLA存在显著差异：滨旋花的SLA为（104.72±7.27）cm²/g，比海边月见草显著高出76.74%（$p<0.01$）。在灌木植物中，豺皮樟、车桑子具有相对较高的SLA；其中，车桑子的SLA最高为

（87.41±9.50）cm²/g，极显著高于 SLA 最低的薜荔，高出了 144.90%（$p=0.005$）。在乔木植物中，台湾相思的 SLA 显著高于黑松（$p<0.001$）。

由表 7-9 可知：草本植物中滨旋花的 SLA 最高为（169.50±36.08）cm²/g，马鞍藤的 SLA 最低为（109.30±23.67）cm²/g。灌木植物的 SLA 由高到低表现为：草海桐>豺皮樟>鸭脚木>车桑子>柞木>苦郎树>海滨木槿>胡颓子>海桐（原生）>滨柃原生>石斑木>海桐>薜荔>滨柃>厚叶石斑木。其中，草海桐的 SLA 最高，为（155.42±7.93）cm²/g。乔木中，黑松的 SLA 最低，为（61.08±3.24）cm²/g；木麻黄、榕树、台湾相思及无柄小叶榕分别比黑松高出 16.34%、34.97%、65.14% 和 46.48%。

在夏季，海坛岛上的翠芦莉和海边月见草的 SLA 均较高，分别为（125.61±16.56）m²/g 和（129.66±8.07）m²/g，两者间没有显著差异。灌木植物中，鸭脚木及黄金榕的 SLA 较高；金森女贞的 SLA 最低，为（56.89±6.28）cm²/g，比鸭脚木低了 42.03%。在乔木植物中，台湾相思的 SLA 最高，为（100.87±16.98）cm²/g，显著高于黑松。

（6）水分利用效率（WUE）

如表 7-9 所示，春季大屿的草本植物中，滨旋花的 WUE 为（5.36±1.10）μmol/mmol，比山菅兰（1.34±0.00）显著高出 300.00%。灌木的 WUE 由大到小表现为：胡颓子>苦郎树>海桐>鸭脚木>滨柃>柞木>薜荔>车桑子>石斑木>草海桐>豺皮樟。其中，胡颓子的 WUE 最高，为（6.09±0.30）μmol/mmol。乔木植物中，黑松和台湾相思 WUE 没有显著差异，分别为（1.54±0.51）μmol/mmol 和（1.26±0.24）μmol/mmol。根据表 7-10，在夏季，草本植物中滨旋花仍具有最高的 WUE，为（5.55±0.36）μmol/mmol，极显著高于山菅兰、海边月见草及马鞍藤（$p<0.001$）。灌木植物中的 WUE 由高到低表现为：鸭脚木>柞木>石斑木>海桐>滨柃>黄槿>豺皮樟>草海桐>车桑子>滨柃（原生）>薜荔>胡颓子>苦郎树>海桐（原生）>海滨木槿。鸭脚木的 WUE 最高为（4.09±0.37）μmol/mmol，而海滨木槿的 WUE 最低，仅为鸭脚木的 49.14%。在乔木植物中，榕树的 WUE 为（4.46±0.89）μmol/mmol，木麻黄、黑松、车桑子及无柄小叶榕的 WUE 相较榕树分别减少 24.89%、51.35%、14.80% 和 53.36%。

由表 7-11 可知，夏季平潭海坛岛的草本植物中，翠芦莉的 WUE 为（5.45±0.39）μmol/mmol，极显著高于海边月见草（$p<0.01$）。在灌木植物中，夹竹桃的 WUE 为（6.87±0.13），极显著高于其余 4 种灌木，即比金森女贞、海桐、鸭脚木和黄金榕高出 72.18%、95.17%、119.49% 和 132.09%（$p<0.001$）。在乔木植物中，台湾相思的 WUE 最高为（4.94±0.13），比印度榕高出 87.07%。

3）结果与讨论

春季，在草本植物中，滨旋花和海边月见草具有较高的净光合速率和水分利用效率，说明这两种草本相较于马鞍藤和山菅兰有更高的光合效率，更适应大屿风大、缺水的恶劣条件。在灌木植物中，车桑子、海桐、胡颓子及石斑木的净光合速率明显大于滨柃、草海桐及鸭脚木等；说明在相同时间内，前者能够更为有效地利用光能进行光合作用。在乔木植物中，黑松与台湾相思均具有较高的净光合速率；说明这两种乔木能够在该环境下较好的生长。

夏季，在草本植物中，除山菅兰以外的3种植物均具有较高的光合能力，但山菅兰水分利用效率很高，能够很好地适应大屿缺水的自然条件。在大屿和海坛岛共有的6个物种中，其中有4个为灌木，分别是黄槿、海滨木槿、车桑子和鸭脚木，这4种灌木在大屿上有更好的光合能力，这可能是由于大屿的生长区域相较于平潭海坛岛具有更高的土壤含水量。在新种植的物种中，滨柃、无柄小叶榕及厚叶石斑木具有较高的光合能力，而榕树和海桐则相对较差。

我们对夏季大屿和海坛岛的上述所有植物的净光合速率进行聚类分析，通过聚类的结果筛选适宜的种植树种。

由图7-21可知，大屿的豺皮樟、山菅兰、榕树、海桐、胡颓子、滨柃、木麻黄具有相似的净光合能力；薜荔、苦郎树和柞木具有相似的净光合能力；草海桐、黑松、海边月见草、台湾相思、无柄小叶榕、厚叶石斑木、鸭脚木、马鞍藤、石斑木、滨旋花具有相似的净光合能力；车桑子、黄槿和海滨木槿具有相似的净光合能力。

由图7-22可知，在海坛岛的植物中，高山榕、灰莉、木麻黄、黄金榕、印度榕、海桐、鸭脚木、榕树具有相似的净光合能力；翠芦莉和台湾相思具有相似的净光合能力，其中，翠芦莉、夹竹桃、海边月见草及台湾相思具有较高的光合能力。

综上所述，我们认为：在大屿生态优化过程植物的选择上，建议优先选择黄槿、台湾相思和无柄小叶榕等乔木树种；优先选择黑松、海滨木槿及车桑子等灌木树种；草本植物中海边月见草和滨旋花是较好的选择；而由于水分利用效率很高，则可以考虑将山菅兰种在林下等光强较弱的地区。同时，由于海坛岛与大屿地理位置及气候条件相似，在大屿种植的植物选择上，还可以参考海坛岛上的植物，选择新增加翠芦莉与夹竹桃两个物种。

选择这些既能高效的利用水分的同时也具备很高的净初级生产力的植物，它们可以更好地适应大屿缺水的自然环境，并且更耐粗放式的管理。同时，在选种时要考虑需结合地形、微气候等因素综合进行乔木、灌木、草植物搭配与选择。

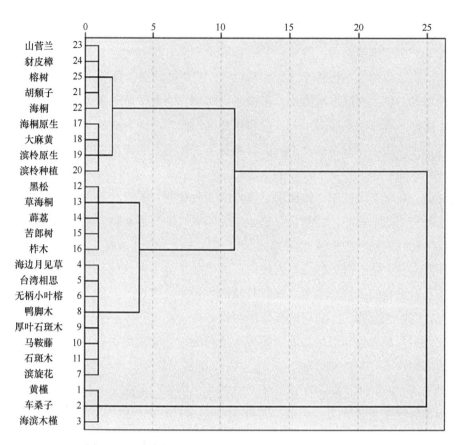

图 7-21 夏季大屿 25 种植物的叶片净光合能力聚类分析

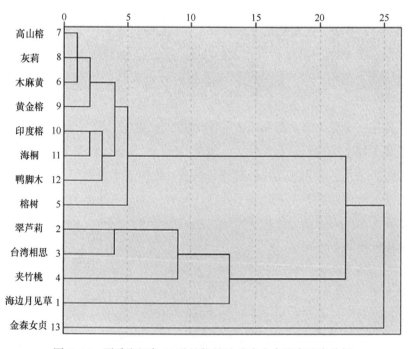

图 7-22 夏季海坛岛 13 种植物的叶片净光合速率聚类分析

7.4.1.2 土壤改良效果

（1）土壤改良整体效果

通过对平潭大屿生态优化示范区修复前后土壤理化性质的测定，我们发现修复9个月后，修复区土壤pH值、有机质含量、全磷、全钾、有效磷、速效钾和全盐量在双侧检验上（$p<0.01$）显著差异。土壤全氮量在双侧检验上（$p<0.05$）显著差异。其中，除了全钾含量，修复9个月后土壤在pH值、有机质含量、全磷、有效磷、速效钾、全盐量和全氮方面均显著高于修复前（表7-12）。

表7-12 植被修复区土壤理化性质的变化（一）

测定项目	修复前		修复9个月后	
	N	均值	N	均值
pH值	24	6.05±0.49**	30	7.46±0.41**
含水率/%	24	2.55±0.92	30	2.15±1.17
有机质/（g/kg）	24	15.99±7.84**	30	26.99±10.86**
全氮/（g/kg）	24	0.92±0.44*	30	1.31±0.72*
全磷/（mg/kg）	24	92.92±60.06**	30	807.07±438.98**
全钾/（g/kg）	24	16.24±2.69**	30	11.12±1.62**
水解性氮/（mg/kg）	24	78.08±33	30	100.37±47.34
有效磷/（mg/kg）	24	5.49±3.56**	30	46.64±26.47**
速效钾/（mg/kg）	24	97.92±13.79**	30	144.67±11.11**
全盐量/（us/cm）	24	52.62±13.65**	30	147.81±45.68**

注：** 表示在双侧检验上，$p<0.01$，* 表示在双侧检验上，$p<0.05$。

修复后土壤酸碱度显著改善，由修复前的酸性土变成修复后的中性土。海岛土壤风化作用强烈，土壤多为沙土，同时强烈的淋溶作用使大量的盐基被淋失，而吸附力极强的 Al^{3+} 和 H^+ 较多时，H^+ 进入矿物晶格，对矿物产生一定的破坏作用，使其中的 Al^{3+} 成为交换性 Al^{3+}，交换性 Al^{3+} 水解，又产生相当量的游离 H^+，从而使土壤显酸性反应。修复一定时间段后，土壤呈中性，一般地，中性土壤有利于微生物的活动，从而改善土壤结构，增加土壤肥力。

修复后土壤有机质含量显著增加。一般地，海岛土壤贫瘠，腐殖质层薄，土壤有机质低。修复后，地表植被覆盖率增加，地面层腐殖质增多。土壤改善效果明显。土壤中全氮、全磷在修复后也显著增加，土壤全氮全磷包含有机氮、无机氮和有机磷、无机磷，虽然全磷全氮不能代表土壤中的直接肥力，但是总量的显著增加，尤其是全磷的跨越式增加。显著提高了修复后土壤中有效磷和速效钾的含量，促进土壤肥力的增加。土壤全磷增量尤为明显，可能是在种植施工过程中，对土壤进行了改良，施加了一定量的有机肥。土壤全钾含量修复后显著降低。全钾量是水溶性钾、交换性钾、非交换性钾和结构态钾的总和。全钾仅反映了土壤钾素的总储量，其中90%~98%在相当长时间内是无效的，因此全钾值不能用以指导施肥。土壤全钾含量主要受土壤矿物种类的影响，受土壤母质的影响较大，修复前，土壤中的沙砾多，矿物质多，非交换性钾和结构态钾含量比较多。总体上，修复后，土壤得到了有效改良。

修复1年半后，修复区土壤pH值、全氮、全磷和全钾在双侧检验上（$p<0.01$）显著差异。土壤速效钾在双侧检验上（$p<0.05$）显著差异。其中，全氮、全磷、全钾含量在修复1年半后显著低于修复前，修复1年半后土壤在pH值和速效钾方面均显著高于修复前。其原因一方面可能是修复后，被植物吸收了一部分全氮、全磷、全钾，另一方面可能是淋失。修复后，土壤pH值由酸性变为中性，逐渐趋于稳定，有利于微生物的活动，从而改善土壤结构，增加土壤肥力。土壤速效钾的含量显著增加，说明土壤中易被作物吸收利用的钾素，包括土壤溶液钾及土壤交换性钾显著提高，土壤肥力得到改善（表7-13）。

表7-13 植被修复区土壤理化性质的变化（二）

测定项目	修复前		修复1年半后	
	N	均值	N	均值
pH值	24	6.05±0.49**	30	7.06±0.72**
含水率/%	24	2.55±0.92	30	—
有机质/（g/kg）	24	15.99±7.84	30	15.03±8.73
全氮/（g/kg）	24	0.92±0.44**	30	0.08±0.05**
全磷/（mg/kg）	24	92.92±60.06**	30	0.05±0.07**
全钾/（g/kg）	24	16.24±2.69**	30	2.42±0.24**
水解性氮/（mg/kg）	24	78.08±33	30	73.93±32.52
有效磷/（mg/kg）	24	5.49±3.56	30	36.81±68.50
速效钾/（mg/kg）	24	97.92±13.79*	30	276.8±170.31*
全盐量/（us/cm）	24	52.62±13.65	30	—

备注：** 表示在双侧检验上，$p<0.01$，* 表示在双侧检验上，$p<0.05$。

（2）土壤改良适宜种筛选

为了进一步筛选适生物种，选取修复区种植的典型海岛物种进行土壤含水率、水解性氮、有效磷和有效钾的测定（表7-14）。从表中可知，在含水率方面，海滨木槿在修复后对土壤的持水率不及滨柃和无柄小叶榕。在水解性氮方面，3个物种对土壤的改善都不显著。有效磷方面，滨柃和无柄小叶榕对修复后土壤的有效性磷的增加有显著促进作用。速效钾方面，滨柃、海滨木槿和无柄小叶榕均对修复区土壤速效钾的增加有显著促进作用。

表7-14 不同物种在修复前和修复后土壤理化性质的变化情况

测定项目	物种名称	修复前		修复9个月后	
		N	均值	N	均值
含水率	滨柃	4	2.4±0.97	4	2.4±0.08
	海滨木槿	2	2.55±0.92*	6	1.60±0.33*
	无柄小叶榕	5	2.60±0.68	4	1.77±0.44
水解性氮	滨柃	4	86.25±23.04	4	138.5±64.63
	海滨木槿	2	2.85±0.21	6	94.33±50.56
	无柄小叶榕	5	66.60±23.53	4	79.75±13.35
有效磷	滨柃	4	4.13±1.07*	4	28.08±14.00*
	海滨木槿	2	3.55±0.91	6	45.21±30.33
	无柄小叶榕	5	4.22±1.01*	4	43.37±15.06*
速效钾	滨柃	4	108.00±8.21*	4	141.00±9.20*
	海滨木槿	2	103.75±11.66*	6	141.00±14.75*
	无柄小叶榕	5	92.34±17.62*	4	141.50±6.60*

注：*表示在双侧检验上，$p<0.05$。

7.4.2 海岛植物生态群落修复效果评价方法体系的构建

7.4.2.1 研究方法和内容

本项目在查阅了相关文献的基础上，结合植被现状评估体系为基础，对其进行优化，从海岛植被结构形态、可持续性和干扰性等几个方面进行海岛植物生态群落修复效果评估，修复效果依据修复前后植被现状得分判定。

为了满足中国海岛生态修复效果评估和管理的需求，开展海岛生态群落修复效果评估研究工作，包括评价指标的选择、评价指标权重的计算等一系列工作，探索研究社会发展开发利用海岛等压力下和管理部门积极采取措施条件下，海岛植物生态群落的修复效果及变化趋势，选择平潭大屿进行实例研究。主要研究内容包括以下几个方面。

①针对海岛生态系统特征，选择生态系统健康评价框架作为构建评价指标体系的模型，从群落结构、覆盖度、物种多样性指数、自然度、特有物种重要值、天然更新等级、土层厚度等级、腐殖质层厚度、耐盐碱能力、平均降水量、抗风能力、入侵物种危害、病虫害指数、土壤盐度、年平均大风指数共 15 个具有代表性的指标，详细剖析其内涵及获取方法，较为完整地评估海岛植物生态群落修复效果。

②参考政府或权威部门发布的相关标准以及国内外相关研究的成果，制定了海岛植物生态群落修复效果评估指标的评价标准，并采用了专家打分法，通过计算确定各个评估指标的最终权重。

③选择大屿生态修复区作为典型案例，收集现场调查、实地调研、地方统计、实验分析和遥感图像等多方面的数据并进行详细的分析，运用植物生态群落修复效果评估方法，进行实例评价研究。重点分析大屿生态修复区近几年生态系统群落动态变化情况，识别导致生态修复朝正方向的主要影响因子，筛选适合海岛生境的植物种类，为海岛生态修复提供植物恢复结构配置参数。

④演替研究与农、林、牧和人类经济活动紧密相连，是合理经营和利用一切自然资源的理论基础，因此，演替研究有助于对自然生态系统和人工生态系统进行有效的控制和管理，并且可指导退化生态系统恢复和重建，日本学者诏田真 1979 年提出"演替度"理论，大体上表示着群落在演替系列上演替进展的程度，针对同一地点不同时间段的植物群落的演替度进行计算，依据演替度数值判断该地点在调查时间内进行正向演替或是逆向演替。本项目针对调查地点相同样地的植物群落进行演替度计算，对比修复前后相同地点的演替度数值，判断修复地在进行整治修复后是否向天然群落状态发展。

⑤针对海岛生态系统的特点，以及海岛植物生态群落效果提升评估结果等方面分析其中发现的问题，从环境保护、生态修复、部门监管、宣传教育等方面提出具体的海岛生态保护与调控的措施。

7.4.2.2 技术路线

本项目按照"资料收集→理论研究→海岛植物生态群落修复效果评估体系构建→案例研究→生态保护与修复"的思路开展研究，具体的研究技术路线如图7-23

所示。

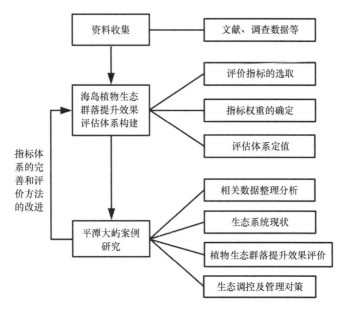

图 7-23　研究技术路线

7.4.2.3　指标体系建立原则

（1）针对性和代表性

即评价指标针对研究对象的生态特征和环境问题，保证所选取指标的典型性及代表性，使最后的结论能够反映我们的评价意图，避免指标重复、模糊。

（2）可获得性和可衡量性

即所选指标在收集资料、获取实验数据上简单方便，易于操作，容易量化。

（3）科学性

即建立的综合评价体系从元素到结构，从每一个指标的计算内容到计算方法，都必须合理准确，能够反映出海岛生态群落的效果提升，遵循生态系统基本规律，按照客观实际去进行评价研究。

7.4.2.4　指标体系的构建

海岛植物生态群提升效果评估参考子任务三海岛生态综合评价技术方法研究专题报告中植被现状评价体系。结合国内外近几年公开发表的关于生态修复效果和海岛生态发展的相关文献，在严格遵循指标建立原则基础上，充分结合海岛植被修复特征，根据海岛植被生态群落修复前后植被现状评价结果，进行科学合理判定修复效果。

采用定性和定量相结合的方法对评价指标进行计算。根据各评价指标分级情况，进行赋值，并采用隶属函数法进行标准化计算。

$$I = I =, \ F_{max} -, \ F_{min} -, \ B_{max} -, \ B_{min}, \\ X -, \ B_{min} +, \ F_{min} \tag{7-6}$$

式中：I 为评价因子的分值；X 为评价因子量值；B_{max} 和 B_{min} 分别为因子参考标准的最大值和最小值；F_{max} 和 F_{min} 分别为参考标准对应分值的最大值和最小值。

海岛不同类型植被现状评价结果由综合评价分数值（S）反映，计算公式为

$$S = (W_{str}I_{str} + W_{sust}I_{sust} + W_{int}I_{int}) \times 100 \tag{7-7}$$

式中：I_{str} 为结构形态指数；I_{sust} 为可持续性指数；I_{int} 为干扰性指数；W_{str} 为结构形态权重；W_{sust} 为可持续性权重；W_{int} 为干扰性权重。

结构形态指数计算公式为

$$I_{str} = \sum_{i=1}^{n=5} W_i I_i \tag{7-8}$$

式中：I_i 分别为群落结构、覆盖度、物种多样性指数、自然度和特有物种重要值 5 项指标的分值；W_i 为各指标权重。

可持续性指数计算公式为

$$I_{sust} = \sum_{i=1}^{n=6} W_i I_i \tag{7-9}$$

式中：I_i 分别为天然更新等级、土层厚度等级、腐殖质层厚度、耐盐碱能力、平均降水量和抗风能力 6 项指标的分值；W_i 为各指标权重。

干扰性指数计算公式为

$$I_{int} = \sum_{i=1}^{n=4} W_i I_i \tag{7-10}$$

式中：I_i 为入侵物种危害、病虫害指数、土壤盐度和年平均大风日数 4 项指标的分值；W_i 为各指标权重。

演替度计算公式为

$$DS = (e \times d)u/N \ 或 \ DS = u \sum (e \times d)/n \tag{7-11}$$

式中：e 为植物生活型，一年生 = 1 年，二年生 = 2 年，隐芽植物、地面芽植物、地上芽植 = 10 年，灌木 = 50 年，中乔木、大乔木 = 100 年；d 为种优势度；u 为植被率，如果为 100% 则 = 1；N 是植物种类数量；n 是群落中植物种数。

为了更加直观地评价海岛植物生态群落修复效果，通过上述公式可以计算得出海岛生态修复前后的植物生态群落现状评分，此外，结合海岛植被修复区物种生长状况，将修复区物种平均存活率纳入修复效果评估体系，若修复区平均物种存活率

大于等于 75%，则修复后指数加 5 分；存活率介于 50%~75%之间，则修复后指数加 3 分，存活率介于 30%~50%之间，修复后指数不加分；否则，修复后指数扣 3 分（表 7-15）。

表 7-15　修复区物种存活率（R）与修复后指数关系

存活率（R）	$R \geqslant 75$	$75 > R \geqslant 50$	$50 > R \geqslant 30$	$R < 30$
修复后指数	+5	+3	+0	-3

将修复前后植被现状分指数两者进行对比，判断生态群落修复前后植被现状变化。将修复效果前后的波动幅度分为 4 级，分别对应修复效果显著，修复效果有好转，无明显变化，有退化（表 7-16，表 7-17）。

$$修复效果 \Delta S = S_{修复后} - S_{修复前} \qquad (7-12)$$

表 7-16　海岛生态群落植物修复效果评价标准

	修复效果显著	修复效果有好转	无明显变化	有退化
指数	$\Delta S \geqslant 10$	$10 > \Delta S \geqslant 3$	$3 > \Delta S \geqslant -3$	$\Delta S < -3$

表 7-17　海岛生态群落植物修复效果分级

级别	对应分值	植被状态描述
修复效果显著	$\Delta S \geqslant 10$	植被修复显著，土壤水肥增加，土壤得到有效改良；植被覆盖率高，生物多样性高，群落结构组成完整，结构稳定；景观格局结构与功能稳定；无明显外部压力干扰，物种存活率高
修复效果有好转	$10 > \Delta S \geqslant 3$	植被修复效果总体较好，土壤基本得到改善，植被覆盖率较高，生物多样性较高，群落结构组成与结构基本稳定；景观格局结构与功能较稳定；受到轻微外部压力干扰，物种存活率较高
无明显变化	$3 > \Delta S \geqslant -3$	植被修复效果一般，植被覆盖率、生物多样性较、群落结构组成、景观格局结构与功能、受到外部干扰等方面均无明显变化。物种存活率一般
有退化	$\Delta S < -3$	植被修复效果不佳，植被覆盖率很低，生物多样性很低，群落结构组成与结构不稳定；景观格局结构与功能不稳定；受到严重的外部压力干扰，海岛在短期内难以恢复，服务功能严重退化或丧失，物种存活率低，且较修复前有恶化趋势

7.4.2.5 平潭大屿生态优化示范区评价结果

大屿作为生态群落配置优化示范区，在生态修复前后对示范区植物群落、土壤进行野外调查和室内实验分析，获得相应数据。根据上文对平潭大屿整治修复区前后植物群落实地调查和土壤理化性质的测量，根据《中国海岛生态系统评价》（马志远等，2017）分别获得修复前后的结构形态、可持续性和干扰性等方面的修复数据，具体结果见表7-18。

表 7-18 平潭大屿生态修复前后数据

一级指标	二级指标	三级指标	修复前	修复后
海岛植被现状评价	结构形态	群落结构	2 级	4 级
		覆盖度	0.77%	100%
		物种多样性指数	0.93	0.96
		自然度	4 级	3 级
		特有物种重要值	0.48	0.51
	可持续性	天然更新等级	1 级	2 级
		土层厚度等级	1 级	2 级
		腐殖质层厚度	1 级	3 级
		抗风能力	2 级	4 级
	干扰性	入侵物种危害	4 级	4 级
		病虫害指数	5 级	5 级
		年平均大风指数	0.78	0.78

分级指标通过隶属函数法进行归一化处理后，根据指标权重计算14个三级指标，分别对应形态结构、可持续性和干扰性，表7-19是平潭大屿生态修复前后三级指标得分。表7-19最终获得平潭大屿整治修复区修复效果综合成效评价结果。

表 7-19 平潭大屿生态修复前后三级指标得分

二级指标	三级指标	修复前	修复后	权重	修复前得分	修复后得分
结构形态	群落结构	0.5	0.8	0.2	0.1	0.16
	覆盖度	0.77%	100%	0.2	0.154	0.2
	物种多样性指数	0.93	0.96	0.2	0.186	0.192
	自然度	1	0.75	0.2	0.2	0.15
	特有物种重要值	0.48	0.51	0.2	0.096	0.102

二级指标	三级指标	修复前	修复后	权重	修复前得分	修复后得分
可持续性	天然更新等级	0.33	0.66	0.25	0.0825	0.165
	土层厚度等级	0.33	0.66	0.25	0.0825	0.165
	腐殖质层厚度	0.33	0.66	0.25	0.0825	0.165
	抗风能力	0.5	1	0.25	0.125	0.1875
干扰性	入侵物种危害	0.8	0.8	0.33	0.264	0.264
	病虫害指数	1	1	0.33	0.33	0.33
	年平均大风指数	0.78	0.78	0.33	0.2574	0.2574

（1）修复前后形态结构变化

通过对大屿生态优化植被修复区植物群落实地调查，分级指标通过隶属函数法进行归一化处理后，根据指标权重计算 12 个不同样地的结构形态、可持续性和干扰性指数，最终获得修复前后植被形态结构变化如表 7-19 所示。

整个修复区前后，植被覆盖率显著提高，修复前植被覆盖率为 77% 左右，但修复前群落结构以 2 级为主，植被受人为影响很小处于基本原始的植被状态。群落层次简单，以黑松-假还阳参等草本群落组成的乔-草结构和单纯草本结构，各层中的类型单一。物种多样性指数为 0.93，修复区内杂草较多，一定程度上提高了物种多样性。群落中的黑松和车桑子，其重要值均值为 0.48。

修复后植被覆盖率达 100%，通过人为新增种植乔灌植物，整个群落处于演替中期次生群落。群落层次丰富，形成了黑松-车桑子-铁包金，小叶榕-海桐-铁包金，木麻黄-海滨木槿-鸡矢藤乔灌草复式层结构，各层中的类型较多样。物种多样性指数为 0.96，群落中的黑松、车桑子、木麻黄和小叶榕，其重要值均值为 0.51。

（2）修复前后植被可持续性和干扰性

大屿整治修复区前后可持续性指标变化如表 7-19 所示，整治修复前，修复区内近乎无更新幼苗，土壤薄，近无腐殖质。抗伏率低，主要原因是乔木层仅有黑松和少数台湾相思，无其他乔木植物。入侵物种为少数白花鬼针草，危害较轻，且危害范围小。植被基本不受病虫害干扰，年平均大风指数由于是同一块修复区的，遂修复前后一致。

整治修复后，新种植苗木长势良好且健康，尤其是木麻黄新增高度达 2 m 以上，海滨木槿新增高度达 30 cm 左右。在种植苗木时，进行了土壤肥力的改良，土壤有一定的改善，由于植被盖度增加，土壤表面积累了一定厚度的腐殖质，较修复前土壤厚度和腐殖质都上升了一个等级。在干扰性指数方面，修复前后无明显变化（图7-24）。

图7-24　修复区土壤改良效果

（3）修复区物种存活率概况

大屿示范区在2017年3月进行生态修复，之后多次对生态修复示范区进行植物生存状况调查，根据最新一次调查情况，计算出植物存活率如表7-20所示。

表7-20　植物存活情况

树种	种植数量/棵	现存活数量/棵	存活率/%
滨柃	137	3	2.19
榕树	10	2	20.00
海桐	31	14	45.16
黄槿	10	3	30.00
闽楠	10	0	0
木麻黄	120	38	31.67
台湾相思	55	9	16.34
海滨木槿	76	73	96.05

根据表7-20中可以看出，修复区种植植物的存活率相对较低，平均存活率为37.45%。但其中海滨木槿存活率为96.05%，无柄小叶榕存活率为78.95%，海桐存活率为45.16%，存活率相对较高。海滨木槿是典型的海岸树种，耐干旱也耐水湿，

282

耐瘠薄，对土壤适应性强，抗风性强；海桐对土壤适应性强，耐粗放管理，易栽培；黄槿耐旱亦耐水湿，不择土壤，适应性强，有一定的抗风性。这次生态修复，种植树种采用的均是适用于沿海地区的物种，但大屿所在地区处于风口处，岛上自然条件恶劣，导致植物存活率不高，但存活下来的树木生长状态良好，修复区生态系统逐步趋于稳定状态。

海岛在进行生态修复过程中，新种植植物根系受损，受到大风影响，极易造成植物缺水，加上沿海地区盐雾沉降在植物枝叶和茎秆上，造成生理缺水，严重的能够让植物枯萎溃死。因此筛选适合海岛生境的植物尤为重要，同时设置一定的防护林或人工建筑物及构筑物，阻挡海风吹袭。在种植过后，也要加强后期管理，保障水分供应，在海煞严重季节，也要及时给植物洗盐，降低海煞危害。

（4）修复区演替度分析

根据诏田真提出的"演替度"概念对整治修复前后的演替度进行计算，结果显示，整治修复前，该地点植物群落演替度为4.12；整治修复后，该地点的演替度数值为4.91。结果表明，整治修复后，该区域植物群落的演替度数值有明显提升，未发生逆向演替现象。整治修复达到顺应自然的效果。

（5）整治修复前后综合评价

根据上文对整治修复前后结构形态、可持续性、干扰性等12个指标值的统计分析可知，修复效果得分为12分（表7-21），因此我们认为修复效果显著。总体上来讲，植被修复显著，土壤水肥增加，土壤得到有效改良；植被覆盖率高，生物多样性高，群落结构组成完整，结构稳定；景观格局结构与功能稳定；无明显外部压力干扰。图7-25为整治修复前整个修复区概况，图7-26至图7-30为整治修复后的植被概况。

表7-21　平潭大屿生态修复前后综合评价结果

	准则层指标	权重	修复前	修复后
海岛植被状况	结构形态 B_1	0.4	0.29	0.32
	可持续性 B_2	0.3	0.13	0.22
	干扰性 B_3	0.3	0.25	0.27
	综合评价结果		66	78
	修复效果得分		12	

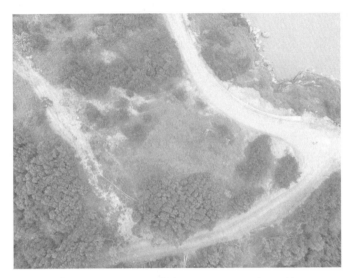

图 7-25　整治修复前修复区状况（2016 年 11 月）

图 7-26　整治修复时种植施工现场（2017 年 3 月）

图 7-27　为整治修复后修复区植被状况（2018 年 9 月）

284

图 7-28　示范区修复 2 年 5 个月后的状况（2019 年 8 月）

图 7-29　修复后形成的木麻黄–海滨木槿–鸡矢藤群落

　　根据对大屿整治修复前后结构形态、可持续性、干扰性等 12 个指标值的统计分析可知，整治修复前植被现状为 66 分，修复后植被现状为 78 分，修复效果得分为 12 分，修复效果显著。总体上，修复区植被生态修复后，在物种多样性、植被覆盖率、土壤性质等方面都有了一定的改善，群落结构组成更完整且趋于稳定；土壤水肥增加，质地得到有效改良；新种植苗木更新能力较强，可持续性较强；无明显外部压力干扰，发挥出更高的生态效益。

　　海岛植物生态群落修复效果评估以修复前后植被现状调查评估为基础，本评估体系只选取了直观的结构形态、可持续性和干扰性 3 个方面的内容，对于修复前后生态系统服务功能，包括防风固沙、水文调节、土壤保持和产品提供服务功能等更

图 7-30　修复区爬山虎风障

多方面尚未进行生态修复成效评估，考虑到这部分内容对于生态系统服务功能效果评估也比较重要，因此未来可以进一步对修复效果评估模型进行完善。

第 8 章　海岛植物物种多样性保护及生态优化动态管理信息系统建设

8.1　海岛植物物种多样性保护及生态优化动态管理信息系统总体设计

本系统采用 B/S 架构，以专题数据库为数据源，通过 WebService 和 MapService 两种方式提供数据服务，实现海岛监视监测信息、生态综合评价、生态优化集成及系统管理等功能（图 8-1）。

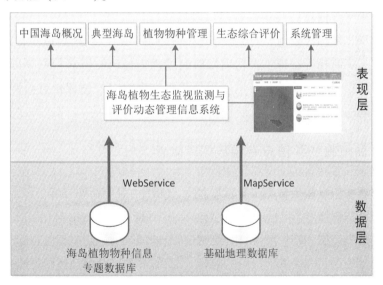

图 8-1　系统架构

8.2　海岛植物物种信息专题数据库

本项目采用 Oracle 数据库系统进行数据存储管理，针对海岛监测与评价获取的数据类型，构建数据库框架结构，建立海岛基础信息（基础信息，详细信息、开发利用）、海岛调查数据（植物数据、潮间带信息、周边海域信息）、海岛生态优化（适生物种、生态修复和优化）等数据库，为综合管理服务决策提供基础支撑。

8.2.1 海岛植物物种信息数据情况

①海岛概况信息。海岛概况信息包括基础地理信息和气象条件信息。基础地理信息包括位置、面积、高程、离大陆最近距离、海岸线及基本描述等；气象条件信息包括累年的气温特征值、月气温、降水及风的统计值。

②海岛植物信息。海岛植物信息包括岛陆植被调查、群落、物种名录及功能性状等信息。

③环境调查信息。环境调查信息主要包括潮间带及附近海域环境调查。潮间带调查数据包括基本特征、潮间带生物、潮间带沉积物调查等信息；附近海域调查数据包括水体沉积物、水质、浮游植物、浮游动物、底栖生物、鱼卵仔鱼等调查数据及评价结果信息。

④海岛生态综合评价信息。海岛生态综合评价信息主要包括三大评价模型基础数据、评价结果等信息。

数据标准化是构建数据库的基础。海岛调查范围广、调查单位多，并且调查数据存在多源、多时相等特征。根据项目研究过程中提出的海岛植物物种登记框架，建立了一套数据标准，具体包括潮间带生物表、生物多样性评价表与网样数据表，以及岛陆空间的群落表、植物名录等。

8.2.2 海岛植物物种信息专题数据库软件

关系型数据库存储平台采用 Oracle 10 g，地理信息数据库存储平台采用 ESRI 提供的文件地理数据库（File Geographic Database，File GDB），主要存储海岛基本地理信息、土地利用类型、站位图等具有空间位置的专题图信息。

8.2.3 海岛植物物种信息专题数据库结构（表 8-1 至表 8-17）

表 8-1　T_DATA 本数据统计

字段名称	描述	字段类型	主外键
ID	编号，自增	int	主键
Islandname	岛屿名称	Nvarchar（20）	
StationID	站点编号	Nvarchar（20）	

字段名称	描述	字段类型	主外键
CType	站点类型	Nvarchar（20）	
ParamterID	参数类型	Nvarchar（20）	
Value	参数值	Numeric（18，3）	

表 8-2 T_Dictionary 近岸水域生物

字段名称	描述	字段类型	主外键
SpeciesID	编号，自增	int	主键
SpeciesType	物种类别	Nvarchar（50）	
phylum	门	Nvarchar（20）	
phylumCName	门的拉丁名	Nvarchar（20）	
Genus	属	Nvarchar（20）	
GenusCName	属的拉丁名	Nvarchar（20）	
Species	物种	Nvarchar（20）	
LatinSpecies	物种的拉丁名	Nvarchar（100）	

表 8-3 T_IslandLinkDic 岛屿生物链接

字段名称	描述	字段类型	主外键
ID	编号，自增	int	主键
Islandname	岛屿名称	Nvarchar（20）	
SpeciesID	编号	int	

表 8-4 IslandsDetail 岛屿详细信息统计

字段名称	描述	字段类型	主外键
ID	编号，自增	int	主键
Islandname	物种类别	Nvarchar（50）	
GEnv	环境概述	Nvarchar（500）	
Lat	纬度	Numeric（18，6）	

字段名称	描述	字段类型	主外键
Long	经度	Numeric（18，6）	
Area	面积	Numeric（18，3）	
Sealine	海岸线长	Numeric（18，1）	
Altitude	海拔	Numeric（18，1）	
Topheight	最高点	Numeric（18，1）	
IslandType	岛屿类型	Nvarchar（10）	
Press	气压	int	
Temp	温度	int	
Hum	湿度	int	
Rain	降雨量	int	
Ecapacity	年蒸发量	int	
Windspeed	年平均风速	int	
GTemp	年平均地温	int	
Cloudiness	总云量	int	
BWindDays	大风日数	int	
SunsetHour	年日照时数	int	
Waterpress	年平均水汽压	int	
VegetationDes	植被类型	Nvarchar（500）	
IslandFKD	社会环境概述	Nvarchar（2 000）	

表 8-5 ＿ JCStation 海岛监测站点信息

字段名称	描述	字段类型	主外键
ID	编号，自增	int	主键
Islandname	岛屿名称	Nvarchar（20）	
StationID	编号	Nvarchar（10）	
Long	经度	Nvarchar（50）	
Lat	纬度	Nvarchar（50）	

290

字段名称	描述	字段类型	主外键
X	X 坐标	Numeric（18，6）	
Y	Y 坐标	Numeric（18，6）	
IsSediment	是否为沉积物	int	
IsWater	是否是水域	int	
IsIntertidal	是否为附近海域	int	

表 8-6 _ Parameter 参数介绍

字段名称	描述	字段类型	主外键
ParameterID	编号，自增	int	主键
name	参数名	Nvarchar（20）	
ParameterID	参数英文名	Nvarchar（20）	
E_notation	值	int	
Unit	单位	Nvarchar（20）	
ParamType	参数类型	Nvarchar（20）	

表 8-7 _ PlantFunctional 植物功能性状

字段名称	描述	字段类型	主外键
ID	编号，自增	int	主键
Islandname	岛屿名称	Nvarchar（20）	
Cname	树名	Nvarchar（50）	
Lname	树拉丁名	Nvarchar（50）	
DBH	参数值	Numeric（18，2）	
SleafArea	遮盖面积	Numeric（18，2）	
SleafThickness	硬度	Numeric（18，2）	
SleafWetweight	树叶湿重	Numeric（18，2）	
SleafDryWeight	树叶干重	Numeric（18，2）	
LDMC	平均湿度	Numeric（18，2）	

字段名称	描述	字段类型	主外键
SLA	平均重量	Numeric（18，2）	
MLA	平均面积	Numeric（18，2）	
TWD	权重值	Numeric（1 8，2）	
LengthofBranch	树枝总长	Numeric（18，2）	
Branchesofwater	枝桠含水量	Numeric（18，2）	
TotalLeafArea	总叶面积	Numeric（18，2）	
HuberValue	呼吸率	Numeric（18，2）	
LeafDensityV	叶密度均值	Numeric（18，2）	
LeafDensityM	叶密度最大值	Numeric（18，2）	
AvgDiameter	平均直径	Numeric（18，2）	

表 8-8　T_PlantSpecies 海岛植物信息

字段名称	描述	字段类型	主外键
ID	编号，自增	int	主键
CName	树名	Nvarchar（50）	
LName	树拉丁名	Nvarchar（100）	
Priticiy	生态类型	Nvarchar（50）	
GrowthType	物种类型	Nvarchar（50）	
Height	高度	Nvarchar（50）	
GrowthArea	生长区域	Nvarchar（50）	
EGroups	优生类型	Nvarchar（50）	
WatchType	观赏类型	Nvarchar（50）	
SoilType	土壤类型	Nvarchar（10）	
SaltResistance	抗盐性	Nvarchar（10）	
DroughtResistance	抗旱性	Nvarchar（10）	
BarrenResistance	抗碍性	Nvarchar（10）	
HTempStrees	抗高温	Nvarchar（10）	

字段名称	描述	字段类型	主外键
WaterStrees	抗涝性	Nvarchar（10）	
LTempStrees	抗低温	Nvarchar（10）	
WindResistance	抗风性	Nvarchar（10）	
IsValid	是否存活	int	

表 8-9 ＿ RainStatic 降雨情况信息

字段名称	描述	字段类型	主外键
ID	编号，自增	int	
IsLandName	岛屿名称	Nvarchar（20）	主键
Year	年份	int	主键
MaxRain	最大降雨量	Numeric（18，1）	
MinRain	最小降雨量	Numeric（18，1）	
YearRain	年降雨量	Numeric（18，1）	
RainDaysofYear	降雨天数	int	
RainDaysOver50	降雨量超过 50 mm 的天数	int	
MainRainMonth	主要降雨月份	int	

表 8-10 ＿ SampleData 样本数据信息统计

字段名称	描述	字段类型	主外键
ID	编号，自增	int	主键
IsLandName	岛屿名称	Nvarchar（20）	
SpeciesType	生物类型	Nvarchar（20）	
StationID	站点编号	Nvarchar（20）	
Species	物种	int	
Density	密度	int	
Biomass	最大生物量	Numeric（18，4）	
Evenness	平均生物量	Numeric（18，4）	

字段名称	描述	字段类型	主外键
Richness	丰富度	Numeric（18，4）	
Biodivers	平均生物量	Numeric（18，4）	

表 8-11 _ SpecieseShow 适生物种详细信息

字段名称	描述	字段类型	主外键
ID	编号，自增	int	主键
CName	物种名称	Nvarchar（50）	
LName	拉丁名	Nvarchar（50）	
Proticity	生态类型	Nvarchar（50）	
GrowthType	生长类型	Nvarchar（50）	
EGroups	优生类型	Nvarchar（50）	
GrowthArea	生长区域	Nvarchar（100）	
altitude	海拔	Nvarchar（50）	
SoilType	土壤类型	Nvarchar（100）	
WatchType	观赏类型	Nvarchar（100）	
SaltResistance	抗盐性	Nvarchar（100）	
DroughtResistance	抗旱性	Nvarchar（200）	
BarrenResistance	抗碍性	Nvarchar（100）	
HTempStrees	抗高温	Nvarchar（100）	
WaterStrees	抗涝性	Nvarchar（100）	
LTempStrees	抗低温	Nvarchar（100）	
WindResistance	抗风性	Nvarchar（100）	
CANDP	栽培方法	Nvarchar（500）	
Flower	花	Nvarchar（100）	
Fruit	果实	Nvarchar（100）	
Leaf	叶	Nvarchar（100）	
Plant	枝	Nvarchar（100）	

字段名称	描述	字段类型	主外键
HabitatDes	生境	Nvarchar（100）	
PlandDetail	树细节	Nvarchar（max）	

表 8-12　T_TempMonthAvg 月平均温度统计

字段名称	描述	字段类型	主外键
ID	编号，自增	int	
IsLandName	岛屿名称	Nvarchar（20）	主键
YearArea	年份	Numeric（18，1）	主键
Month1	1 月	Numeric（18，1）	
Month2	2 月	Numeric（18，1）	
Month3	3 月	Numeric（18，1）	
Month4	4 月	Numeric（18，1）	
Month5	5 月	Numeric（18，1）	
Month6	6 月	Numeric（18，1）	
Month7	7 月	Numeric（18，1）	
Month8	8 月	Numeric（18，1）	
Month9	9 月	Numeric（18，1）	
Month10	10 月	Numeric（18，1）	
Month11	11 月	Numeric（18，1）	
Month12	12 月	Numeric（18，1）	

表 8-13　T_TempStatic 年温度极值统计

字段名称	描述	字段类型	主外键
ID	编号，自增	int	
IsLandName	岛屿名称	Nvarchar（20）	主键
Year	年份	int	主键
MaxTemp	最高温度	Numeric（18，1）	

字段名称	描述	字段类型	主外键
MaxTempMonth	温度最高月份	Numeric（18，1）	
MinTemp	最低温度	Numeric（18，1）	
MinTempMonth	温度最低月份	Numeric（18，1）	
AvgTemp	平均温度	Numeric（18，1）	

表 8-14　T_TypicalSpecies 典型物种信息统计

字段名称	描述	字段类型	主外键
IsLandName	岛屿名称	Nvarchar（50）	主键
CName	物种中文名	Nvarchar（50）	主键
LName	物种拉丁名	Nvarchar（100）	

表 8-15　T_Vegetation 植物物种信息统计

字段名称	描述	字段类型	主外键
ID	编号，自增	int	主键
IsLandName	岛屿名称	Nvarchar（50）	
LevelA	物种一类	Nvarchar（50）	
LevelB	物种二类	Nvarchar（50）	
LevelC	物种三类	Nvarchar（50）	

表 8-16　T_VegetationCheck 调查信息统计

字段名称	描述	字段类型	主外键
ID	编号，自增	int	主键
IsLandName	岛屿名称	Nvarchar（50）	
CheckDate	调查日期	Nvarchar（20）	
CheckMethod	学派	Nvarchar（10）	
Vegetation	物种名称	Nvarchar（20）	
FFD	数值	int	

字段名称	描述	字段类型	主外键
AvhHeight	平均高度	Numeric（18，1）	
TotalCover	总覆盖量	int	
MainSpecies	主要物种	Nvarchar（100）	

表 8-17　T_VcgctationDctail 群落信息

字段名称	描述	字段类型	主外键
ID	编号，自增	int	主键
IsLandName	岛屿名称	Nvarchar（50）	
Vegetation	群落名称	Nvarchar（50）	
PlantName	名称	Nvarchar（50）	
Number	数量	Nvarchar（50）	
TreeHeight	树高度	Numeric（18，1）	
UBHeight	水平高度	Numeric（18，1）	
LBHeight	垂直高度	Numeric（18，1）	
HengCrown	水平树冠	Numeric（18，1）	
VerticalCrown	垂直树冠	Numeric（18，1）	
BaseDiameter	基本参数	Numeric（18，2）	
DBH	参数	Numeric（18，1）	
X	X 坐标	Numeric（18，1）	
Y	Y 坐标	Numeric（18，1）	
ChestArea	测试数据	Numeric（18，2）	

8.3　海岛植物生态监视监测与评价动态管理信息系统

8.3.1　系统开发环境

数据库平台：Oracle 10 g。

开发平台：Visual Studio 2012，ArcGIS Server 10.2，ArcGIS API for JavaScript3.4。

开发语言：C#。

8.3.2 系统功能设计

系统通过 WEB 页面的形式向用户提供各类基础信息及分析结果信息服务，包括海岛植物物种和适生物种信息、海岛生态环境监测数据展示、海岛生态综合评价信息、海岛植物生态优化信息展示。

海岛植物生态监视监测与评价动态管理信息系统具体包括如下模块（图8-2）。

①中国海岛概况模块：通过该模块可对海岛概况进行查看，包括海岛定义、海岛数量、海岛类型和海岛分布等，也可以了解区域概况。

②典型海岛模块：该模块包括基础信息、典型植物物种、环境调查和技术支持等，从多方面了解海岛及植物的信息。

③植物物种管理模块：实现物种的登记和海岛的管理，对物种信息进行添加、查询和上传等。

④生态综合评价模块：该模块分为海岛植物现状与受损评价、海岛生态健康评价、海岛风险评价 3 大部分，可通过 3 大评价模型对海岛生态的各要素进行综合分析和评价。

⑤生态优化集成模块：从适生物种、生态整治修复与优化等方面介绍生态优化技术。

⑥系统管理模块：包括用户管理和模块管理，用户管理可进行用户的权限设置，管理员可进行用户的添加、删除操作，并可根据不同用户的职能配置权限。模块管理可进行模块参数的设置等后台操作。

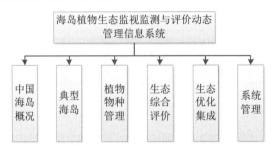

图 8-2　平台功能模块

298

8.3.3 关键技术研究

8.3.3.1 海岛植物多样性登记

根据设计的样方、样线进行海岛植被调查，获取海岛植被群落及植被分布情况。本系统采用空间数据及属性数据联动显示的方式，同步展示样方地理位置与样方调查结果（以柱状图直观展示）。

海岛植物名录搜集了该海岛所有的植物物种概况信息，通过该系统可以直观查看物种的基本信息、分布情况、典型照片（花、茎、叶、全株等）及在苗圃培训的阶段性照片。

环境调查包括潮间带和附近海域的调查数据与评价结果。根据调查数据及各要素评价方法，自动计算各要素评价结构，并在地图站位图上叠加显示评价结果。如图 8-3 所示，右侧展示大金山岛附近水域浮游植物调查数据的多样性评价结果，在左侧地图上，以不同大小的图标展示评价结果，可直观、清晰地显示及对比各站位的调查评价结果。

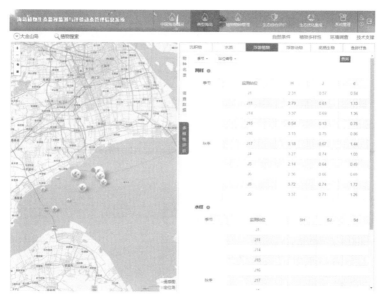

图 8-3　附近海域调查数据展示

8.3.3.2 海岛生态综合评价

海岛生态系统是海洋系统的重要组成部分，是国家海洋经济发展的基础，其资源有着巨大价值。海岛生态系统从生态学原理上来讲，是指海岛岛陆、潮间带、近海海域以及它们各自拥有生物群落所组成的相对独立的生态系统。根据空间范围、生态环境特征、由生态环境不同引起的生物群落差异性等因素，海岛生态系统可分为3个子系统，即岛陆生态子系统、潮间带生态子系统以及近海海域生态子系统。

在本项目中，海岛生态综合评价包括海岛植被现状评价、海岛生态系统健康评价与海岛生态系统风险评价3套评价模型。根据岛陆、潮间带与近海海域的植被覆盖及土地利用类型对整岛进行区域划分，作为3套评价模型的基础评价单元。根据既定的模型参数，自动载入或手动录入专题数据库中的相应数据，结合专家打分权重，计算各区域的评价分数，进而获得整岛的评价结果（图8-4）。

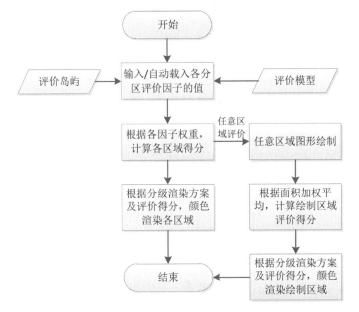

图8-4　海岛生态综合评价业务流程

在海岛分区评价的基础上，绘制任意图形，以其与各分区相交的面积作为反距离权重，计算该区域的评价得分，并按渲染颜色分级方案，在地图上绘制颜色，可在一定程度上为海岛规划决策提供理论依据（图8-5）。

8.3.4　系统功能介绍

8.3.4.1　中国海岛概况

中国海岛概况包括海岛概况和区域环境概况。其中海岛概况包括海岛定义、海岛类型、海岛数量、海岛分布4个部分；区域环境概况包括社会经济、土壤与植被、

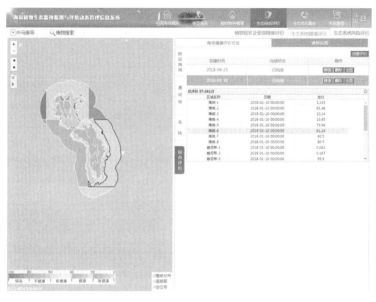

图 8-5　生态系统健康评价

气候与气象、历史与文化、海岛保护 5 个部分。

1）海岛概况

（1）海岛定义

展示海岛相关定义，介绍海岛的基本概念（图 8-6）。

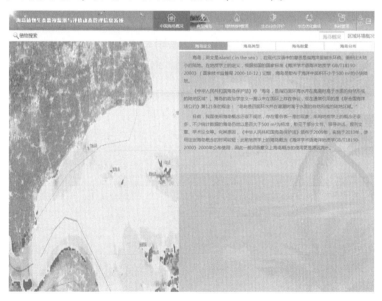

图 8-6　海岛定义

（2）海岛类型

对现有的海岛类型从不同的角度进行介绍，让使用者了解不同分类的方法和相关的具体情况（图8-7）。

图8-7　海岛类型

（3）海岛数量

对中国海岛的数量分布进行分省的统计，展示中国海岛主要分布地区和相关数量情况，同时也介绍了海岛居民的分布情况（图8-8）。

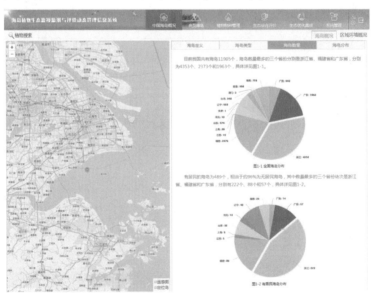

图8-8　海岛数量

（4）海岛分布

介绍中国海岛从北至南的主要地理分布概况（图8-9）。

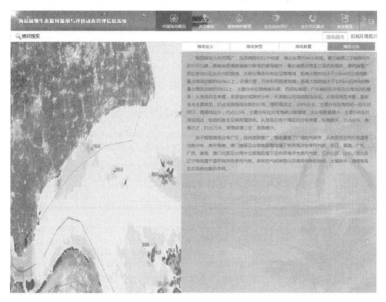

图8-9　海岛分布

2）区域环境概况

（1）地质与土壤

介绍海岛的相关土壤与植被的信息（图8-10）。

图8-10　地质与土壤

（2）气候与气象

介绍海岛的相关气候与气象信息（图8-11）。

图8-11　气候与气象

（3）物理海洋

介绍物理海洋的信息（图8-12）。

图 8-12　物理海洋

（4）生态环境

介绍海岛的生态环境信息（图8-13）。

图8-13　生态环境

（5）社会经济

总述海岛的社会经济状况。

（6）历史与文化

介绍目前海岛的相关历史与文化的信息，从总体的角度概括分类，包括海岛发展的历史轨迹、海岛居住的情况和相关人文文化情况等。

8.3.4.2　典型海岛

对相关海岛的基本信息、详细信息、植物数据、潮间带调查数据、周边海域调查数据等情况进行多种角度的展示。包括自然条件、植物多样性、环境调查、技术支撑4个部分。

1）自然条件

（1）基础地理信息

介绍海岛的相关地理信息，包括海岛的名称、行政区划、面积、人口等相关信息。用户可以了解该海岛的具体信息（图 8-14，图 8-15）。

图 8-14　海岛基础地理信息

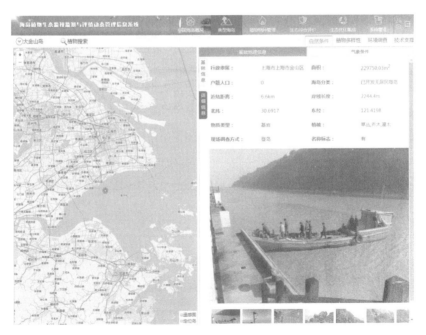

图 8-15　海岛详细信息

（2）气象条件

介绍当前海岛的相关历史气象数据信息，包括历史的降水、温度、风速、风向等相关的数据。用户可以了解该海岛的气象方面的情况（图8-16）。

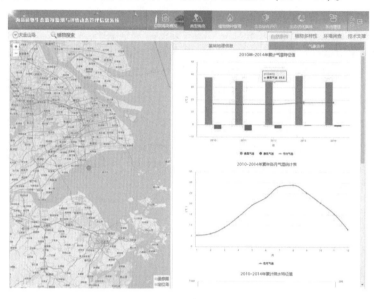

图8-16 海岛气象条件

2）植物多样性

（1）群落

展示当前海岛的相关植物群落的信息（图8-17）。了解当前海岛的主要植物群落的组成和相关的分类情况（图8-18）。

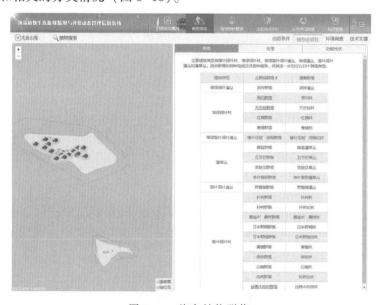

图8-17 海岛植物群落

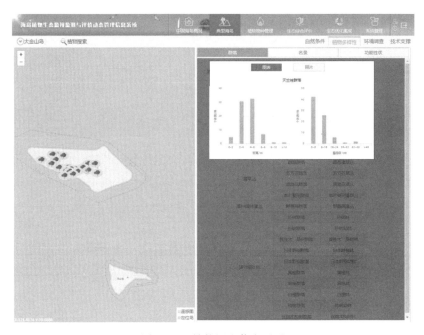

图 8-18　植物调查信息展示

（2）名录

介绍当前海岛的相关植物名录信息，了解当前海岛的植物信息、种类数、生长类型以及相关植物分类的图片信息（图 8-19）。

图 8-19　海岛植物名录

（3）功能性状

介绍当前海岛植物调查的相关植物功能性状信息，了解植物功能性状的相关指标信息，包括生长量、胸径、单叶面积、枝高等信息（图 8-20）。

图 8-20　海岛植物功能性状

3）环境调查

（1）潮间带调查成果>潮间带介绍

对潮间带的相关信息进行展示，主要是潮间带的相关概念信息（图 8-21）。

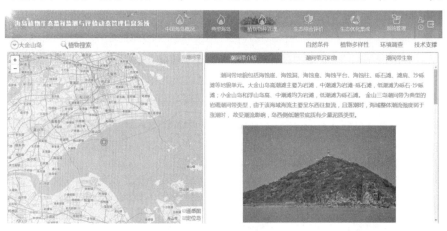

图 8-21　潮间带概况

（2）潮间带调查成果>潮间带沉积物

展示相关潮间带的沉积物调查数据和评价结果的相关信息（图 8-22）。

（3）潮间带调查成果>潮间带生物

展示潮间带的相关生物物种名录、调查数据、评价结果等相关内容信息，展示各类调查和相关计算结果信息（图 8-23）。

（4）附近海域调查成果>沉积物

对附近海域的沉积物信息进行展示，包括沉积物的调查数据和相关的评价结果

图 8-22　潮间带沉积物

图 8-23　潮间带生物

数据（图 8-24）。

（5）附近海域调查成果>水质

对附近海域的水质信息进行展示，包括调查数据和相关的评价结果数据（图 8-25）。

（6）附近海域调查成果>浮游植物

对附近海域的浮游植物信息进行展示，包括物种名录、调查数据和多样性评价（图 8-26）。

（7）附近海域调查成果>浮游动物

对附近海域的浮游动物信息进行展示，包括物种名录、调查数据和多样性评价（图 8-27）。

图 8-24　附近海域沉积物

图 8-25　附近海域水质

（8）附近海域调查成果>底栖生物

对附近海域的底栖生物信息进行展示，包括物种名录、调查数据和多样性评价（图 8-28）。

（9）附近海域调查成果>鱼卵仔鱼

对附近海域的鱼卵仔鱼信息进行展示（图 8-29）。

4）技术支撑

（1）技术规程

展示海岛植物调查的一些技术章程信息，对海岛的植物调查提供相关精准的技术支持体系理论框架支持（图 8-30）。

图 8-26　附近海域浮游植物

图 8-27　附近海域浮游动物

（2）植物调查方案

展示相关海岛的植物调查规范的一些范例文本信息，用户可以了解海岛相关植物调查的规范实例（图 8-31）。

8.3.5　植物物种管理

实现物种的登记和海岛的管理，对物种信息进行添加、查询和上传等。

海岛植物物种管理功能模块主要提供海岛基础信息、海岛环境信息及海岛植物物种调查等资料的录入管理，为典型海岛模块展示提供数据源。该模块包括物种登记框架和海岛管理功能。

图 8-28　附近海域底栖生物

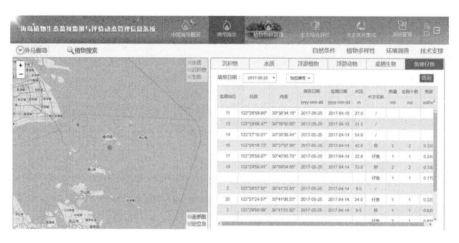

图 8-29　附近海域鱼卵仔鱼

（1）海岛基础信息录入

首先，新建待录入的海岛名称，依次录入海岛基础信息（行政隶属、面积、户籍人口、海岛分类、近陆距离等）、海岛描述信息（包括地理位置、属性数据、土壤气候和植被分布）、海岛图片和海岛气象（年气温特征值、累年各月气温统计值、年降水特征值、风速统计等），见图 8-32。

海岛气象数据可根据数据标准，直接导入 Excel（图 8-33）。

（2）海岛植物信息录入

选择海岛名称，进行植物名录、群落和植物性状信息的录入及管理（图 8-34）。

（3）海岛环境信息录入

选择海岛名称，录入本次环境调查的站位信息（图 8-35）。环境调查包括潮间

图 8-30　海岛植物调查技术章程

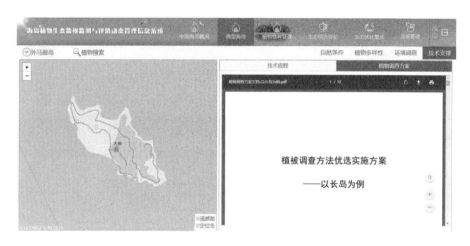

图 8-31　海岛植物调查范例

带调查和附近海域调查两部分（图 8-36）。

按照标准数据格式要求，填写数据 Excel，通过系统直接导入即可。

通过植物物种管理模块进行海岛基础信息、环境信息和植物信息录入后，可在典型海岛功能模块进行查询及可视化展示。

8.3.6　生态综合评价

生态综合评价包括植物现状及受损程度评价、生态系统健康评价和生态系统风险评价。该模块可查看各评价方法的理论描述，通过参数配置可实时计算评价结果并在地图上可视化展示评价结果。下面以生态系统健康评价为例进行说明。

点击海岛健康评价方法，查看评价方法理论描述（图 8-37）。

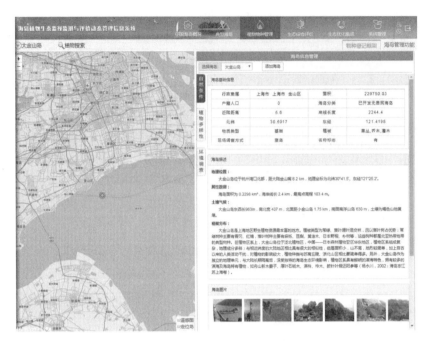

图 8-32　海岛基础环境信息录入

图 8-33　海岛气象信息录入

　　点击参数设置，进行参数值修改，点击绘图即可在地图上查看海岛的评价结果。同时，还可点击图形绘制，绘制任意感兴趣的区域，确定后系统根据面积权重自动

图 8-34　植物名录录入

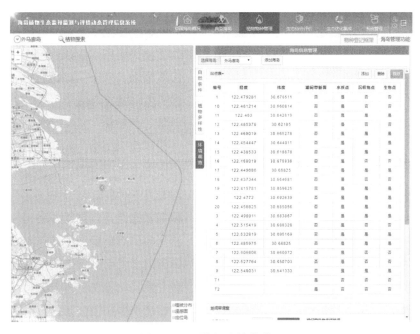

图 8-35　环境调查站位管理

计算感兴趣区域的评价得分并赋颜色显示。健康评价结果分为病态、不健康、亚健康、健康和很健康 5 个等级（图 8-38）。

图 8-36　潮间带及附近海域调查数据录入

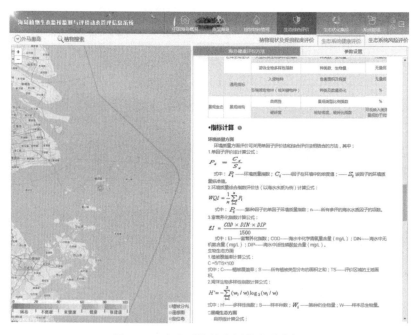

图 8-37　生态系统健康评价方法介绍

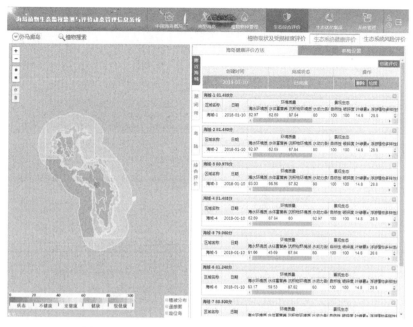

图 8-38　生态系统健康评价参数修改及结果展示

8.3.7　生态优化集成

生态优化集成包括适生物种和生态整治修复与优化两大功能。

（1）适生物种

介绍海岛适生物种相关的情况，包括适生物种的筛选理论、适生物种根和种质资源库等内容。

点击筛选理论，查看适生物种筛选理论的相关内容，包括植物划分和相关的研究进展等。

点击适生物种，查看经筛选出的适生物种信息，可以通过名称和拉丁文名进行搜索，了解当前适生物种的概况信息，还可以点击详细查看适生物种的相关抗盐性、抗风性、耐干旱性、耐高低温等相关指标的情况，同时也包括各类基础的植物信息和相关的苗圃培育信息。

点击种质资源库，查看项目建设的种质资源库的培育基础理论及苗圃培育阶段图片浏览（图 8-39）。

（2）生态整治修复与优化

整治修复类，查看海岛整治修复的相关信息，包括植被调查、选址依据、修复措施和修复成果。

生态优化，查看对雕塑园优化的理论、场地优化前后对比以及优化成效（图 8-

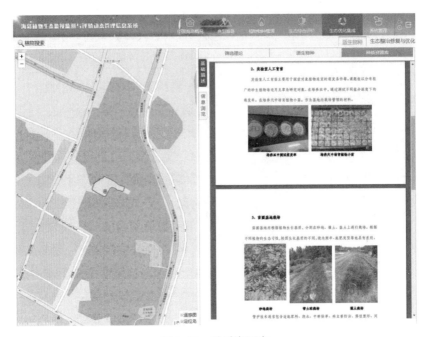

图 8-39　种质资源库

40 至图 8-42)。

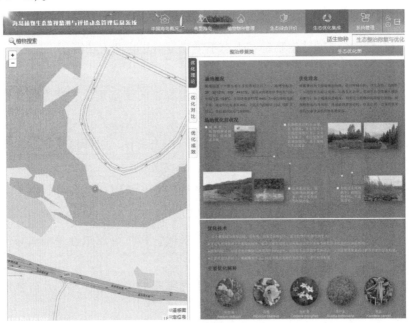

图 8-40　优化理论

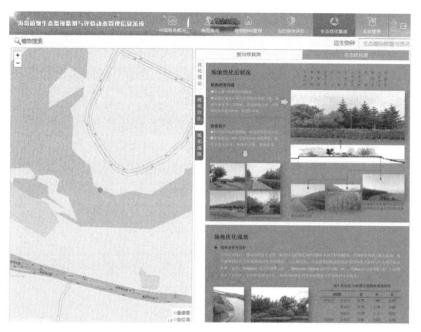

图 8-41　优化前后对比

图 8-42　优化成效

8.4 小结

基于多种海岛植物物种调查及相关信息资料，采用 Oracle 关系数据库+文件地理数据库混合存储方式建成海岛植物物种信息专题数据库，实现海岛物种调查资料的集成存储、管理及查询；基于 WebGIS 技术建成海岛植物生态监视监测与评价动态管理信息系统，实现了典型海岛植物物种及环境调查数据的录入、管理及展示功能，并提供了海岛植被现状评价、海岛生态系统健康评价与海岛生态系统风险评价3套海岛生态综合评价模型，可实现对海岛任意区域的实时评价，在一定程度上可为海岛规划提供数据支撑。但目前海岛生态环境综合评价数据与数据库的现有数据对接程度较弱，评价因子基本需要靠人工输入，下一步研究方向是加强基础数据源与评价模型之间的融合，以实现基于评价模型与调查数据的自动评价功能。

第9章　结论、建议与展望

尽管本项目已对近几十个海岛开展植被调查，获取了大量的植被信息资料，但因为我国海岛数量逾万，并且在不同地域具有较大的气候差异，仍不足以获取足够样本形成具有相当程度广泛普适性的具备海岛特色的植被调查技术规程与生态综合评价方法，因此，如有机会建议进一步深入开展调查与分析。进一步加强对海岛植被样本的收集和不断完善海岛植被调查技术规程，尽快推进《海岛植被调查技术规程》标准送审环节。

目前，海岛植物物种登记和动态管理信息系统已实现了海岛适生物种和环境调查数据的集中录入及管理、海岛生态综合评价功能，但在适生物种智能筛选、生态综合评价与监测数据的集成方面还有待进一步研究及优化。登记指南在上海大金山岛等岛开展了试验验证，所选岛屿都集中在东南沿海，而我国岛屿数量大，分布范围广，植物物种差异性强，因此还需在更大范围内选取典型岛屿开展植物物种调查和登记。在黄海、东海、南海不同海区的典型海岛开展调查登记实践来进一步完善指南的可操作性和可行性。

从北到南所选择的多个典型岛屿进行的优势种调查基本以次生植被为主，对自然植被的调查及优势种概况还鲜有涉及，开展海岛调查的广度及深度仍然有可以提升的空间。海岛适生植物的栽培繁育研究中进行的海岛适生植物数量有待提高，今后应纳入更多的海岛适生植物进行相关试验。种质资源圃的收集手段可纳入离体培养，可在较小的空间下培养尽量多的离体植物组织器官，同时种质资源圃应扩大面积，容纳更多的海岛适生植物入选。

总体来说，通过本项目的实施，建立了海岛植物资源与植被调查技术方法、海岛植物物种登记技术及海岛生态综合评价技术，填补了我国在海岛生态监测、登记与综合评价方面的空白，为国家开展海岛物种登记、依法保护海岛物种，为我国常态化海岛监视监测体系，为管理部门制定海岛生态保护规划、政策提供技术支撑；同时，开展海岛代表性适生植物种筛选培育实验研究，创新性深入研究海岛植被生态群落配置技术、海岛植物生态群落种植管控技术和海岛植被生态修复效果评估技术，并在岛上进行种植资源圃和生态修复与优化示范区建设，可为海岛的生态修复工作提供技术指导、为海岛生态修复成果进行评估和检验。此外，通过信息系统在管理中的应用，实现海岛综合生态评价、植物物种多样性保护、海岛植被生态修复等研究成果的高度集成，初步构建了以海岛生态系统为基础的海洋信息化管理体系，为海岛植物信息提供了规范、高效、可持续的管理平台。

参考文献

卞阿娜,2010.闽南滨海区耐盐园林绿化植物的筛选[J].漳州师范学院学报(自然科学版),23(2):119-122.

卞阿娜,王文卿,陈琼,2013.福建滨海地区耐盐园林植物选择与配置构想[J].南方农业学报,44(7):1 154-1 159.

蔡立哲,马丽,高阳,等,2002.海洋底栖动物多样性指数污染程度评价标准的分析[J].厦门大学学报:自然科学版,41(5):6.

蔡燕红,宋振亚,李亚蔚,等,2016.中国陆地与海岛植被分类研究综述与展望[J].海洋学报,38(4):95-108.

曹靖,杨晓东,吕光辉,等,2015.盐分对白刺光合作用及其叶功能性状的影响[J].新疆农业科学,52(11):2 065-2 075.

曹利祥,苏卫国,丁学稳,等,2011.木麻黄引种栽培与适应性研究[J].北方园艺,(21):70-72.

陈彬,俞炜炜,2006.海岛生态综合评价方法探讨[J].台湾海峡,25(4):566-571.

陈斌,杨彬彬,2011.滨海景观的植物配置[J].浙江林业,(12):30.

陈慧英,汤坤贤,宋晖,等,2017.3种海岛植被修复典型植物耐盐能力研究[J].应用海洋学学报,36(3):379-384.

陈慧英,汤坤贤,孙元敏,等,2016.海岛植被修复中的耐旱植物筛选及抗旱技术研究[J].应用海洋学学报,35(2):223-228.

陈献志,杨在娟,郭亮,2020.台州市大陈岛海岛困难地引种8个树种造林试验[J].浙江林业科技,40(4):18-23.

陈晓钦,2020.石狮市森林病虫害现况分析及主要病虫害空间分布预测[D].福州:福建农林大学.

陈学基,1985.亚热带森林植被调查方法的研究[J].浙江林学院学报,2(1):1-6.

陈彦卓,1965.对中国亚热带地区植被研究方法的商榷[J].植物生态学与地植物学丛刊,3(2):233-246.

陈洋芳,2017.我国南方滨海地区植被修复的主要难题——盐雾危害[D].厦门:厦门大学.

陈叶平,赵颖,徐嘉科,等,2013.舟山海岛3种国外栎树引种试验研究[J].现代农业科技,(20):145+155.

陈友吾,林晓佳,季宏铁,等,2009.加拿大一枝黄花入侵对海岛植物多样性的影响及评价[J].安徽农业科学,37(4):1 708-1 709.

陈玉凯,2014."岛屿效应"对植物多样性分布格局的影响[D].海口:海南大学.

陈征海,唐正良,裘宝林,1995.浙江海岛植物区系的研究[J].云南植物研究,17(4):405-412.

陈征海,唐正良,孙海平,等,1995.浙江海岛乡土树种资源调查研究[J].浙江林业科技,(6):1-7.

池源,郭振,石洪华,等,2015.南长山岛草本植物多样性及影响因子[J].华中师范大学学报:自然科学版,49(6):967-978.

崔伦辉,金继业,刘金,2011.基于ArcGIS Server的海岛管理平台设计与实现[J].测绘科学,36(1):218-219+197.

达良俊,杨永川,陈燕萍,2004.上海大金山岛的自然植物群落多样性[J].中国城市林业,2(3):20-25.

单奇华,张建锋,阮伟建,等,2011.滨海盐碱地土壤质量指标对生态改良的响应[J].生态学报,31(20):6 072-6 079.

丁佳,吴茜,闫慧,等,2011.地形和土壤特性对亚热带常绿阔叶林内植物功能性状的影响[J].生物多样性,19(2):158-167.

丁照东,滕骏华,孙美仙,等,2011.基于遥感的海岛植被生态宏观评价方法初探[J].海洋学研究,29(1):62-67.

杜洋,2012.蛋索子岛生物多样性评价与保护研究[D].大连:辽宁师范大学,DOI:10.7666/d.Y2234149.

樊婷婷,2015.植物标本管理信息系统设计与实现[D].成都:电子科技大学.

方发之,2019.海南海岛生态恢复与营建先锋植物筛选及其适应性研究[Z].海口:海南省林业科学研究院.

方精云,等,1999.植物群落清查的主要内容、方法和技术规范[J].生物多样性,17(6):533-548.

高浩杰,2017.普陀樟、舟山新木姜子扦插和嫁接繁殖技术研究[Z].舟山:舟山市农林科学研究院.

顾世显,1997.试论海岛的持续性生态系统建设[J].海洋环境科学,16(4):70-76.

郭亮,孙海平,陈献志,等,1999.浙江省台州市海岛植物区系的研究.[J]浙江大学学报:农业与生命科学版,35(4):368-372.

郭亮,王冬来,施德法,等,1995.浙江省大陈岛植被调查研究[J].华东森林经理,(3):17-21.

国家林业局,2012.全国重点保护野生植物资源调查技术规程.

国家林业局,2016.林木种质资源普查技术规程.林场发[2016]77号.

韩富江,张济博,田双凤,等,2014.基于ArcSDE的浙江省海岛管理信息系统设计与实现[J].测绘与空间地理信息,37(12):90-92+100.

韩增林,狄乾斌,2011.中国海洋与海岛发展研究进展与展望[J].地理科学进展,30(12):1534-1537.

何志芳,陈红锋,周劲松,2011.广州南沙区植物多样性及植被类型[J].亚热带植物科学,40(4):26-31.

侯学煜,1960.中国的植被[M].北京:人民教育出版社:210.

黄建荣,李子华,郭淑红,等,2015.广东海陵岛滨海植物资源调查与造景应用效果研究[J].广东园

326

林,37(3):10-13.

黄威廉,屠玉林,1983.贵州植被区划[J].贵州师范大学学报(自然科学版),(1):26-47.

黄玉山,谭凤仪,1997.广东红树林研究[M].广州:华南理工大学出版社:571.

金佳鑫,王颖,江洪,等.2016.基于遥感和典范对应分析方法优化生态地理分区——以中国区域为例[J].中国科学(地球科学),46(9):1 188-1 196.

康婧,赵锦霞,吴桑云,等,2010.我国海岛保护区发展现状与管理研究[C].2010年海岛可持续发展论坛论文集,27-31.

柯丽娜,王权明,李永化,等,2013.基于可变模糊集理论的海岛可持续发展评价模型——以辽宁省长海县为例[J].自然资源学报,28(5):832-843.

柯玲俊,余惠文,彭方婷,等,2020.姜荷花杂交育种研究初报[J].闽南师范大学学报(自然科学版),33(4):62-66.

乐志奎,1996.海岛水环境污染现状及水资源保护对策探讨[J].水资源保护,4(2):24-28.

冷悦山,孙书贤,王宗灵,等,2008.海岛生态环境的脆弱性分析与调控对策[J].海岸工程,27(2):58-64.

黎菁,郝日明,2008.城市园林建设中"适地适树"的科学内涵[J].南京林业大学学报(自然科学版),(2):151-154.

黎云昆,2006.加强沿海防护林体系建设构筑沿海地区防灾减灾绿色屏障——在全国沿海防护林体系建设学术研讨会上的讲话[C].全国沿海防护林体系建设学术研讨会论文集,1-6.

李大周,2012.海南水生植物良种繁育技术研究[Z].海口:海南省林业科学研究所.

李德潮,1999.中国海岛开发的战略选择[J].海洋开发与管理,4(4):22-26.

李德铢,杨湘云,王雨华,等,2010.中国西南野生生物种质资源库[J].中国科学院院刊,(5):565-569.

李定胜,2006.舟山海岛园林植物筛选及其应用示范[Z].舟山:舟山市林业科学研究所.

李根有,周世良,张若蕙,等,1989.浙江舟山桃花岛的天然植被类型[J].浙江农林大学学报,(3):24-35.

李桂华,2016.滨海盐碱地景观植物选择及养护[J].现代园艺,(14):203.

李树华,2005.利用绿化技术进行生态与景观恢复的原理与手法——以日本兵库县淡路岛"故乡之森"的营造为例[J].中国园林,21(11):59-64.

李苏豫,2002.厦门地域建筑形态及设计方法研究[D].厦门:厦门大学.

李颖虹,黄小平,岳维忠,2004.西沙永兴岛环境质量状况及管理对策[J].海洋环境科学,23(1):50-53.

李云飞,李彦慧,王中华,等,2009.土壤干旱胁迫对紫叶矮樱叶片呈色的影响[J].生态学报,29(7):3 678-3 684.

梁韩枝,2018.热带海岛植物草海桐与单叶蔓荆的繁育技术研究[D].广州:仲恺农业工程学院.

廖连招,2007.厦门无居民海岛猴屿生态修复研究与实践[J].亚热带资源与环境学报,2(2):57-61.

廖连招,黄明群,刘正华,2007.厦门市无居民海岛植被生态保护方案与规划[J].应用海洋学报,26

（3）:430-434.

林默爱,2005.木麻黄小枝水培及容器育苗技术的探讨[J].防护林科技,(3):103-104.

林鹏,1984.红树林[M].北京:海洋出版社:104.

林武星,黄雍容,叶功富,等,2013.沙质海岸木麻黄+湿地松林不同混交模式综合效益评价[J].中国水土保持科学,11(5):70-75.

林映霞,连旭丽,吴武彬,2019.台湾相思树特征特性及育苗造林技术[J].农家参谋,(18):124.

刘旻霞,马建祖,2012.甘南高寒草甸植物功能性状和土壤因子对坡向的响应[J].应用生态学报,23(12):3 295-3 300.

刘慎谔,冯宗炜,赵大昌,1959.关于中国植被区划的若干原则问题[J].植物学报,8(2):87-106.

刘晓娟,马克平,2015.植物功能性状研究进展[J].中国科学:生命科学,(4):325-339.

刘尧文,沙晋明,2016.基于Landsat影像的多时相植被覆盖度与地形因子关系研究[J].福建师范大学学报(自然科学版),32(4):89-98.

刘晔,吴绍洪,郑度,等,2008.中国中温带东部生态地理区划的土壤指标选择[J].地理学报,63(11):1 169-1 178.

刘引鸽,傅志军,2011.区域经济发展的土地利用及生态安全管理——以宝鸡地区为例[J].干旱区资源与环境,25(11):5.

龙文兴,臧润国,丁易,2011.海南岛霸王岭热带山地常绿林和热带山顶矮林群落特征[J].生物多样性,19(5):558-566.

卢新雄,2006.植物种质资源库的设计与建设要求[J].植物学通报,(1):119-125.

马成亮,程贯召,姜岩,2014.庙岛种子植物区系研究[J].河南农业科学,43(12):121-124.

马成亮,宋桂全,2015.南长山岛种子植物区系研究[J].湖北农业科学,54(1).

马金星,张吉宇,单丽燕,等,2011.中国草品种审定登记工作进展[J].草业学报,(1):206-213.

马文君,王忠明,2009.植物信息系统研究现状及发展趋势[J].安徽农业科学,37(34):17 246-17 248.

马志远,陈彬,黄浩,等,2017.中国海岛生态系统评价[M].北京:海洋出版社.

倪健,陈仲新,董鸣,等,1998.中国生物多样性的生态地理区划[J].植物学报,40(4):370-382.

年顺龙,杨建祥,曹顺伟,2005.森林资源遥感调查中植被因子的提取方法[J].南京林业大学学报(自然科学版),29(4).

宁丙乾,蒋媛媛,万志兵,2019.城市盐碱地园林植物栽培养护技术[J].黄山学院学报,21(5):67-69.

欧阳统,李清贵,李海芳,等,1999.海南省海岛环境质量调查研究报告—陆域篇[A].海南省海岛资源综合调查研究专业报告集[C].北京:海洋出版社:877-1 048.

庞正轰,2009.经济林病虫害防治技术[M].南宁:广西科学技术出版社.

彭本荣,2005.海岸带生态系统服务价值评估及其在海岸带管理中的应用研究[D].厦门:厦门大学.

齐婷婷,王晓丽,冯炘,等,2015.庙岛群岛南五岛灌木群落结构及其对环境因子的响应[J].西北植物学报, 35(5):1 044-1 051.

齐婷婷, 等, 2015.山东南北长山岛草本植物结构及其影响因子[J].天津理工大学学报, 31(2).

钱崇澍, 吴征镒, 陈昌笃, 1956.中国植被的类型[J]. 地理科学, 22(1): 37-92.

钱莲文, 王文卿, 陈清海, 等, 2019.福建海岸带与海岛乡土园林植物筛选及应用[J].福建林业科技, 46(3):29-34.

丘旭源, 王晓华, 2020.海岛植被生态修复技术应用研究[J].人民长江, 51(3):51-55.

全国海岸带和海涂资源综合调查成果编委会, 1991.中国海岸带和海涂资源综合调查报告[M].北京:海洋出版社.

全国海岛资源综合调查报告编写组, 1996.全国海岛资源综合调查报告[M].北京:海洋出版社.

冉丽红, 崔大练, 郭远明, 等, 2017.大小渔山岛及其周围岛屿植被资源现状[J]. 安徽农业科学, 45(13): 16-19.

任海, 简曙光, 张倩媚, 等, 2017.中国南海诸岛的植物和植被现状[J]. 生态环境学报, 26(10): 1 639-1 648.

任海, 李萍, 周厚诚, 等, 2001.海岛退化生态系统的恢复[J].生态科学, (21):60-64.

申娜, 2004.长山群岛社会经济支撑系统研究[D]. 沈阳:辽宁师范大学.

申元村, 王秀红, 丛日春, 等, 2013.中国沙漠、戈壁生态地理区划研究[J]. 干旱区资源与环境, 27(1): 1-13.

沈明裕, 杨剑文, 1992.浙南海岛引种印尼象草与栽培技术的探讨[J].草与畜杂志, (1):11-12.

施宇, 温仲明, 龚时慧, 等, 2012.黄土丘陵区植物功能性状沿气候梯度的变化规律[J].水土保持研究, 19(1):107-111.

石先武, 刘钦政, 王宇星, 2015. 风暴潮灾害等级划分标准及适用性分析[J]. 自然灾害学报, (3): 8.

时红丽, 黄海军, 2009.基于 Geodatabase 海岛空间数据库的设计[J]. 微计算机信息, 25(24): 119-121.

宋国元, 曹同, 2011.上海海岸带及邻近岛屿植物分布特点和环境因子分析[J]. 植物研究, 31(6): 758-769.

宋延巍, 2006. 海岛生态系统健康评价方法及应用[D]. 青岛:中国海洋大学.

宋永昌, 阎恩荣, 宋坤, 2017.再议中国的植被分类系统[J]. 植物生态学报, 41(2):269-278.

宋永昌, 2004.中国常绿阔叶林分类试行方案[J]. 植物生态学报, 28(4)435-448.

宋永昌, 2011.对中国植被分类系统的认知和建议[J]. 植物生态学报, 35(8):882-892.

苏胜金, 1988.七年全国海岸带和海涂资源综合调查综述[J].海洋开发与管理, (2):30-32.

苏燕苹, 2013.福建平潭抗风耐盐园林植物的筛选与配置[J].亚热带植物科学, 42(3):267-270.

孙卫邦, 2003.乡土植物与现代城市园林景观建设[J].中国园林, (7):63-65.

孙先龙, 2015.园林景观工程施工管理及控制分析[J]. 绿色科技, (10):119-121.

孙亚楠, 刘冠楠, 2019.园艺植物栽培中土肥水管理模式浅析[J]. 南方农业, 13(27):54-55.

孙永光, 赵冬至, 高阳 等, 2014. 海岸带人类活动强度遥感定量评估方法研究——以广西北海为例

[J].海洋环境科学,33(3):6.

汤坤贤,2019.闽台海岛抗逆植物筛选与引种技术研究[Z].厦门:自然资源部第三海洋研究所.

唐春艳,张奎汉,白晶晶,等,2016.广东省滨海乡土耐盐植物资源及园林应用研究[J].广东园林,38
　　(2):43-47.

唐仁仲,1966.施用草木灰炉灰渣改良滨海盐碱地的效果[J].土壤通报,(1):25-28.

陶吉兴,2003.浙江海岛适地适树技术研究[J].浙江林学院学报,(4):18-24.

王丰,2015.海岛生态系统评价研究——以浙江舟山白沙山岛为例[D].厦门:厦门大学.

王海壮,2014.长山群岛空间结构演变规律、驱动机制与调控研究[D].沈阳:辽宁师范大学.

王教全,2020.黑松常见病虫害及防治策略[J].世界热带农业信息,(10):31-32.

王俊杰,2007.探析种质及种质资源定义[J].甘肃林业科技,(2):1-4.

王立科,2010.运用乡土植物营造地域特色景观[J].现代农业科技,(20):247+249.

王良睦,王文卿,王谨,2001.厦门地区耐盐园林植物的筛选[J].中国园林,(6):65-67.

王明陆,康常勇,2013.黑松栽培管理技术[J].现代农村科技,(21):34.

王琪,韩宇,陈培雄,2017.海岸带整治修复评价标准探索[J].海洋开发与管理,34(3):12-19.

王清隆,汤欢,王祝年,等,2019.西沙群岛维管植物资料增补(Ⅰ)[J].热带作物学报,40(6):1 230-
　　1 236.

王文卿,陈琼,2013.南方滨海耐盐植物资源(一)[M].厦门:厦门大学出版社.

王文卿,王瑁,2007.中国红树林[M].北京:科学出版社:186.

王玺婧,吴秀芹,张宇清,等,2012.我国荒漠生态系统生物多样性生态地理分区[J].中国水土保持
　　科学,10(5):1-8.

王小龙,2006.海岛生态系统风险评价方法及应用研究[D].青岛:国家海洋局第一海洋研究所.

王燕红,2007.绒毛皂荚等珍稀濒危树种就地保存技术[J].湖南林业科技,(6):50-52.

王玉珍,2013.盐碱地柽柳的药用价值及栽培技术[J].特种经济动植物,16(5):32-33.

王忠,2003.国家推进海岛经济建设政策分析[J].太平洋学报,4(4):89-96.

韦增建,丘小军,莫钊志,1996.相思类树种种质资源收集保存研究[J].广西林业科学,(4):4-11+
　　28.

魏艳艳,张凯迪,徐良,等,2019.浙江省无居民海岛植物与土壤pH值和养分的关系[J].东北林业大
　　学学报,47(11):81-85.

温伟文,张钦源,张汉永,等,2013.黑木相思组培苗和扦插苗的种植试验研究[J].绿色科技,(3):52+
　　54.

毋瑾超,王小波,夏小明,2012.基于耗散结构理论的海岛生态—环境管理系统[J].华中师范大学学
　　报:人文社会科学版,(S1):63-66.

吴承祯,李晓明,吕林玲,等,2019.浙江主要海岛木本植物物种组成特征分析[J].森林与环境学报,
　　39(4):367-371.

吴永杰,李玉生,吴雅琴,等,2019.植物种质资源保存研究进展[J].河北果树,(1):1-3.

伍善庆,2000.浅议漩门港围海工程对乐清湾海域资源与环境的影响[J].海洋信息,12(3):17-19.

席飞飞,何钢,刘贤桂,等,2017.鸡血藤林下栽培技术[J].林业科技通讯,(8):56-59.

夏高达,贺位忠,俞群娣,等,2008.舟山市海滨盐碱地绿化造林技术初探[J].牡丹江教育学院学报,(2):157-158.

肖风劲,欧阳华,2002.生态系统健康及其评价指标和方法[J].自然资源学报,17(2):7.

肖佳媚,2007.基于PSR模型的南麂岛生态系统评价研究[D].厦门:厦门大学.

肖琳,田光进,2014.天津市土地利用生态风险评价[J].生态学杂志,33(2):8.

谢艳秋,曾纪毅,何雅琴,等,2020.平潭无居民海岛沙生植物资源及潜在应用研究[J].现代园艺,43(17):59-61.

邢福武,吴德邻,李泽贤,等,1994.我国南沙群岛的植物与植被概况[J].广西植物,(2):151-156.

邢世和,吴德斌,黄炎和,等,1997.福建省主要海岛土壤资源及其合理利用对策[J].福建农业大学学报,(2):73-78.

徐卫平,2019.新形势下园林植物栽培及养护措施探究[J].南方农业,13(24):45-46.

徐文铎,何兴元,陈玮,等,2008.中国东北植被生态区划[J].生态学杂志,27(11):1 853-1 860.

许基全,王宇阳,2016.木麻黄引种栽培技术探索研究与对策[J].浙江林业,(10):20-21.

许洺山,赵延涛,杨晓东,等,2016.浙江天童木本植物叶片性状空间变异的地统计学分析[J].植物生态学报,40(1):48-59.

杨苞梅,李国良,姚丽贤,等,2010.有机肥施用模式对蔬菜产量、土壤化学性质及微生物的影响[J].中国生态农业学报,18(4):716-723.

杨持,2008.生态学[M].北京:高等教育出版社.

杨清平,2010.海岛优良竹种筛选和培育技术研究[Z].杭州:中国林业科学研究院亚热带林业研究所.

杨士梭,温仲明,苗连朋,等,2014.黄土丘陵区植物功能性状对微地形变化的响应[J].应用生态学报,25(12):3 413-3 419.

杨士梭,2015.延河流域植物功能性状对微地形变化的响应与生态系统服务评价[D].咸阳:西北农林科技大学.

杨文鹤,2000.中国海岛[M].北京:海洋出版社.

杨永辉,武继承,吴普特,等,2011.保水剂用量对小麦不同生育期根系生理特性的影响[J].应用生态学报,22(1):73-78.

杨志宏,贾建军,程林,2013.如何开展无居民海岛物种登记工作——《无居民海岛物种登记规范》编制工作的问卷调查分析[J].海洋开发与管理,2:10-12.

尧婷婷,孟婷婷,倪健,等,2010.新疆准噶尔荒漠植物叶片功能性状的进化和环境驱动机制初探[J].生物多样性,18(2):188-197.

姚强,宫志远,辛寒晓,等,2020.盐碱地改良肥配方优化及对滨海旱作夏玉米的影响[J].农学学报,10(11):43-47.

姚晓彬,2013.木麻黄台湾相思混交造林技术研究[J].安徽农学通报,19(11):91-92+105.

叶志勇,2017.福建平潭岛种子植物区系地理及外来植物对其影响[J].广西植物,37(3):280-293.

游水生,叶功富,陈世品,等,2011.福建东山岛种子植物区系科的分析[J].广西植物,31(1):52-58.

余海,阙伟伟,胡仁勇,2015.七星列岛海洋特别保护区的陆生植物[J].温州大学学报(自然科学版),36(4):39-43.

昝启杰,廖文波,陈继敏,等,2001.广东内伶仃岛植物区系的研究[J].西北植物学报,(3):507-519.

曾雅娟,海英,陈济丁,等,2001.中国—巴基斯坦喀喇昆仑公路沿线植被调查初报[J].干旱区研究,29(1):73-80.

张健,李敏,李玉娟,等,2013.沿海滩涂耐盐观赏植物困难立地栽培技术[J].上海农业科技,(1):92.

张凯,侯继华,何念鹏,2017.油松叶功能性状分布特征及其控制因素[J].生态学报,37(3):1-14.

张浪,刘振文,姜殿强,2011.西沙群岛植被生态调查[J].中国农学通报,27(14):181-186.

张琳婷,2015.南方海岸带与海岛特有植物及海岛特色植被景观的构建[D].厦门:厦门大学.

张琳婷,肖兰,姜德刚,2020.中国海岛植物种植管控技术研究进展[J].世界林业研究,33(4):74-81.

张玲,范海芬,2016.以特色乡土树种为主打造美丽海岛——以舟山海岛为例[J].现代农业科技,(12):194-195.

张琪,夏楢,朱义,等,2016.滨海盐渍土绿化标准示范工作简述[J].园林科技,(2):41-46.

张琪晓,林林,叶舟华,等,2012.利用微生物肥料改善海岛农田土壤前景探析[J].浙江农业科学,(2):217-219.

张瑞,2020.园林绿化工程后期养护技术探讨[J].农业与技术,40(11):148-149.

张若蕙,周世良,徐耀良,等,1988.桃花岛及朱家尖岛森林植物的初步调查[J].浙江农林大学学报,(2):34-55.

张甜,彭建,刘焱序,等,2015.基于植被动态的黄土高原生态地理分区[J].地理研究,34(9):1 643-1 661.

张颖辉,2005.长山群岛生存与环境支撑系统可持续发展能力研究[D].沈阳:辽宁师范大学.

张玉洁,冯建灿,1995.主成分分析在经济树种生态地理区划中的应用[J].河北林业科技,4:23-25.

赵超,韩琳,李东来,2020.盐碱地土壤改良剂施用对种子萌发和生长的影响[J].湖北农机化,(12):46-47.

赵可夫,李法曾,2013.中国盐生植物[M].北京:中国环境科学出版社.

赵可夫,冯立田,范海,1999.盐生植物种子的休眠、休眠解除及萌发的特点[J].植物学通报,(6):677-685.

赵小雷,蔡永立,施朝阳,等,2014.滨海盐碱地绿化植被评价指标体系构建及应用[J].广东农业科学,41(23):5.

郑俊鸣,方笑,朱雪平,等,2016.平潭大屿岛植物资源及其多样性研究[J].安徽农业大学学报,43(4):640-645.

郑俊鸣,张嘉灵,郑建忠,等,2017.中国海岛植被修复的适生植物[J].世界林业研究,30(3):86-90.

郑丽婷,等,2018.庙岛群岛典型植物群落物种、功能、结构多样性及其对环境因子的响应[J].应用生态学报，29（2）.

郑敏娜，梁秀芝，韩志顺，等，2021.不同措施对苏打型盐碱土土壤盐分淋洗特征的影响［J］. 山西农业科学,49(3):318-323.

仲崇禄,白嘉雨,张勇,2005.我国木麻黄种质资源引种与保存[J]. 林业科学研究,(3):345-350.

周劲松, 王树钿, 刘李成,2011.广州长洲岛植物多样性研究[J]. 亚热带植物科学, 40(1):56-60.

周静,陈巍,方明,等,2003.我国中部沿海陆域与海岛土壤属性差异的研究[J]. 土壤学报,(3):407-413.

朱炜,2015.沙质海岸风口区风障阻沙特征及初步治理试验[J]. 中国水土保持科学,13(1):54-58.

朱翔, 吴学灿, 张星梓,2001.遥感判读的野外植被调查方法[J]. 云南大学学报（自然科学版）,23（植物学专辑）：88-92.

庄志勇,2017.浅谈滨海植物种植技术［J］. 江西建材,(10):185.

ACKERLY D, KNIGHT C, WEISS S, et al. ,2002. Leaf size, specific leaf area and microhabitat distribution of chaparral woody plants：contrasting patterns in species level and community level analyses［J］. Oecologia, 130(3):449-457.

AHN T, ERENGUC S S, 1998.The resource constrained project scheduling problem with multiple crashable modes：A heuristic procedure［J］. European Journal of Operational Research, 107(2):250-259.

ANGELER D G,SANCHEZ-CARRILLO S,GARCIA G,et al., 2001.The influence of Procambarusclarkia（Cambaridae,Decapoda）on water quality and sediment characteristics in a Spanish floodplain wetland［J］. Hydrobiolgia,464(1-3):89-98.

ARONSON J A, 1989.Haloph：A data base of salt tolerant plants of the world ［M］. Turson. Arizona：The University of Arizona.

BEARD J S,1978. The physiognomic approach. In：Whittaker RH ed. Classification of Plant Communities. Translated by Zhou J L（周纪伦）(1985). Beijing：Science Press：13、20-46.（in Chinese）

BROWN J H, LOMOLINO M V, 2000.Concluding remarks：historical perspective and the future of island biogeography theory［J］. Global Ecology & Biogeography, 9(1):87-92.

CARPENTER E D, 1970.Salt tolerance of ornamental plants［J］. Amer Nurseryman.

CLARKSONBD, MCQUEENJC, 2004.Ecological Restorationin Hamilton City, NorthIsland, New Zealand ［C］. 16th Int'l Conference, Society for Ecological Restoration, Victoria, Canada.

CLAYTON T D,2011.Artificial beach replenishment on the US Pacific shore：A brief overview ［C］. In Magoon O T Converse H, Tobin L T etaleds Coastal Zone'89 New York：American Society of Civil Engineers:2 033-2 045.

CORNELISSEN J H C, CERABOLINI B, CASTRO DÍEZ P, et al., 2012. Functional traits of woody plants：Correspondence of species rankings between field adults and laboratory-grown seedlings? ［J］. Journal of Vegetation Science, 14(3)：311-322.

CORNELISSEN J H C, LAVOREL S, GARNIER E, et al., 2003. Handbook of protocols for standardised and easy measurement of plant functional traits worldwide［J］. Australian Journal of Botany, 51(4)：

335-380.

COSTANZA R,1992. Toward an operational definition of ecosystem health[M]. Washington D. C: Island Press: 293-256.

COSTANZA,1992. Toward an operational definition of ecosystem health[J]. Ecosystem health: New goals for environmental management:239-256.

DAVID G ANGELER, MIGUEL ALVAREZ-COBELAS, 2005.Island biogeography and landscape structure: Integrating ecological concepts in a landscape perspective of anthropogenic impacts in temporary wetlands[J]. Environmental Pollution, 138: 420-424.

DAVID RAPPORT,1989. What constitutes ecosystem health? [J]. Perspectives in biology and medicine, 33(1): 120-132.

DIAZ S, CABIDO M, 2001.Vive la difference: plant functional diversity matters to ecosystem processes: plant functional diversity matters to ecosystem processes [J]. Trends in Ecology & Evolution, 16(11): 646-655.

DIEKELMANN J, SCHUSTER R, 2002.Natural landscaping: Designing with native plant communities. Madison[M]. The University of Wisconsin Press.

DIMITRA KITSIOU, HARRY COCCOSSIS, MICHAEL KARYDIS, 2002. Multi-dimensional evaluation and ranking of coastal areas using GIS and multiple criteria choice methods[J]. The Science of the Total Environment, 284: 1-17.

ENGELMANN F,TAKAI H (eds.),2000.Cryopreservation of tropical plant germplasm:current research progress and application[J]. JIRCAS, Tsukuba.

EPA U S,1992. Framework for ecological risk assessment[J]. Environmental Toxicology & Chemistry, 11 (2):143-144.

HILL J, HOSTEST P, TSIOURLIS G, et al., 1998.Monitoring 20 years of increased grazing impact on the Greek island of Crete with earth observation satellites[J]. Journal of Arid Environments, 39: 165-178.

JENNINGS M, FABER-LANGENDOEN D, LOUCKS O L, et al. , 2009. Standards for association and Alliances of the U.S. National Vegetation Classification[J]. Ecological Monographs, 79: 173-199.

LAVOREL S, GARNIER E, 2002.Predicting changes in community composition and ecosystem functioning from plant traits: revisiting the Holy Grail[J]. Functional Ecology, 16(16):545-556.

LONG W, ZANG R, DING Y, 2011.Air temperature and soil phosphorus availability correlate with trait differences between two types of tropical cloud forests[J]. Flora-Morphology, Distribution, Functional Ecology of Plants, 206(10): 896-903.

MACARTHUR RH, WILSON EO, 1967.The Theory of Island Biogeography[M]. Princeton University Press. Princeton. New Jersey.

MACARTHUR, R H E O WILSON, 1967.The Theory of Island Biogeography[M]. Princeton, New Jersey: PrincetonUniversity Press.

MANDEL S, SATPATI L N, CHOUDHURY B U, et al., 2018.Climate change vulnerability to agrarian ecosystem of small Island: evidence from Sagar Island, India[J]. Theoretical & Applied Climatology, 1–14.

MCINTYRE S, LAVOREL S, LANDSBERG J, et al., 1999.Disturbance response in vegetation – towards a global perspective on functional traits[J]. Journal of Vegetation Science, 10(5):621–630.

MORRISON L W, SPILLER D A, 2008.Patterns and processes in insular floras affected by hurricanes[J]. Journal of Biogeography, 35(9):1 701–1 710.

MUCINA L, 1997. Classification of vegetation: past, present and future[J]. Journal of Vegetation Science, 8: 751–760.

NEWMAN M C, OWNBY D R, MEZIN L C A, et al., 2000. Applying species - sensitivity distributions in ecological risk assessment: Assumptions of distribution type and sufficient numbers of species[J]. Environmental Toxicology and Chemistry: An International Journal, 19(2): 508–515.

PAKHOMOV E A, FRONEMAN P W et al., 2000.Temporal variability in the physico–biological environment of the PrinceEdwardIslands(Southern Ocean)[J].Journal of Marine System, 26: 75–95.

PILKEY O H, CLAYTON T D, 1989.Summary of beach replenishment experience on US east coast barrier island[J]. Journal of Coastal Research, 5(1): 147–159.

RAMJEAWON T, BEEDASSY R, 2004.Evaluation of the EIA system on the Island of Mauritius and development of an environmental monitoring plan framework[J]. Environmental Impact Assessment Review, 24: 537–549.

RAPPORT D J, COSTANZA R, et al. ,1998. Assessing ecosystem health[J]. RREE, 13(10): 397–402.

REICH P B, 1995.Phenology of tropical forests: patterns, causes, and consequences[J]. Canadian Journal of Botany, 73(2):164–174.

REICH P B, 2003.The Evolution of Plant Functional Variation: Traits, Spectra, and Strategies[J]. International Journal of Plant Sciences, 164(S3).

REICH P B, ELLSWORTH D S, WALTERS M B, et al., 1999.Generality of leaf trait relationships: a test across six biomes[J]. Ecology, 80(6): 1 955–1 969.

SANTOS F L,2018.Assessing olive evapotranspiration partitioning from soil water balance and radiometric soil and canopy temperatures[J]. Agronomy, 8(4): 43.

SCARASCIA-MUGNOZZA G T, PERRINO P, 2000.The history of ex situ germplasm conservation and use of genetic resources. In:International conference on science and technology for managing plant genetic diversity in the 21st century[J]. Engels JMM, Rao VR, Brown AHD, Jackson MT (eds.), New York: CABIPublishing: 11–28.

SMITH K, BALDWIN R, 2003.Ecosystem studies at DeceptionIsland, Antarctica: an overview[J]. Deep-Sea Research(Ⅱ), 50: 1 595–1 609.

SPRECHER A, HARTMANN S, DREXL A, 1997.An exact algorithm for project scheduling with multiple modes[J]. Operations-Research-Spektrum, 19(3): 195–203.

TANGNEY R S,WILSON J B, MARK A F,et al., 1990.Bryophyte island biogeography: A study in Lake Manapouri New Zealand[J]. Oikos,59:21-26.

TAYLOR M, PONE S, PALUPE A,1996.Slow growth strategies. In:In vitro conservation of plant genetic resources. Normah MN, Narimah MK, Clyde MM(eds.), Plant biotechnology laboratory, UKM, 119-134.

TOWNSDR, DAUGHERTYCH, ATKINSONIA E, 1990.Ecological restoration of New Zealand Islands[C]. Wellington: Conservation Sciences Publication No.2 Department of Conservation.

VIOLLE C, NAVAS M L, VILE D, et al., 2007. Let the concept of trait be functional[J]. Oikos, 116 (5):882-892.

WHITNEY J AUTIN, 2002.Landscape evolution of the Five islands of south Louisiana: scientific policy and salt alone utilization and management[J]. Geomorphology, 47: 227-244.

WHITTAKER R H, 1962. Classification of natural communities[J]. The Botanical Review, 28: 1-239.

WILSON M A, COSTANZA R, BOUMANS R, et al. ,2005. Integrated assessment and valuation of ecosystem goods and services provided by coastal systems[J]. The intertidal ecosystem: the value of Ireland's shores: 1-24.

WITHERS L A, 1980.Low temperature storage of plant tissue cultures[J]. In: Fiechler A (ed.). Advances in Biochemical Engineering. Berlin: Springer Verlag:101-150.

WITHERS L A, 1986.In vitro approaches to conversation of plant genetic resources[J]. In:Withers L A, Aldrrson P G (eds.).Plant tissue culture and its agricultural applications. London: Butterworths: 261-276.

WOROBEY M, TELFER P, SOUQUIÈRE S, et al., 2010.Island biogeography reveals the deep history of SIV[J]. Science, 329(5998):1 487.

WRIGHT I J, FALSTER D S, MELINDA P, et al., 2006.Cross-species patterns in the coordination between leaf and stem traits, and their implications for plant hydraulics[J]. Physiologia Plantarum, 127 (3):445-456.

WRIGHT I J, REICH P B, CORNELISSEN J H C, et al., 2005.Modulation of leaf economic traits and trait relationships by climate[J]. Global Ecology & Biogeography, 14(5):411-421.

WRIGHT I J, REICH P B, WESTOBY M, et al., 2004.The worldwide leaf economics spectrum. Nature [J]. Nature, 428(6985):821-827.